한국적 심혜가
글로벌을 지배한다

한국적 심혜가 글로벌을 지배한다

임무생 지음

이담
Books

머리말

우리의 경제를 Global경제로 Lead하기 위하여 기술개발에 의한 경영 혁신을 가져와야 하고, 차별화된 기술개발로 기업의 Management를 달리해야 하고, 경쟁력을 높이기 위한 자발적인 노력이 있어야 한다. 열심히 일하는 사회를 만들고 각자가 자기 자리를 지키고 세계의 우위권에 속하기 위해서는 건설적인 측면에서 무엇이든 지칠 줄 모르는 끈기로 이겨 나가야 한다. 일본과의 기술제휴를 조속히 탈피하는 날이 한국이 강대국이 되는 날이다. 높아진 소비자의 의식을 충족시키기 위해서는 모방을 피해야 한다. 독창적인 상품개발을 위한 꾸준한 노력이 절실히 요구된다.

시냇물 흐르듯 시대의 흐름에 맞추어 좋은 의식으로 바꾸어 나가야 되는데도 불구하고 현실은 나쁜 의식으로 바뀌어 요즘 사람들은 3D를 기피하는 것이다. 공기방울 세탁기와 흡음방 진공청소기와 가열+초음파 복합가습기 발명 등은 조상 전래의 습관적인 모습들, 정서적인 생활상이 지극히 과학적이라는 믿음으로 곰곰이, 골똘히 긴 세월 동안 생각하는 생활을 한 데서 비롯되었다. 외국의 기본 설계와 외국의 설비로 대규모의 생산을 하던 여러 기업들이 무너졌고 현재도 무너지고 있다.

"기술개발과 경영전략이 경제에서 살아남는 힘이다." 기술은 우위에 있으나 경영전략이 뒤지면 결코 성공할 수 없다. 기업이 더 많은 매출을 올리고 이익을 내기 위해서는 기술우위의 장점을 최대화할 수 있는 경영전략이 필요하다. 게다가 기술혁신과 격화하는 경쟁의 중압으로 각종 다양한 요구조건, 제한조건에 관한 Matching과 적극적인 창조력의 발휘 등이 요구된다. 이를 위하여 결과 중시에서 과정 중시로, 사후대책 중심에서 사전예방 중심으로, Layout의 Optimum화, Element의 표준화 등 종래에 없는 통합적인 견해와 재료, 부품 및 금형과 성형의 통합된 기술 자료, 생산, 품질관리 운용, 관리적 자료, 기술적 Data 등을 분석하여 Simulation하는 새로운 방법의 Consulting과 Engineering이 필요하다. 새로운 Consulting과 Engineering의 적극적인 수용으로 진취성을 발휘하여 개념화의 혁신과 High Cycle에 의한 제품의 신뢰를 높여 나가야 한다. 기술이 경제력을 좌우하는 가장 결정적인 요소이다.

이러한 창업을 Timmons는 소리 없는 혁명(Silent revolution)이라고 부른다. 특히 선진국에 비해 절대적으로 열세에 있는 기술 개발 투자로 선진국들의 앞선 기술을 따라잡고 나아가 그들을 능가하려 한다면 무엇인가 우리만이 내세울 수 있는 독특함이 있어야 한다. 공학, 과학 및 경영의 원리를 결합함으로써 조직의 목표를 달성하기 위한 기술적 능력을 기획, 개발 및 운용하는 활동이 활발해야 한다. 기업 및 벤처기업, 관공서 등의 조직은 성장단계별로 최고경영자 역할도 달리해야 한다. 일을 멋지게 하는 방법은 조직 내에서 창의력과 과학적 사고를 발휘하여 고참사원과 신참사원이 적절히 배분되도록 구성해야 한다. 지식과 경험의 접목이란 단지 최적화에 최대 목표를 둔 총합이라야 한다. 특허는 양적인 측면보다 질적인 측면을 더욱 중시해야 하고 기술적, 경제적으로 고품질을 지녀야 하며 기술의 역사성이 내재되어야 한다. 따라서 가장 기술적이고 경제적인 경영지식에 맞는 새로운 측정방법은 레이더 차트(Radar Chart)를 적용하여 사업목표에 부합되고 Issue화된 수익증대, 효과성 증대, 혁신비율, Cash Flow 등을 측정하고 그 결과를 평가하는 것이 바람직하다. 기술경영은 첫째가 신뢰성 품질의 부품소재 및 제품을 만드는 것이다. 이와 같은 상황을 감안해 볼 때에 프로젝트별 손익계획에 의한 결과를 난이도 채점표에 의하여 프로젝트의 수행과 동시에 자동 Check될 수 있도록 시스템화되어야 하고 연구개발의 효율을 높이기 위해서는 신제품의 종류를 늘리고 전제품의 매출액을 올려야 한다. 그러므로 정부출연연구소, 관공서, 기업 및 기업연구소이 모두 벤처기업의 개념으로 경영학적으로 평가 관리되어야 한다.

국내 경기의 회복과 국제경쟁력을 높이기 위하여 제어는 분산되어야 하고 모든 관리 부문은 집중되어야 한다. 따라서 CIM 개념의 마케팅을 이루어야 한다. 국제적 라이벌과 동일 패턴의 경영 이념, 제품 전략이나 판매 전략으로는 대변신을 하기 어렵고 라이벌을 도와주는 꼴이다. 따라서 사전에 신뢰도를 계획적으로 각 부문으로 나누어 일정에 맞게 정해진 기한까지 요구되는 신뢰도에 도달하도록 계획하고 또한 시작에서 양산까지 해석, 평가를 반복하여 실시해야 한다. 설계에서 사전 신뢰성 예측이나 시험이 중시되는 것도 당연한 일로서 제품이 시장에 출하된 후에 손해를 보는 것보다 사전설계에 투자하는 쪽이 현명하다. 특히 급속한 기술적 변화가 일어나고 있으며 제품개발 기간이 정해져 있는 기술 분야에서 신뢰성 설계가 중요시된다. 모든 부문, 즉 연구개발부문, 생산부문, 품질부문, 홍보부문, 판매부문, 광고부문을 종래의 패턴과 완전히 달리하는 차별화만이 경쟁력 우위를 확보할 수 있다. 한국의 전통적 생활상을 과학적 감성으로 계승시켜 국제경쟁력의 우위를 확보하여 한국적 슬기로 Global을 지배하자! 행정부문, 기획관리부문, 연구부문, 품질부문, 발명부문, 생산부문, 홍보부문, 영업판매부문, 광고부문에 종사하는 분은 물론 일반인, 학생, 교사, 공무원 제위 등의 과학적 사고에 의한 발상전환에 힘이 되었으면 한다.

임무생

차 례

I.
한국적 깊은 슬기가
글로벌을 지배한다

1. 어떤 기업이 21세기를 이끌어 나갈 것인가

어떤 기업이 21세기를 이끌어 나갈 것인가? 우리나라에서만도 하루에 수백 개의 기업이 새로 생겨나고 도산한다. 전 세계적으로는 하루에도 수천수만 개의 기업들이 새로 문을 여는가 하면 이와 반대로 그만큼의 기업이 흔적 없이 사라져 가는 일이 되풀이된다.

기업들은 또 하루에도 엄청난 숫자의 신제품을 쏟아 내고 있다. 저마다 기업들이 온갖 아이디어를 짜내고 정성을 들인 것들이다. 그러나 이 중에서 소비자들이 이름을 기억할 만큼 히트하는 제품은 극히 소수에 불과하다. 소비자의 손에 미처 닿기도 전에 창고에서 폐기 처분되는가 하면 상품 진열대에 변변히 얼굴도 내보지 못한 채 몇몇 소비자의 손에서 불합격 판정을 받고 사라지는 제품이 대부분이다. 기업들은 제품 하나 잘못 만들어 도산하기도 하지만 히트 상품 하나로 일약 세계적 기업으로 부상하기도 한다.

어쩌면 기업들이 신제품을 하나 내놓고 히트하기를 기대하는 것은 마치 슬롯머신에서 잭팟을 바라는 것과 같은 도박이나 다름없다. 생산된 제품이 성공할 확률을 따지자면 기업들은 분명 도박판에 서 있다.

그러나 기업의 제품개발은 단지 요행으로 좌우되는 도박판과 같을 수는 없다. 신제품이 예기치 않게 성공하는 예가 종종 있기는 하지만 기술개발을 게을리하지 않는다면 언제든지 잭팟을 터트릴 수 있다는 비확률의 논리가 통하기 때문이다.

기업들은 확률게임을 하는 게 아니라 확률의 논리가 적용되지 않는 기술개발 게임을 하고 있는 것이다. 기술개발 게임에는 요행이란 없다. 열심히 연구하고 노력하는 자만이 살아남는 게임이다.

오늘날의 기업들은 치열한 생존경쟁의 대열에 서 있다. 20세기의 기업들은 단지 기업 간의 생존을 다투는 경쟁에만 국한돼 있지 않고 국가의 흥망을 책임지고 있다는 점에서 생존경쟁의 치열성은 더욱 심하다. 따라서 이제 기업의 생존을 위한 기술개발전쟁은 기업 간의 전쟁이 아닌 국가 간의 기술전쟁으로 치닫고 있는 것이다. 더욱이 냉전체제가 무너지면서 총칼을 들이댈 적이 사라진 오늘날 각국은 서로 부를 더 많이 축적하려는 경제 전쟁의 포문을 더욱 활짝 열고 있는 것이다. 이념전쟁에는 그래도 우방이 있었으나 기술전쟁, 경제 전쟁에는 우방도 없다. 냉전체제의 이원구조가 무너지면서 지역 및 국가단위의 다원구조로 바뀐 것이다. 이와 함께 국가 간의 생존을 위한 각축이 한층 격화되고 있다. 경제력의 약육강식 논리만이 지배하는 살벌한 시대가 온 것이다.

2010년 12월 미국의 IBM 발표에 의하면 2015년 내에 도래할 기술혁신 5가지(Next Five in Five)는 ① Battery: 현재 Battery보다 10배나 오래 사용할 수 있고, 크기는 더 작아진 Battery. ② 3차원 Hologram: 3차원 Hologram의 Mobile, TV 등에 Screen에 영향. ③ Personal Computer 난방 Personal Computer Server에서 발생하는 Energy를 건물 냉난방에 이용. ④ 개인 Navigation: Android로 구동되는 Smartphone은 Navigation으

로 사용, 주변주차장 정보 등 성능이 크게 발전. ⑤ 시민 과학자시대 차량, Smartphone, Personal Computer, 지갑 등에 장착된 Sensor가 과학자에게 주변 환경과 관련한 각종 Data를 실시간으로 제공하게 될 것으로 보인다는 것이다.

〈표 1-1〉 2010년 전 세계 기업들 중 브랜드 가치가 높은 100대 기업

□ 세계 100대 브랜드 주요 선정 순위　　　　　　　　　　　　　　(단위: 백만불)

| 순위 | | 기업명 | 2010년 브랜드 가치 | 2009년 브랜드 가치 | 증감률 (%) | 소속국 |
'10	'09					
1	1	코카콜라	70,452	68.734	2	미 국
2	2	IBM	64,727	60,211	7	미 국
3	3	마이크로소프트	60,895	56,647	7	미 국
4	7	구 글	43,557	31,980	36	미 국
5	4	GE	42,808	47,777	-10	미 국
6	6	맥도날드	33,578	32,275	4	미 국
7	9	인 텔	32,015	30,636	4	미 국
8	5	노키아	29,495	34,864	-15	핀란드
9	10	디즈니	28,731	28,447	1	미 국
10	11	HP	26,867	24,096	12	미 국
11	8	도요타	26,192	31,330	-16	일 문
12	12	메르세데스 벤츠	25,179	23,867	6	독 일
13	13	질레트	23,298	22,841	2	미 국
14	14	시스코	23,219	22,030	5	미 국
15	15	BMW	22,322	21,671	3	독 일
16	16	루이비통	21,860	21,120	4	프랑스
17	20	애 플	21,143	15,443	37	미 국
18	17	말보로	19,961	19,010	5	미 국
19	19	三 星	19,491	17,518	11	한 국
20	18	혼 다	18,506	17,803	4	일 문

2011년도 국내 유명기업들의 경영 발표에 의하면, ☐ 현대와 기아 차는 ☺ 자동차의 품질경영을 통해 글로벌 경영을 강화하고, ☐ 르노 삼성차는 ☺ 품질과는 절대 타협하지 않는다는 계획이며, ☐ GM대우 는 ☺ 새로운 변화를 통한 성장계획이다. ☐ LG는01 ☺ 미래 준비, ☺ 고객가치, ☺ 적기투자, 급변하는 경영환경에 대응하는 주체는 사람 이며, 이런 변화를 장기적으로 가능하게 하는 것이 문화인만큼 사람 과 문화 혁신을 이뤄야만 더 많은 행복을 창출할 수 있고 지속적인 성장을 이뤄 갈 수 있다. ☐ 삼성은 10대 중점 추진목표로 ☺ 시장을 선도할 수 있는 경쟁역량 강화, ☺ 신기술 특허 등 기술리더십 확보, ☺ 차별화된 마케팅으로 브랜드 파워 강화, ☺ 콘텐츠 솔루션 등 소프 트 역량 확충, ☺ 새로운 성장동력 집중발굴 육성에의 집중이다. 또한 ☐ SK는 ☺ People(인재), ☺ Culture(기업문화), ☺ Biz(사업모델)의 목표 이다. ☐ 롯데는 ☺ 도약, ☺ 모든 자원과 역량 집중이며, ☐ GS는 ☺ 혁신을 경영가치로 하고 있다. ☐ STX는 ☺ 제2의 도약을 위한 원년, ☺ 그룹의 핵심역량을 강화하며, ☐ 현대중공업은 ☺ 혁신과 도전을 경영 슬로건으로 글로벌 기업으로서 내부혁신과 진취적인 도전의식 을 집중적으로 높인다는 전략이다.

2. 변화하는 세계 질서

2-1. 경제 전쟁

미 국민이 지난 대통령 선거에서 냉전체제를 종식시킨 부시 대통령에 등을 돌리고 클린턴을 새 대통령으로 택했던 것은 순전히 경제적인 이유에서였다. 부시 대통령은 걸프전을 승리로 이끌고 동·서 진영 이념대결의 최후 승리자로 선거를 치르기 1년 전만 해도 국민들의 절대적인 지지를 받았다. 그의 재선은 너무나 당연한 것으로 여겨져 민주당 진영에서는 대통령 후보자로 나서려는 인물이 없을 정도였다. 그러나 부시는 자국 내의 경제를 회생시키는 데는 실패함으로써 승리의 도취감에서 벗어나 냉정을 되찾은 미 국민들로부터 지나치게 외교에만 치중한다는 비난을 받기 시작했다. 미 국민은 부시의 대외적인 성과에 우쭐해하기보다는 경제침체로 눈덩이처럼 불어나는 무역적자와 일자리를 얻지 못하는 데 대해 열등감과 불만을 갖기 시작했던 것이다. 부시를 절대적으로 지지하던 미 국민들은 1년이 지난 후 경제회생에 더 나은 대안을 제시한 전후 세대 빌 클린턴에게로 돌아서고 말았다.

소련과 동유럽에서 공산주의가 무너진 것과 서독이 동독을 통합한 것은 결코 무력에 의한 것이 아니다. 군사력으로 보자면 서독과 서유럽은 동독과 동유럽을 도저히 감당할 수 없을 만큼 열세였다. 그런데도 서구 자본주의국가가 동구의 공산주의를 무너트릴 수 있었던 것은 경제력에서 월등히 앞섰기 때문이었다. 즉 기술전쟁에서 승리한 것이다.

부시의 패배와 공산주의의 붕괴는 모두 경제를 회생시키지 못했다는 공통적 요소에서 기인했다는 점은 우리에게 시사하는 바가 크다.

냉전체제가 무너진 오늘날의 국제적인 정세는 자국의 경제력을 강화시키는 방향으로 급속히 흐르고 있다. 선진국들은 이제 무력에 의해서가 아니라 기술력으로 후진국들을 지배하려고 한다. 선진국들이 기술이전을 회피함으로 인해 스스로 기술을 개발하지 않으면 기술 종속국으로 전락할 수밖에 없는 상황이 전개되고 있다. 바야흐로 세계가 산업기술을 무기로 삼는 기술전쟁의 시대에 접어든 것이다.

미국의 저명한 경제학자 레스터 서로(Lester Thurow) 교수도 최근 그의 저서에서 선진 각국은 지금 경제가 그 모든 것을 지배하는 새로운 세계질서를 구축하기 위해 자국의 경제력 확대에 혈안이 되어 있으며 총칼을 무기로 한 이념의 시대는 가고 기술력을 무기로 한 경제전쟁이 개막되고 있다고 지적했다. 그는 「1989년 베를린장벽의 붕괴와 1991년 소련의 와해로 냉전시대가 종말을 고하면서 새로운 전쟁이 시작되었다.」며 「그것은 미국, EC, 일본의 3대 경제대국이 벌이는 새로운 경제 전쟁이다.」라고 했다. 미국은 클린턴 새 정부의 출범과 함께 기술민족주의를 강화할 구체적인 움직임을 보이고 있고 하나로 통합해 세계경제의 주도권을 장악하려는 유럽공동체는 산업기술을 보호하기 위해 기술 장벽을 높이고 있다. 더욱이 기술 선진국들은 자국의 기술보호와 함께 선진국 간의 전략적 기술제휴를 추진하고 있어 개발도상국들의 기술 확보를 더욱 어렵게 하고 있다.

새로운 세계질서 속에서 경제력의 우위를 차지하기 위한 과학기술 연구개발 경쟁은 국가정보기관의 기능까지도 바꾸고 있는 상황이다. 미 CIA는 최근 과거 소련 등, 적대국가에 대한 첩보수집 기능을 크게 낮추고 과학기술정보 부서를 대폭 보강하고 있다. 미 CIA 국장 스스로가 CIA의 주요 임무는 미국의 첨단과학기업에 대한 외국기업들의 도청 수색 등, 첩보활동을 방지하고 외국의 과학기술 발전상황 및 무역상대국의 국제무역 관련 협정의 준수 여부 등을 감시하는 것이라고 밝힐 만큼 기능이 크게 변하고 있는 것이다. 미국의 경제회생을 들고 나와 대통령에 당선된 클린턴은 신기술개발과 상품화를 미국 경제회복의 견인차로 삼을 것을 다짐한 바 있다. 기술이 곧 「경제성장의 엔진」이라고 표현하고 있는 클린턴은 미국 산업의 경쟁력 약화가 기초연구를 상업화하는 데 취약한 구조에서 비롯됐다고 보고 앞으로 민간 기업의 산업기술 연구지원을 대폭 강화하고 정부연구소들도 예산의 10~20%를 기업과의 합작투자에 사용토록 한다는 경제정책을 추진하고 있다. 미국은 21세기에는 소재, 정보통신, 유전 및 교통, 에너지, 환경에 중점을 두어 일본과 EC, 독립국가연합을 제압한다는 목표 아래 국방 관련 과학기술의 상업화와 첨단과학기술의 산업 경쟁력제고 프로그램에 대한 정부의 지원을 강화하고 있다.

반도체, VCR, 자동차산업 등에서 세계시장을 석권하고 있는 일본도 재편된 세계질서 속에서 기술우위를 더욱 공고히 하려는 움직임을 보이고 있다. 일본정부는 다가오는 21세기에는 생산기술 분야에서 계속 선두를 유지, 첨단기술 분야에서는 선진국과의 협력강화, 기초과학을 중점적으로 육성해 자생적인 기술혁신 촉진, 후진국에 대한 기술과 산업의 영속적 하청관계 유지 등을 골자로 하는 과학기술 종합기본정책을 세워 놓고 있다. 일본은 그동안 연구개발 투자규모가 미국보다 작았으나 제품중심의 기술개발 연구에 주력해 현재 카메라 등 세계 광전자 시장의 90%, 메커트로닉스 시장의 60%를 점유하고 있다.

경박단소(輕薄短小)한 상품생산기술로 세계기술의 맹주를 차지하고 있는 일본은 2000년까지 전국 24개 지역에 츠쿠바 규모의 과학기술 연구단지를 세워 각기 전자, 소재, 항공 등 분야별로 특성화시켜 세계적인 기술 메카로 만든다는 야심에 찬 계획도 세워 놓고 있다.

EC는 미국과 일본에 대응하기 위한 유럽 공동 연구 프로그램을 추진하고 있는데 금세기 안에 유럽의 완전 통합이 이루어진다면 기술에 있어서 미국, 일본을 능가하는 연합체 국가로 부상할 전망이다. 프랑스, 이태리, 스페인 등 유럽 4개국이 공동으로 참여하고 있는 항공기 제작 회사인 에어버스사가 그동안 미국이 독주해 온 대형 민간항공기 시장에서 미국의 항공기 제작 회사인 보잉사를 바짝 뒤쫓고 있음은 장차 유럽 통합의 위력을 예견케 하는 것이라 하겠다. 사회주의 국가인 중국도 이념과 경제를 분리해 「과기흥국(科技興國)」노선을 추구함으로써 괄목할 만한 경제성장을 이룩하고 있다. 과거 우리가 저렴한 노동력으로 세계시장에서 우위를 점하고 있던 부분에서 점차 중국에 추월을 당하는 등 중국은 이제 우리가 경계하지 않으면 안 되는 경쟁국으로 급부상했다. 동구권에서 사회주의 체제가 붕괴됐는데도 중국의 사회주의 체제가 버티고 있는 것은 오로지 경제적으로 개방정책을 펴 왔던 덕분이다. 지난해 대외 수출액이 우리나라를 앞선 중국은 후발개도국으로서 앞으로 세계시장에서 우리의 힘든 경쟁상대국이 될 것으로 보인다.

기술 선진국들은 자국의 기술개발을 가속화시키는 동시에 후발국들의 추격을 따돌리기 위한 견제에도 집요함을 보이고 있다. 우루과이라운드 둔켈 최종안에는 정부지원금이 기초연구의 50%, 응용연구의 25%를 넘어설 경우 상계관세 등 보복조치를 취할 수 있게 함으로써 연구개발에 대한 정부의 보조도 일정선까지 제한, 후발국들의 기술개발을 억제하려고 한다. 또 선진국들이 오존층을 파괴하는 프레온가스와 지구온난화를 가속화시키는 화석연료 사용을 점차 규제하려는 움직임은 지구의 환경보호를 명분으로 내세워 후발국의 산업발전을 견제하려는 의도로 볼 수 있다. 선진국들은 이미 환경오염을 줄이는 기술을 축적해 놓은 상태여서, 겨우 프레온가스나 화석연료를 사용해야 하는 단계에 있는 후발국들은 산업화에 제약을 받을 수밖에 없다. 또 선진국들의 환경보호 기준에 맞추려면 이들 나라의 기술에 의존하지 않으면 안 되기 때문이다. 이와 함께 선진국들이 지적 소유권이나 물질특허의 보호를 강력히 주장함으로써 후발국들에 대한 기술보호 장벽을 높이고 있다.

경제개발협력기구(OECD) 각료회의에서는 각국의 상이한 기술개발 지원제도가 국가 간의 무역 마찰을 일으키고 있는 원인이라며 이를 규제하려는 움직임을 보이고 있다. 이 기구는 첨단기술개발 프로젝트에서 지적 재산권의 분배나 정보공개 방법 등을 정하는 통일된 규범의 제정을 모색하고 있는데 이는 개도국들에 대한 프로젝트 참여 제한의 성격을 강하게 띠고 있다. 선진국들은 이와 함께 미래 반도체칩의 총아로 불리는 플래시메모리칩의 공동개발을 둘러싼 미·일 기업 간의 제휴를 맺는 등 첨단산업의 전략동맹을 형성해 영원히 그들의 기술우위를 지키려 하고 있기도 하다.

2-2. 국제경쟁력

2-2-1. 서론

일본 기업은 몇 년 전부터 높은 연구개발비에 비하여 이익률이 낮다는 지적이 있었으며 이러한 문제의 배경은 미국의 동종기업에 비하여 매우 낮은 기업 수익률과 가치획득보다는 가치창조에 더 중점을 두었기 때문이다. 정보가전산업이나 반도체 등의 최첨단 산업에서 일본기업의 존재감이 유지되었던 이유는 탑재된 기술력과 기능을 축적해 온 결과이지만, 정보가전산업을 중심으로 중국, 대만, 한국 기업이 추진하는 고도 생산시스템에 쫓기고 있는 것이 현실이다.

정보기기산업과 같이 경쟁이 치열하고 높은 생산성이 요구되는 산업에서 기업은 어떠한 제품개발전략의 입안능력을 구축해야 하는지, 또한 이를 위해서 경쟁우위의 원천이 되는 기술혁신을 어떻게 경영하면 좋을지에 대하여 생각해 보자.

2-2-2. 방법론의 Review

종래의 마이크로경제학에서의 소비자효용 개념은 물건의 품질이 균일하다는 것이 전제이지만, 디지털 카메라나 액정 TV와 같이 특성항목이 많고 그 변화가 다양화하는 물건을 구입하는 소비자는 제품을 한 가지 기능으로 생각할 수 없기 때문에 정보가전 분야에서의 제품부가가치 이론은 마이크로경제학의 소비자효용 개념으로는 설명하기 힘들다.

마이크로경제학 구조에서는 세세한 품질변화를 고려할 수 없기 때문에 특성항목이 많은 제품의 구매의사를 결정하는 경우에는 물건을 특성의 집합체로 취급하는 것을 전제로 분석을 모아야 한다. 분석 구조를 구축한 다음에는 랭커스터모델(lancaster model)에 의거하는 소비자행동이론을 전제로 한다. 이 모델에서 제품가치는 품질에 의해 창출되며, 품질이란 어떤 물건이 제공하는 기능을 구성하는 객관적인 모든 특성수준과 어떤 물건의 객관적 모든 특성수준에 대한 종합적인 평가라는 두 가지 의미를 가진다.

가격이라는 지표를 이용하여 제품특성을 설명변수로 한 회귀분석을 하고, 각각의 특성이 가격에 미치는 계수를 계산함으로써 제품의 품질을 금액이라는 객관적 숫자로 치환하는 헤도닉 기법(hedonic approach)을 이용하면 기업의 제품개발활동에서 제품부가가치활동의 성공 여부를 정량적으로 분석 가능하다는 것을 전제조건으로 한다.

제품특성과 가격의 관계를 분석함으로써 산업마다 평균가격과 품질조정이 끝난 가격의 추이를 정확히 산출, 제품부가가치활동과 가격 추이의 관계를 추정하는 것이 첫 번째 목표이며, 새로 추가된 특성은 제품품질향상에 어떻게 공헌하여 소비자에게 받아들여지는가에 대하여 가격변화를 품질의 대체지표로 다루어 검증하는 것이 두 번째 목표이다.

부품의 조합으로 완성되는 세트제품의 기술혁신에 관한 연구의 경우, 표준화된 부품의 출현으로 산업구조가 수평분업으로 이행하는 것처럼 보일 수 있으나, 이는 부품레벨에서의 점진적 기술혁신(incremental innovation)이 밀접하게 관여되어 있고, 기업은 제품 차별화를 위해 다른 발상의 제품을 창조하는 급진적 기술혁신(radical innovation)을 행함으로써 다시 수직통합을 향하는 사이클이 반복된다.

2-2-3. 평균가격추이와 제품부가가치

헤도닉 분석을 실행하기 위해서는 시장데이터의 입수와 더불어 그 신뢰성과 안정성이 중요한 요건이 되지만, 제품가격과 특성데이터를 일원적으로 조사하는 것은 쉽지 않다. ① 같은 환경조건하에서 장기적 입수가 가능한 POS데이터는 가격정보로, 헤도닉 분석의 기초데이터로 사용하기 위해서는 제품특성데이터와의 정확한 통합작업이 별도로 필요하다. ② 일본의 경우, JAN(Japanese Article Number)코드라는 제품식별코드를 이용하여 재고관리나 수주, 발주시스템을 위해 사용하고 있으며 POS데이터에 병기되어 있는 JAN코드를 바탕으로 해당 제품의 카탈로그나 시방서를 검색하고 가격정보와 함께 데이터베이스화하여 분석하고 있다. POS데이터는 판매가격과 수량데이터를 일(日)단위 또는 주(週)단위로 집계하고 제품번호마다 가중 평균하여 기초데이터로 사용하고, 다시 월(月)단위로 가중 평균화함으로써 평균판매가격과 평균판매수량을 구한 후 제품특성데이터를 통합한다.

디지털기기의 기술혁신 속도는 매우 빠르고 제품수명 사이클도 매우 짧아 가격추이를 지배하는 파라미터인 제품특성의 영향력은 시간이 흐름에 따라 바뀌기 때문에 장·중·단기로 기간을 나눠 헤도닉 가격지수를 구하고 그 값의 신뢰성과 안전성을 확인해야 한다.

일본 디지털기기산업을 대표하는 6개 산업을 분석하기 위해 백색가전산업인 냉장고와 세탁기를 더하여 조사한 결과, 각 산업은 3가지 타입으로 분류할 수 있다. ① 세탁기, 냉장고 등이 해당되는 백색가전산업의 경우, 평균가격추이는 상승 또는 수평한 경향이며 품질조정이 끝난 물가지수는 완만한 하락경향을 보인다. ② 디지털카메라, 노트북, 프린터 등이 속해 있는 정보기기산업의 경우, 평균가격추이가 연비율 -5% 정도이며 품질조정이 끝난 물가지수는 -10% 전후의 큰 하락경향을 보인다. ③ 액정TV, DVD플레이어, DVD레코더가 속한 정보가전산업의 경우는 평균가격과 품질조정이 끝난 물가지수가 연 비율 -10% 이상 하락하는 경향을 보이며 그 차(差)가 작다.

산업 전체에서 제품에의 기술혁신활동이 활발하지 않고 제품 특성치에 변화가 없으면 평균가격과 품질조정 후의 물가지수는 일치하지만, 기술혁신활동이 활발하고 제품특성항목의 증가와 더불어 각 특성치가 향상되면 제품부가가치가 생겨 가격을 상승시키거나 품질조정 후의 물가지수를 낮춘다. 헤도닉 분석결과, 제품부가가치를 가격에 잘 반영할 수 있는 산업과 그렇지 않은 산업을 정량적으로 분리할 수 있지만, 실제로 제품부가가치를 충분히 가격에 반영하여 수익을 발생시키기 위해서는 각 제품의 특성항목변화와 제품부가가치의 관계를 마이크로레벨로 분석해야 한다.

2-2-4. 제품특성변화와 가치획득

제품특성과 가격과의 관계에서 추정치란, 가격을 종속변수로 회귀분석을 할 때 특성항목에 해당하는 파라미터 값이며 절대치가 클수록 특성항목이 제품가격에 대하여 큰 영향력을 가진다. 제품부가가치가 제품에 유효하게 부여되면 가격프리미엄을 낳고, 보다 긴 기간 그 결과는 지속된다. 디지털카메라에서는 렌즈교환기능이나 화소수의 항목이, 노트북에서는 화면사이즈가, 프린트에서는 잉크의 색 수의 특성항목이 가격에 대한 큰 결정요인이 된다. 제품특성의 개량이 가격추이에 영향력을 갖는 점에 착안하여 새롭게 시장화된 제품의 최초 가격과 개량 후에 시장화된 가격의 비율, 어느 특성치를 갖는 제품의 개량 전후 가격 하락률을 지표로 제품특성변화에 따른 가격변화의 크기를 측정할 수 있다. 제품특성변화가 가격에 미치는 영향은 모델변경보다 제품 상하관계의 피라미드(계통) 확대가 가격에 미치는 영향력이 크다.

기업의 기술혁신활동이 가격에 미치는 영향은 4가지 모델로 분류할 수 있다. ① 첫째, 불연속적인 기술에 인한 모델변경에서는 새로운 특성이 생길 때마다 가격 사이클이 형성되고 그때마다 가격에의 영향력은 작아지지만, 그 지속성은 약간 향상된다. ② 둘째, 연속기술에 의한 모델변경에서는 새로운 특성으로 인한 가격에의 영향력은 거의 변하지 않지만, 새로운 특성이 도입될 때마다 가격의 지속성은 조금씩 떨어진다. ③ 셋째, 제품 상하관계의 피라미드가 구축되는 경우, 가격에의 영향력은 연속기술과 불연속기술 어느 쪽이든 크게 향상된다. ④ 넷째, 부품단계에서의 개선보다 제품 전체에 걸친 기술혁신활동이 가격에의 영향력이 크다.

기존 제품에 새로운 특성을 부가하거나 기존특성의 개량으로 인하여 가격을 올리는 영향력이 발생하고 그 결과로 기업은 부가가치를 얻기 때문에 기업이 행하는 제품특성의 부가 및 개량활동은 하락하는 가격을 일시적으로 끌어올리는 역할을 하고 있다.

2-2-5. 결론

제품개발 활동의 성공 여부는 기업에 있어 최대의 관심사가 되어야 하지만 정량적인 분석은 그다지 실시되지 않았었다. 헤도닉기법을 이용하면 품질조정 후의 물가지수를 구하고 제품특성이 미치는 가격에의 영향도를 측정하여 제품의 부가가치를 정량화할 수 있다. 기술혁신이 빠른 속도로 진행되는 정보기기, 정보가전산업에서는 제품특성이 단기간에 성숙하여 가격이 하락하기 때문에 현상 이상의 가치를 계속 부여해야만 가격을 유지할 수 있다. 점진적 기술혁신(incremental innovation)의 중요성은 그 효과가 크다는 점이며, 급진적 기술혁신(radical innovation)의 중요성은 가격에 미치는 영향력의 크기이지만 시장에서 빈번히 일어나지 않는다.

2-2-6. 제언

한국의 전자산업은 1972년 수출 1억 달러 달성 이후, 약 1천 배 정도 성장하면서 한국경제의 견인차 역할을 하고 있지만, 고유가, 원자재 가격 상승 등, 여러 변화에 발 빠르게 대처하고 경쟁력 약화요인들을 극복하기 위해서는 시장전망을 정확히 파악하여 제품혁신기술과 사업 아이템을 발굴하고 경쟁국가보다 먼저 시장을 선점해야 한다.

디지털 정보가전산업의 흐름은 디지털TV의 자체 성능이 향상되고 있고, IPTV로의 통합이 이루어지고 있으며, 모바일TV시장의 급성장이다. 다양화·고도화되는 소비자의 요구사항을 충족하기 위해서는 여러 가지의 제품과 그에 따르는 기술, 서비스가 혼합된 신개념으로 고부가가치를 창출해야 할 것이다.

헤도닉기법(hedonic approach)은 기술혁신 속도가 빠르고 기초연구에 많은 비용이 들기 때문에 품질향상을 위해 투입된 비용을 정확하게 파악하는 것이며 곤란한 품목에 대하여 품질 변화의 가치를 객관적으로 파악할 수 있도록 한 새로운 품질조정기법이다.

POS데이터 그 자체는 가격정보가 주체이며, 각국이 정하는 제품코드는 조합되어 있기 때문에 제품코드에 있는 제품특성과의 정합성을 찾는 기술적인 면에서 실제로 해외 POS데이터를 분석하여 응용하기에는 상당한 시간이 필요하다.

출처: 伊藤宗彦, "デジタル機器産業における日本企業の國際競爭力を高めるための技術·商品戰略と製品開發マネージメントの研究", 「獨立行政法人新エネルギー·産業技術總合開發機構 平成18年度産業技術研究助成事業研究成果報告書」, pp.1-19.

3. 우리나라의 기술개발 수준은 어디에 와 있는가

각국의 기술개발 경쟁이 치열하게 전개되고 있고 기술 선진국들의 기술보호주의 경향이 갈수록 심화되고 있는 지금, 과연 우리의 기술수준은 어느 정도에 와 있는가. 우리나라는 지난 1970년대 이후 급속한 경제성장을 이룩했으나 아직 선진국에 비해 기술수준이 크게 뒤지고 있는 실정이다.

최근 한국과학기술연구원이 OECD 등에서 발표한 각종 기술 관련 데이터를 동원해 지표화한 우리나라의 기술개발력 및 기술수준 등을 보면 1976년~1988년 기간 동안 우리나라는 미국, 일본, 영국, 독일, 프랑스, 이태리, 캐나다 등 선진공업 7개국에 비해 기술개발력 상승률은 월등히 빨랐던 것으로 나타났다. 그러나 1988년을 기준으로 할 때 기술개발 능력은 미국과 일본에 비해 각각 36%와 56% 수준에 머물고 있다.

우리 기업들은 절대적인 기술개발 투자부족으로 여전히 기술빈곤 속에서 허덕이고 있으며, 그나마 축적된 기술도 핵심기술이 아닌 주변기술에 그치고 있어 국제경쟁력이 떨어지고 있다. 첨단기술, 기초기술은 물론 산업기술 분야에서조차 일부 조립기술, 생산기술을 제외하고는 설계 가공기술, 부품 및 소재기술, 시험평가기술 등, 거의 모든 분야에서 선진국과 상당한 격차를 보이고 있다.

우리나라의 기술수준은 1991년도를 기준으로 할 때, 국제적인 기술규모 수지가 미국의 9.8%, 일본의 12.1%, 독일의 18.9%에 불과하며 해외기술 의존도는 22.3%로 미국의 1.6%, 일본의 6.6%, 독일의 6.2%와 비교할 때 초라하기 그지없다. 전체 제조업 생산 중 첨단기술 제품이 차지하는 비중도 8.3%에 불과해 미국, 일본의 17~19%에 비해 절반도 안 되는 형편이고 제조업 수출 중 첨단기술 제품의 수출도 미국, 일본의 33~37%보다 훨씬 낮은 16% 수준에 그치고 있어 향후 후발개도국의 세계시장 잠식을 감안할 때, 지속적인 수출시장 확대에 큰 장애요인으로 작용할 전망이다.

한국산업기술진흥협회가 발표한 「1992년판 산업기술백서」에 따르면 선진국의 기술수준을 1백으로 볼 때 노동집약적인 우리의 조립기술은 76%로 어느 정도 선진국과의 경쟁력을 갖추고 있다. 그러나 설계, 시험, 정밀도, 측정기술 등 원천기술은 선진국에 크게 뒤떨어진 것으로 나타났다. 특히 창조적 기술의 원천인 기초과학은 국제학술지 게재 논문 편수를 기준으로 할 때 세계 32위에 불과한 실정이다.

이 백서를 보면 우리가 선진국 수준에 도달했다고 자평하는 반도체 기술의 경우 기억소자부분은 선진국 대비 80% 이상의 기술력을 보유, 미국과 일본에 이어 세계 3위를 마크하고 있으나 핵심기술은 설계 40%, 재료 10%, 장비제조 10% 수준에 머물고 있다. 컴퓨터산업은 선진국의 37% 수준으로 경쟁상대국인 대만의 56%에 비해서도 열세를 보이고 있다. 특히 컴퓨터의 핵심기술인 마이크로프로세서 설계

기술은 선진국의 3%, PC용 칩세트 설계기술은 5%에 불과하다.

또 입출력시스템(BIOS)기술은 10%, 최근 보급이 확대되고 있는 노트북 컴퓨터 설계기술은 20%로 그 격차가 매우 크다. 가전산업도 조립기술은 일본의 80% 수준에 이르고 있지만 설계기술은 50~60% 수준으로 기초 핵심기술이 취약함을 보여 주고 있다.

자동차산업은 가공 조립기술이 미국, 일본의 90%에 육박하고 있으나 기본설계 및 해석기술은 40%선에 머물고 있다. 세계 제2위의 조선 수주실적을 올리고 있는 조선산업의 설계 전산화, 생산관리 최적화 및 자동화, 컴퓨터통합시스템 등, 주요 기술수준도 선진국의 28~44%에 불과해 이들 기술은 선진국에 의존할 수밖에 없는 실정이다. 우리나라의 섬유류 수출은 세계 4위이지만 기술수준은 전반적으로 선진국의 70% 수준에 머물러 있다. 특히 21세기의 주축 산업인 정보, 메커트로닉스, 신소재, 생명과학 분야의 주요 세부기술개발에서 미국, 일본 등 선진국에 비해 기술수준이 3~4년 뒤져 있는 것으로 관련업계는 평가하고 있다.

이 때문에 우리나라의 주요 산업인 자동차, 전자, 발전설비, 컴퓨터, 반도체, 통신기기, 철강, 조선 분야에서 외국으로부터 기술을 도입한 뒤 지불하는 로열티가 계속 큰 폭으로 증가, 제품 판매이윤의 상당 부분을 기술보유국에 고스란히 바치는 실속 없는 장사를 하고 있다.

따라서 관리자의 능력을 배가시킬 필요가 있다.

● 관리자의 능력

○ 직급능력배분

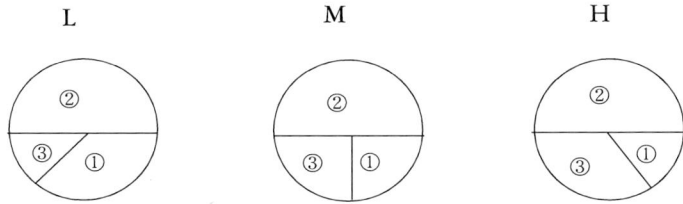

L   M   H

① 실무 능력(Technical Skill)
② 대인관계 능력(Human Skill)
③ 개념화 능력(Conceptual Skill)

○ 능력

문제 해결력, 의사결정력

〈그림 1-1〉 관리자의 능력

2010년 「이투데이」에 의하면 LG전자가 12월 1일자로 전사 조직 개편을 단행했다. 조직개편은 크게 △ 사업부 중심의 완결형 체제, △ 철저한 미래준비, △ 경영혁신 가속화를 통한 사업 경쟁력 강화 등 3가지 방향에 맞춰져 있다. 철저한 미래준비를 위해 컴프레서 (Compressor)와 모터(Motor) 조직이 사업부로, 솔라(Solar) 생산실이 생산팀, 헬스케어(Healthcare) 사업팀으로 각각 승격됐다. LED조명을 담당하는 라이팅(Lighting)은 사업본부 직속으로 운영된다. LG전자는 경영혁신 가속화를 통한 사업 경쟁력 강화 차원에서 2개 부문 조직을 CEO 직속으로 배치했다. LG전자는 경영혁신부문을 신설해

품질, 식스시그마, 서비스, 구매 등을 맡겼다. 글로벌마케팅부문은 LG 브랜드 제고, 해외법인 판매역량 강화, 공급망관리(SCM), 물류 등을 맡게 된다.

LG전자는 AC사업본부가 기존 공조사업 외에 차세대 성장동력인 솔라 사업과 LED조명시스템 사업을 수행하는 것을 반영해 본부 명칭을 AE(Air-Conditioning & Energy Solution)사업본부로 바꾸기로 했다. 또 부품사업 강화를 위해 컴프레서사업팀은 사업부로 승격됐다. 디자인경영센터에는 고객에게 감동적 경험을 늘려 주기 위한 UX혁신디자인연구소가 신설된다. 생산기술원은 소프트웨어와 하드웨어의 컨버전스 환경에 적극 대응하고, 전사 소프트웨어 역량을 높이기 위해 소프트웨어역량개발센터를 신설하기로 했다.

2010년 11월 「문화일보」에 의하면 그룹 조직개편을 앞두고 있는 삼성이 「사자성어(四字成語)」 경영을 재가동했다. 삼성의 이 같은 움직임은 연일 위기의식에 대응하는 변화와 도전을 강조하고 있는 이건희 삼성전자 회장을 비롯하여 그룹 경영진의 경영철학을 사자성어에 압축해 직원들에게 전달하기 위한 노력으로 해석된다. 삼성은 30일 직원들 간 의사소통창구인 마이싱글에 「불광불급(不狂不及)」, 「우보만리(牛步萬里)」, 「성동격서(聲東擊西)」라는 3개의 사자성어를 게시하고 「젊은 삼성인이여! 미치고, 인내하고, 고민하라.」는 주문을 내걸었다. 최근 「젊은 조직」, 「혁신과 미래」 등을 강조하는 이 회장의 의중을 그대로 반영한 것으로 보인다.

「불광불급」은 중국 고대 사자성어가 아닌 최근에 만들어진 신조어지만, 삼성은 이를 「미치지 않고서는 이룰 수 없다.」라고 풀이했다. 「우보만리」는 우직한 소의 걸음이 만 리를 간다는 뜻으로, 삼성은 「소처럼 우직하게 목표를 향해 가라.」고 해석했다. 동쪽에서 소리를 지르고 서쪽을 공격한다는 뜻의 「성동격서」에 대해 삼성은 「허를 찌르는 혁신적 사고를 하라.」는 의미로 설명했다.

모두 최근 이건희 회장이 그룹에 지시하는 경영방침과 일맥상통하는 의미들이다. 이 회장은 「변화되는 환경에 적응하기 위해서는 조직이 젊어야 한다.」고 강조하고 있다. 그룹의 조직 총괄 책임자로 임명된 김순택 부회장도 지난주 사장단협의회에서 「이 회장이 강한 위기의식을 갖고 있고, 현실에 안주하지 말고 다가올 변화를 직시해 미래를 대비해야 한다고 강조했다.」고 소개했다. 삼성은 29일에도 이 회장의 이 같은 의중을 반영해 「Future(미래)」라는 글과 함께 김 부회장이 전한 이 회장의 말을 그대로 소개하기도 했다.

삼성의 「사자성어」 경영은 이 회장이 경영에 복귀한 지난 3월부터 시작돼, 「마불정제(달리는 말은 말발굽을 멈추지 않는다)」와 「교병필패(자신의 능력만 믿고 자만하는 병사는 반드시 패한다)」 등을 통해 그룹 경영방침을 전파하고 있다.

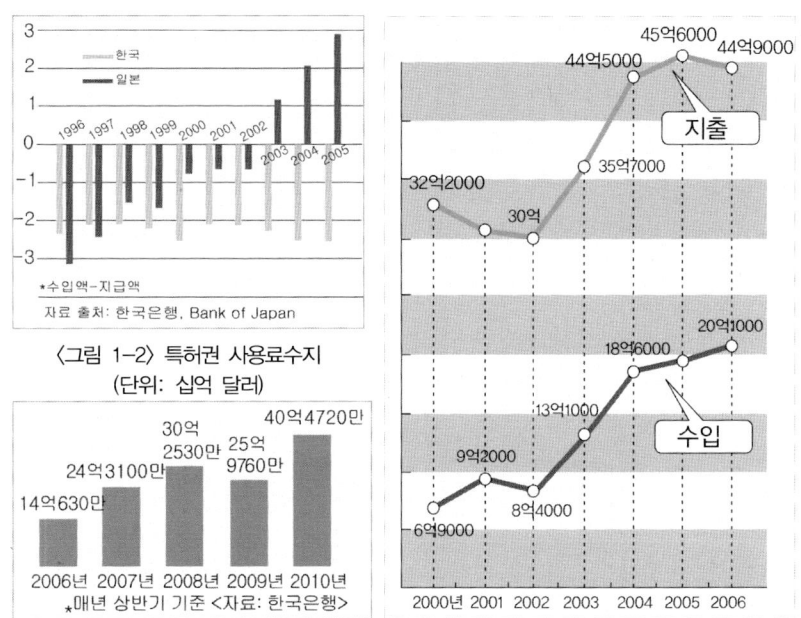

〈그림 1-2〉 특허권 사용료수지
(단위: 십억 달러)

〈그림 1-4〉 로열티 지급액 추이
(단위: 달러)

〈그림 1-3〉 특허권 사용료 지출·수입액
추이(단위: 만 달러)

4. 국내 산업기술 수준의 근본적인 문제는 무엇인가

국내 산업기술 수준이 낮은 원인은 무엇인가? 과거 우리나라는 자원과 기술의 부족으로 공업화 기반이 취약했다. 이러한 어려운 여건 속에서도 우리는 값싼 노동력을 바탕으로 본격적인 기술개발 없이도 고도 경제성장을 이룩할 수 있었다. 그러나 자체 기술개발보다는 기술도입에 의존하는 손쉬운 방법을 택함으로써 스스로 신기술을 배양할 수 있는 능력을 갖추지 못했던 것이다. 또 기술개발 투자를 위한 자본이 절대적으로 부족했던 점도 원인 중의 하나이다. 우리나라의 연구개발 투자규모는 1990년 45억 달러 수준으로 일본의 791억 달러에 비해 17분의 1, 미국의 1천5백억 달러에 비해 33분의 1에 불과하다. 이는 GM사(52억 달러), IBM사(59억 달러)와 같은 한 개 기업의 기술투자 수준에도 못 미치고 있다. GNP대비 연구개발 투자의 비중도 1.91%에 그쳐 일본의 2.69%, 미국의 2.74%, 독일의 2.89%에 비해 크게 떨어지고 있다.

국내 기업의 연구개발 투자는 그나마도 소수의 대기업에서만 본격화되고 있을 뿐 중소기업의 기술개발 투자규모는 대기업에 비해 형편없이 초라한 실정이다. 우리의 중소기업들은 기술개발 활동에 참여하고 있는 업체 수가 절대적으로 부족할 뿐 아니라 투자규모도 매우 영세하다. 1990년 기준으로 기술개발에 참여하고 있는 중소기업체 수는 6,701개로 전체 중소기업의 10% 정도에 불과하며 해당 업체의 평균 투자액은 연간 3천만 원 수준에도 못 미치고 있다.

기술개발의 또 다른 주요 요소는 우수한 인력확보이나 우리의 연구 인력은 절대숫자에서 미흡해 1990년 기준 우리의 연구개발 인력

7만 명은 미국의 13분의 1, 일본의 7분의 1 수준에 불과하다. 인구 1만 명당 연구원은 14.6명으로 일본, 미국의 40명 수준에 크게 떨어지며 노동인구 1만 명당 연구원은 선진국의 절반 수준에도 못 미치고 있다. 연구인력의 양적 부족뿐 아니라 연구개발 참여를 극대화할 수 있는 동기부여 제도의 미흡, 연구 분위기의 불안정과 현장을 경시하는 연구태도, 혁신 의지의 부족 등으로 연구인력 활용의 효율성이 매우 취약해 질적인 면에서의 문제점을 노출하고 있는 실정이다.

그동안 우리 기업들이 기술혁신을 하지 않고는 살아남을 수 없다는 것을 인식하고 있으면서도 부동산투기나 재(財)테크 등을 통해서 투자의 효율성을 더 높일 수 있는 기회가 주어지기 때문에 위험부담이 큰 기술개발보다는 단기수익이 높은 비생산적 활동에 더 주력하게 함으로써 자연히 기술개발을 등한히 한 것으로 지적되고 있다. 다시 말해 국내기업들의 기술혁신 부족의 가장 큰 원인은 기술개발 투자를 위한 환경이 마련되지 않은 데서 비롯됐다고 할 수 있다.

융통성 없는 각종 규제와 법규도 기업의 기술혁신 의지를 꺾는 커다란 장애요인이 되고 있다. 기업의 연구개발 담당자들은 기술혁신의 의지를 위축시키는 것으로 연구시약, 연구기자재 등의 도입에 있어서 복잡한 통관절차와 과중한 관세부과를 꼽고 있다. 우리 기업들은 공장을 하나 세우려면 관련 서류만도 무려 350여 개가 필요하다고 말한다. 이는 우리 행정기관의 법규와 절차가 얼마나 경직돼 있는가를 단적으로 보여 주는 사례라고 하겠다. 기업의 생산활동과 기술개발을 촉진시키기 위해서는 이 같은 행정적 불합리부터 개선되어야 할 것으로 지적되고 있다.

21세기에 펼쳐질 경제 전쟁에서는 산업기술이 승패를 좌우하게 된다. 기술이 없으면 경제가 예속되고 경제가 예속되면 모르는 사이에 나라가 선진국에 예속되고 만다. 이제 국가의 힘의 원천은 군사, 경제, 외교력에서 과학기술력으로 바뀌고 있는 것이다. 따라서 「소리없는 기술전쟁」에서 살아남기 위해서는 정부와 기업이 함께 「기술력=국력」이라는 의식을 갖고 모두 기술혁신에 전념하는 방법밖에는 다른 대안이 없다. 아직까지 기술과 기술자에 대해 천박하게 여겨 온 그릇된 관념이 남아 있는 우리에게는 기술에 대한 인식전환이 시급하다.

우리 경제가 최근 3～4년 사이 세계 곳곳에서 선진국에 밀리고 후발개도국에 추월당하고 있는 것은 국제경쟁력이 약화됐기 때문이며 현재 엄청난 무역적자로 고전하고 있는 것도 경쟁력의 약화가 가장 큰 원인이다. 경쟁력을 키우기 위해서는 여러 가지 방법이 있을 수 있겠지만 역시 가장 중요한 것은 기술개발을 통한 기술력의 확충이라 할 수 있다. 기술력을 확충하는 것은 바로 경쟁력의 핵심인 가격과 품질 경쟁력을 동시에 강화시켜 줄 수 있기 때문이다.

아시아개발은행(ADB)이 1993년 4월 발표한 연차보고서에서도 한국이 국내외의 많은 장애요인을 극복하고 높은 수준의 경제성장을 지속하기 위해서는 기술개발이 최우선 과제라고 지적하고 있다. 이 보고서는 한국 경제가 선진국과 개도국의 어중간한 위치에서 양쪽의 협공으로 갈수록 입지가 어려워지고 있다고 지적하고 기술 및 정보산업의 발달이 없는 한 이 같은 외적인 도전을 극복하기 힘들 것이라고 전망했다.

그러나 선진국을 따라잡기 위한 기술은 자원과 인력이 한정된 우리의 현실에서는 한꺼번에 단시일 내에 개발할 수 없다. 따라서 우리가 선진국을 따라잡기 위해서는 산·학·연을 유기적으로 연결하고 산업행정의 지원체계를 재정립, 한정된 투자재원의 효율을 극대화시켜 나가야 할 것이다. 과거 출연연구소 중심의 기술개발 정책에서 벗어나 산업기술혁신에 기업과 연구소, 대학이 공동으로 노력해 기술개발의 생산성을 높여 나가고 특히 최대의 잠재력을 가진 대학의 기술개발 능력을 산업계와 연계시키는 제도적 기반이 마련되어야 한다.

축적된 기술력과 연구개발 자원이 부족한 우리의 현실을 감안할 때, 첨단기술 중, 경쟁이 가능한 몇몇 부분을 선정, 기술경쟁력을 확보해 나가는 전략이 중요하며 또한 이러한 첨단기술과 기존의 기술을 융합하여 한국형 신제품을 창출해 내는 전략이 필요하다. 기초과학에 대한 투자는 장기간의 시간을 요하기 때문에 산업의 부가가치 확대와 수출증대를 꾀할 수 있는 것, 즉 산업경쟁력과 직결되는 현장기술에 중점적으로 투자하면서 기초·공공기술개발을 병행해 추진하는 것이 우리 실정에 맞는 기술개발 전략으로 판단된다. 우리나라의 독창성을 가미해 세계를 제패할 수 있는 새 상품을 만들자는 것이다. 또 이를 위해서는 한국인의 체질에 맞고 생산 및 연구현장에 신바람을 일으킬 수 있는 한국형 기술산업 문화를 정립해야 한다는 것인데 이는 결국 우리의 독창성을 최대로 살려야만 국제경쟁에서 살아남을 수 있다는 뜻으로 해석할 수 있다.

〈그림 1-5〉 대일 무역적자 규모 추이

5. 세계적인 기업들의 성공 비결은 어디에 있는가

오늘날 세계적 명성을 날리고 있는 기업들은 모두 세계 최고의 상품을 개발했거나 뭔가 남다른 혁신적인 경영기법을 도입한 기업들이다. 변화무쌍한 사회 환경과 고객의 욕구를 정확히 파악, 이에 신속히 대처하는 적응력이 뛰어나다.

세계적인 기업들의 성공 비결은 어디에 있는가? 미국의 보스턴 컨설팅그룹은 1991년에 최상의 상품개발을 리드하고 있는 세계적인 기업으로 일본의 혼다, 소니, 캐논, 도요타사와 미국의 컴팩, 모토롤라, 보잉, 인텔, 마이크로소프트, 머크파머수티컬즈사 등 10개사를 들고 이들 「앞서가는 기업」으로부터 얻는 교훈을 크게 5가지로 분류한 적이 있다.

첫째, 이들 「리딩회사」들은 거의 단일업종 또는 최소한의 업종에 주력, 이른바 업종다변화를 꺼린다는 것이다. 이들 회사들은 전체 매상고의 80% 이상이 단일품목 내지는 상호 연관성을 갖는 2개 품목에서 나오는 것으로 분석됐다. 예를 들면 세계 제2위의 제약회사인 머크사는 매출액의 84%를 제약에서, 캐논은 88%를 카메라 관련 제품에서, 보잉사는 89%를 항공기 제작에서, 도요타는 84%를 자동차 생산에서 각각 올리고 있는 것으로 나타났다. 인텔, 혼다 등은 이에 비해 여러 가지 상품을 생산하고 있지만 각 상품에서 독자적인 개발기술을 갖추고 있어 충분한 경쟁력을 지니고 있는 것으로 조사됐다.

둘째로 이들 회사는 전 세계를 판매시장으로 공략하고 있다는 점이다. 이는 바꾸어 말하면 세계 최고의 기술을 개발함으로써 자연적으로 세계시장을 석권하고 있다는 것이다. 이들의 해외시장에서의 매출을 보면 적게는 35%에서 많게는 70%에 이르고 있는 것으로 나타났다. 혼다는 해외시장에서 매출이 63%, 소니는 69%, 모토롤라는 36%, 인텔은 43%를 각각 차지하고 있다.

셋째, 세계적 기업들은 경영진과 고위 관리직원들이 대부분 전문가로서 상품개발 과정에 직접 참여하고 있으며 능력 위주의 인사를 하고 있다. 마이크로소프트회사의 빌 게이츠는 자신이 컴퓨터광이면서 아이디어가 떠오를 때마다 메모를 해 두었다가 사내 전자우송 시스템을 통해 기술자에게 그때그때 보내 제품개발에 반영시키고 있다. 혼다는 역대 사장 중 4명이 사내 연구개발을 이끌던 엔지니어 출신으로 기술자를 우대하고 있다. 머크사의 경우도 능력 있는 사원들에 대해 몇 단계를 뛰어넘는 파격적인 승진 인사를 단행, 우수한 인재를 확보하고 그만한 대우를 해 주고 있다.

마지막으로 이들 회사는 시장공략의 기본 전략으로 신제품을 먼저 내놓는 속도전을 쓰고 있다는 점이다. 예컨대 혼다사는 미국의 제너럴모터스사가 새 모델의 자동차를 디자인하는 데 5년이 걸리는 데 반해 2년 만에 신제품을 개발, 경쟁사보다 신제품을 시장에 빨리 내놓음으로써 시장경쟁력의 우위를 확보하고 있는 것이다. 결국 세계적인 대기업으로 성장하게 된 배경은 문어발식 경영을 지양하고 우수한 인재를 고용해 상품의 질을 제고하려는 노력을 게을리하지 않은 데 있다고 하겠다.

세계적으로 명성 있는 중소기업들의 성공 비결도 이들 대기업들과 흡사한 점이 많다. 이들 중소기업들은 비록 매출액에 있어서는 대기업들과 비교할 수 없을 만큼 적을지 몰라도 독특한 경영 전략과 꾸준한 연구개발 투자로 한 가지 상품에서 세계적 메이커로 성가를 올리고 있다.

여행용 가방 업체인 샘소나이트사는 삼손과 같이 튼튼하다는 이미지의 상표를 따와 80여 년 동안 가방제조에만 몰두해 온 회사이다. 이 회사의 제품은 견고함을 생명으로 한다. 회사 측은 웬만한 충격과 화재에도 가방 속 내용물의 안전을 보장한다고 자랑한다. 그러나 샘소나이트사는 견고하다는 것으로 명성을 얻었지만 결코 견고함을 유지하는 데 만족하지 않았다. 철저한 소비자의 욕구 조사를 통해 소비자가 원하는 디자인과 기능을 갖춘 신제품개발에 투자를 게을리하지 않았기 때문에 가방 하면 누구나 샘소나이트를 연상할 만큼 세계 제1위의 자리를 계속 지킬 수 있었다.

우리나라에도 독창적인 기술개발로 성장가도를 달리는 중소기업들이 적지 않다. 최근 극심한 내수불황과 수출부진으로 수많은 중소기업들이 도산하고 있지만 꾸준히 기술개발에 투자를 해 독창적인 기술을 개발해 낸 기업들은 불황이나 경제침체 등을 모른다.

1992년 우수중소기업으로 선정된 모 기업은 플라스틱에 얇은 유리 막을 입혀 표면을 특수 처리함으로써 아무리 습기 찬 날에도 김이 서리지 않는 유리를 만들어 내는 데 성공했다. 그동안 김 서림 방지 유리는 유리에 플라스틱을 입힌 것이었는데, 이 기업은 거꾸로 플라스틱에 유리를 입혀 가벼운 데다 단단한 제품으로 소비자의 인기를 얻었던 것이다. 더욱이 기존 제품과는 달리 진공상태가 아닌 대기상태에서 가공할 수 있어서 생산비가 적게 들고 이로 인해 판매가격도 저렴해 경쟁력이 높다. 이 중소기업의 성공 사례를 보면 기술개발이 아주 간단한 발상의 전환과 아이디어에서 쉽게 찾아질 수 있다는 것을 보여 준다.

독일, 일본, 미국 등 기술 선진국의 독점품으로만 인식되던 초음파진단기 개발에 뛰어들어 태아의 뼈 구조는 물론 간의 특성까지 진단해 내는 음파영상진단기를 개발, 해외시장에서 선진국 제품보다 높은 값에 판매하고 있는 국내의 한 중소 의료기기메이커는 기술개발에 남다른 투자를 해 온 결과로 이 같은 개가를 올렸다. 또 사이클용 신발을 전문으로 생산해 온 한 중소 신발업체는 사이클 페달과 결합되도록 볼트를 부착한 신발을 개발한 것이 히트해 많은 신발업체가 도산하는 가운데에서도 호황을 누리고 있다.

기업이 살아남기 위해서는 기술개발이 무엇보다 중요하지만 선진국의 기술을 하루아침에 따라잡을 수 없는 개도국들도 아이디어를 잘 짜내면 세계시장을 파고들 수 있는 여지는 얼마든지 많다. 특히 한국적인 관습과 생활방식에서 아이디어를 짜내 이를 제품화함으로써 성공하는 기업의 사례가 크게 늘고 있는 것은 주목해 볼 필요가 있다. 도산의 벼랑 끝에 있던 기아자동차가 오늘날 국내 자동차 3사의 하나로 발돋움하게 된 「봉고 코치」는 지프에 뚜껑을 씌우는 아이디어가 성공한 케이스이다. 전통 도배장판을 대신한 럭키의 민속장판은 번거로움을 싫어하는 도시인에게 인기를 얻어 날개 돋친 듯 팔렸다.

공기방울 세탁기는 빨래를 방망이로 두들겨야 때가 잘 빠진다는 우리의 예전 세탁방법에서 아이디어를 얻어 공기방울이 빨래를 두들기는 효과를 내게 한 제품으로 소비자에게 크게 어필해 출시 4개월 만에 13만 대나 팔았다.

신기술개발로 세계시장을 석권한 제품이 거의 없다는 것은 우리의 기술수준이 아직은 선진국에 뒤지고 있음을 말해 주는 것이다.

세계적인 기업들의 성공 비결은 상황분석, 원인분석, 잠재적 분석, 결정분석을 철저히 수행 및 이행한다는 것이다.

● 상사, 고참의 질문과 여러분들의 과제수행

① 상황분석(situation appraisal)
중요과제? 우선순위? 무슨 근거?
대책: ~를 조사한다, ~을 실시한다.

② 원인분석(problem appraisal)
원인구명이 필요한 것?
대책: ~에 원인을 구명(研明)한다.

③ 결정분석(decision appraisal)
대책? 다른 대책?
대책: ~을 잠정대책을 결정한다, ~의 최종안을 결정한다.

④ 잠재적 분석(potential problem appraisal)
잠재되어 있는 risk? risk 제거방법?

대책: ～의 risk대책을 세운다.

● 문제가 없는 신제품

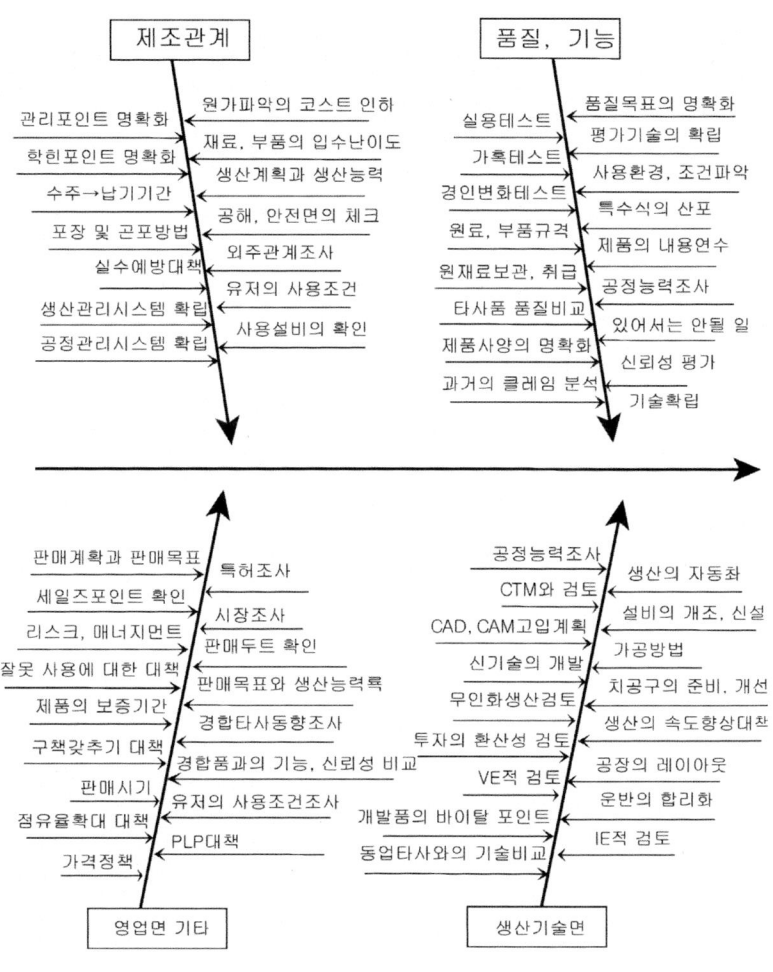

〈그림 1-6〉 문제가 없는 신제품

6. 기술개발과 경영 전략이 경쟁에서 살아남는 힘이다

기업체가 경쟁에서 살아남으려면 기술우위를 확보해야 하지만 경영전략도 앞서야 한다. 기술은 우위에 있으나 경영전략이 뒤지면 결코 성공할 수 없다. 기업이 더 많은 매출을 올리고 이익을 내기 위해서는 기술우위의 장점을 최대화할 수 있는 경영전략이 필요하다.

한 예로 일본의 소니사는 지난 1985년과 1986년 기술혁신의 우위 확보라는 경영전략에 지나치게 의존하다가 고전을 면치 못했던 적이 있다. 소니사는 경쟁사들과 VCR시장을 둘러싼 한판 승부에서 하드웨어 부분에서 단연 우위였으나 소프트웨어의 중요성을 간과한 나머지 쓰라린 패배를 맛보았다. 1970년대 중반 소니사가 개발한 베타맥스 방식의 VCR이 기술적으론 경쟁사 제품에 비해 전혀 손색이 없음에도 불구하고 도시바, 히타치, 마쓰시타 등 경쟁사들이 연합해서 VCR의 소프트웨어, 즉 상영프로그램을 제작하는 영화사들로 하여금 자신들이 개발한 VHS방식 VCR에만 맞게 영상물을 제작토록 유도함으로써 소니사는 VCR전쟁에서 예기치 못한 실패를 경험했다.

소니사는 이 패배를 계기로 시장공략 수단이 신기술개발에만 있는 것이 아니라 주 상품의 소프트웨어에 대한 영향력 확보 등 마케팅 전략도 매우 중요하다는 교훈을 얻게 됐는데 그 후 마케팅 강화와 사업 영역의 다각화를 통해 1987년부터 활기를 되찾았다. 소니사는 1987년 말 주력 사업부문의 하나인 오디오 사업부문의 시장지배력을 강화키 위해 미국의 CBS레코드사를 20억 달러나 주고 사들였으며 최근에는 비디오 사업부문의 경쟁력을 보강키 위해 미국의 콜롬비아영화사를 사들여 미국인들을 놀라게 했다. 이는 영화사의 영상물 및 배급망을 소니사의 비디오 상품에 결합시킴으로써 세계시장을 장악하겠다는 경영전략에서 나온 것이다. 실패를 경험한 후 이처럼 오디오와 비디오 제품에 대한 소프트웨어제작사를 확보함으로써 소니사는 1987년도에 이익을 전년도에 비해 47% 증가한 3억 달러를 기록하여 자존심을 회복했다.

소니사의 경우에서 보듯이 기업들은 항상 생산성을 극대화하고 판매를 신장시킬 수 있는 경영전략을 개발하려고 노력한다. 특히 기업의 성장이 하향곡선을 치닫거나 새로운 도약을 시도할 때면 경영진들은 으레 기존의 경영 형태를 떨쳐 버리고 혁신적인 경영기법의 도입을 시도해 왔다. 경영기법의 개발이나 신제품개발은 변화의 물결에 유연하게 적응하는 것이어야 성공할 수 있다. 그러나 경영기법은 신기술을 적용하지 않으면 경쟁에 뒤지는 상품개발과는 다른 점이 있다. 기업 나름대로의 특수한 상황이 고려되어야 하기 때문이다.

1990년대 들어 수직적 상명하달식 경영방식은 비능률성으로 인해 구시대의 유물처럼 인식되고 있으나 낡은 경영방식을 고수해 오히려 매출액과 순이익이 급증한 기업도 있다는 것은 바로 혁신적인 새 경영기법이 모든 기업에 일률적으로 좋게 적용될 수 없음을 보여 주고 있다. 근래 들어 미국을 비롯해 선진국의 주요 기업들은 최고경영자에서 현장감독에 이르는 10여 단계의 명령체계를 4~6단계 이하로 대폭 축소시켜 왔으며 우리나라의 기업들도 마찬가지로 수직적 경영에서 탈피, 수평적 경영 방식을 도입하고 있다. 이는 명령체계가 줄어들수록 근로자들의 자율성이 강화되는 반면 책임회피나 비능률성을 없앨 수 있는 장점이 있는데다 변화 상황에 신속히 대처할 수 있기 때문이다.

미국의 다우케미컬사는 이와는 상반된 「매트릭스 경영전략」을 일관되게 추진해 톡톡히 재미를 본 기업의 하나이다. 매출액이 미국 화학업계에서 듀퐁사 다음으로 많은 다우케미컬사는 BASF, 훽스트, 바이엘, ICI 등 이 분야에서의 세계적인 기업들에 비해 매출액은 다소 뒤지지만 순이익과 기타 경영실적에서는 단연 세계 정상을 달리고 있다. 다우사의 이 같은 경영의 호조는 지난 1960년대 이후 30여 년 동안 일관되게 추진해 온 매트릭스 경영전략이 큰 몫을 하고 있다.

매트릭스(Matrix)란 원래 수학에서 말하는 행렬이란 의미로 여기에서 개별 원소들은 종적 횡적으로 밀접한 연관을 맺고 있다. 매트릭스 경영은 이 개념에서 따온 말로 기업 전체 조직의 명령 및 보고체계가 종적 횡적으로 복잡하게 얽혀 있는 것을 가리킨다. 예컨대 다우사 캐나다 공장의 플라스틱 제품 판매책임자는 자기 업무를 추진하는 데 있어서 캐나다 현지 사장은 물론 미국 본사의 플라스틱 제품 책임자 및 판매담당자와도 상의해야 하는 종적 횡적 명령체계를 유지하고 있다. 다우사는 중간관리자들로 하여금 기능별, 제품별, 지역별 등 세 가지 기준으로 분류해 놓은 명령계통을 다 밟도록 하고 있다. 따라서 중간관리자들은 직속상관은 물론 2~3명의 다른 책임자에게도 업무를 보고해야 한다.

이 같은 경영방식은 언뜻 보기에도 비합리적이고 비능률적인 것처럼 느껴진다. 특히 수직적 명령체계를 점차 줄여 나가는 현대적 경영 기법과는 상반된 것임에 틀림없다. 대부분의 기업들은 이 경영방식이 극단적인 업무의 분권화를 막고 업무의 신중을 기할 수 있다는 이점은 있으나 각 명령체계 간의 마찰과 갈등을 일으켜 조직이 해이해진다는 이유로 거의 채택하지 않고 있는 것이다. 그러나 다우사가 매트

릭스 경영을 도입한 데는 나름대로의 이유가 있다. 석유화학 분야의
경우, 석유를 비롯한 원료의 공급원에 가까울수록 수송비가 그만큼 절
감되고, 제약업 역시 각국마다의 문화적 차이로 소비자들과 인접해서
그들의 선호도를 파악해 생산하는 것이 유리하다는 점 때문에 이 경
영방식을 택했던 것이다. 30여 개국에서 1천8백여 종의 제품을 생산하
는 다우사는 이러한 상황에서 각 계열사의 자율성을 살피면서 전체를
효율적으로 통제하는 경영방식으로 가장 적합하다고 판단한 것이 바
로 매트릭스 방식이었다. 물론 다우사도 매트릭스 경영방식으로 성공
을 거두기까지는 많은 시행착오를 겪었다. 자사의 특수성에 맞도록 매
트릭스 경영기법의 문제점들을 보완하고 다듬어 성공한 것이다.

● 제조의 용이성(Design for Manufacturability)
- 부품 수 삭감
- 조립구조의 단순화
- 위에서 낙하하는 방식으로 조립
- 모듈화 설계
- 조정부위의 삭감, 최소화
- 방향설정, 반송하기 쉬운 설계
- 체결부위의 삭감

　　2010년 LG경제연구원에서 피력한 「GM, IBM의 결정적 실수」의
제목에서 GM과 시어스, IBM 등은 세계 최고의 기업들이다. 이들은
결정적인 실수를 범한 적도 없고 경영자가 무능하지도 않았다. 진
정한 실수가 있었다면 과거에 성공했던 공식과 패턴을 조금 오랫
동안 고집했다는 것뿐이다. 신임 CEO가 챙겨야 할 3가지 과제 앞
에서 살펴본 바와 같이 전임 CEO가 물러나게 된 상황은 기업마다
차이가 있다. 그리고 신임 CEO가 풀어야 할 숙제와 책무도 기업이
처한 상황, 그리고 전임 CEO가 물러난 원인과 그 배경에 영향을
받을 수밖에 없다. 그렇다고 새로운 CEO가 기본적으로 점검하고

해결해야 할 과제가 기업마다 완전히 다른 것은 아니다. 다만, 그러한 상황이 신임 CEO가 챙겨야 할 과제의 우선순위를 다르게 한다는 점이다. 따라서 우선 새로운 CEO가 챙겨야 할 과제가 무엇인지 살펴보고, 그 과제의 우선순위가 어떻게 달라지는지 알아보기로 한다.

① 도대체 내가 누구인가(구성원과의 적극적인 커뮤니케이션)

세계적인 미디어 복합기업 뉴스 코퍼레이션(News Corp)의 루퍼트 머독(Rupert Murdoch) 회장은 자신의 비전과 경영 방침을 전파하기 위해 밤낮을 불문하고 직원들과 직접 전화 통화를 시도하였다. 이를 통해 지금 회사가 처한 문제가 무엇이고, 현재 직원들이 무슨 일을 하고, 무엇을 고민하고 있는지를 이해하려고 했고, 나아가 자신이 회사와 구성원의 문제를 모두 이해하고 있음을 직원들에게 직접 확인시켜 주려고 애썼다. HP의 류 플랫(Lew Platt)도 CEO 자리에 오르자마자, 집무실의 출입문과 칸막이를 없애고 직원들과 함께 구내식당에서 식사를 하면서 직원들의 생각과 의견이 무엇인지 묻고 동시에 자신의 경영 방침과 비전이 무엇인가를 그들에게 알리려고 노력하였다.

이와 같이 새로운 CEO들은 자신이 전임 CEO와 무엇이 다르고 무엇이 같은지를 알려 줌으로써 구성원들이 자신의 경영 방침과 비전을 적극 이해할 수 있도록 도와주어야 한다. 그렇게 하지 않으면 전체 구성원들이 같은 생각과 같은 목적을 가지고 나아갈 수 없기 때문이다. 특히 전임 CEO의 족적과 그림자가 크게 남아 있는 기업일수록 새로운 CEO는 자신을 널리 알리고 차별화할 필요가 있다. 전임 CEO에 대한 그동안의 전폭적인 지지와 신뢰가 새로운 CEO에게는 자칫 저항과 냉소라는 부정적 반응으로 나타날 수 있기 때문이다. 따라서 전임 CEO에 대한 구성원들의 신뢰가 클수록 새로운 CEO는 구성원들과의 개별적이고 개인적인 커뮤니케이션에 관심을 기울여야 한다. 신임 CEO에 대한 구성원들의 이해와 신뢰가 커질수록 조직에 대한 구성원들의 충성도(Loyalty)와 몰입도(Commitment)도 함께 커질 수 있다.

② 전원 출발 대형으로(조직 및 의사 결정 프로세스 재정비)

GE의 잭 웰치가 CEO 자리에 오르자마자, 가장 먼저 한 일은 GE의 관료주의적인 의사 결정 구조를 바꾸는 것이었다. 길고 복잡한 의사 결정 프로세스가 초래하는 왜곡과 지체 현상을 더 이상 두고 볼 수가 없었다. 따라서 우선 기존의 9~11단계에 이르렀던 의사 결정 과정을 4~6단계로 대폭 줄이는 것이 필요했다. 그 결과 잭 웰치가 이끄는 GE는 그 어느 기업보다도 빠른 의사 결정 프로세스를 가질 수가 있었다. 이와 같이 새로 취임한 CEO가 조직 구조를 바꾸고 의사 결정 프로세스를 재정비하고 싶어 하는 데는 그만한 이유가 있다. 조직 구조의 변화가 조직 내부에 건전한 긴장감을 조성해 주기 때문이다. 또한 조직 구조가 변화함으로써 조직 내부의 신진대사도 원활하게 이루어진다. 게다가 변화된 조직 구조는 기업의 전략 방향이 무엇인지를 암시해 줌으로써 구성원들이 그 변화 방향을 쉽게 이해하고 체득할 수 있게 도와준다. 그렇기 때문에 대부분의 CEO들은 취임과 함께 조직 개편부터 서두르게 된다. 취임 초기의 조직 개편이 비록 내 사람 챙기기라는 비난을 들을지라도, 내 생각과 내 경영 방침을 제대로 이해하고 지원해 줄 정예부대가 필요하기 때문이다. 이러한 사람들과 조직을 중심으로 공식적, 비공식적 의사 결정 네트워크를 구축하여 그들이 변화의 중심에 설 수 있도록 도와야 한다.

③ 어디로 갈 것인가(비즈니스 포트폴리오 점검)

잭 웰치는 CEO에 취임하자마자, 우선 GE가 추진하고 있는 사업들을 하나씩 점검하여 향후 시장에서 1~2위의 경쟁력을 가질 수 있는 사업이 아니면 즉각 철수하겠다는 원칙을 세웠다. 이러한 원칙 아래 GE는 새로운 비즈니스 포트폴리오 전략을 짜고 향후 시장에서 1~2위를 할 수 있는 사업만을 집중 육성하기 위한 투자 전략을 세웠다. 그동안 외형 성장에 주력했던 전임 CEO들과는 달리, 잭 웰치는 오직 개별 비즈니스의 사업성과 경쟁력을 근거로 대대적인 사업 구조조정을 단행했던 것이다. 이처럼 새로운 CEO가 전진의 나팔을 불기 위해서는 구성원들에게 어디로 갈 것인지를 명확하게 얘기할 수 있어야 한다. 명확한 방향도 없이 우왕좌왕하고 무엇을 먼저 해야 하는지도 모른다면 구성원들은 새로운 CEO를 결코 신뢰하지 않을 것이다. 따라서 CEO에게 주어진 자원, 즉 사람과 돈을 언제, 어디에, 얼마만큼 투입해서 얼마를 벌 것인가가 명확하게 계산되어 있어야 한다. 더불어 자원을 투입하는 우선순위도 명확하게 나타나 있어야 한다. 이와 같이 자사가 수행하고 있는 비즈니스를 점검하여 비즈니스 포트폴리오 전략을 새롭게 짜는 일은 신임 CEO에게는 가장 중요한 과제 중의 하나다.

7. 소비자의 심리를 알아야 살아남을 수 있다

기업들의 신기술개발은 항상 소비자를 염두에 두고 이루어진다. 이익을 내야 하는 것이 기업의 속성인 만큼 실용화될 수 없는 기술을 위한 기술개발을 하는 기업은 없다. 기업들은 신제품을 생산할 때나 신기술을 개발할 때 소비자의 구매력을 얼마만큼 자극할 수 있을 것인가를 먼저 생각한다. 따라서 기업의 기술개발은 소비자의 요구에 의해 이루어진다 해도 과언이 아니다.

아무리 뛰어난 기술로 만들어졌다 해도 고객이 외면한다면 의미가 없는 것이다. 그래서 기업들은 고객의 목소리에 항상 귀를 기울여야 한다. 이탈리아의 세계적인 의류회사인 베네통은 새로운 기획상품이 완성되면 제품 모두를 한꺼번에 시장에 내놓지 않는다. 새 상품의 20% 정도만 시장에 선보여 소비자의 취향을 살핀 다음 부족한 점을 재빨리 보강해 완전한 제품을 판매한다. 소비자가 원하는 제품을 내놓기 위한 것이다. 베네통은 이러한 판매전략, 즉 소비자의 목소리에 충실히 귀를 기울임으로써 소비자에게 만족을 주고 높은 수익도 얻고 있다. 우리나라 가전업체에서 최근 개발한 공기방울 세탁기나 물걸레질까지 해내는 진공청소기 등도 따지고 보면 소비자들의 의견을 반영한 제품이라고 할 수 있다.

기존 관행을 타파하기 위해서는 의식개혁이 필수적이다. 의식개혁은 쉽지 않다. 그것은 세 가지 요인 때문이다.

첫째는 인식의 벽이다. 고질적인 문제를 쉽게 버리지 못하는 것으로 이는 분석에 눈이 어둡고 과학적 감각이 부족하기 때문이다. 일을 대충대충 처리하는 성격도 문제가 된다. 예컨대 쓰레기통을 두고도 주변에 쓰레기를 버린다든지, 화장실에 들어갈 때와 나올 때가 다르다든지, 모로 가도 서울만 가면 된다는 식이나, 확실히 하라는 말보다는 빨리빨리 하라는 말에 익숙해 있다. 이런 의식으로는 제품 마무리가 좋을 리 없다.

둘째는 문화의 벽이다. 우리는 급한 성격 때문에 조급하게 흑백 판단을 한다. 이것은 우리의 식생활이나 놀이, 암기 위주의 객관식 교육에 원인이 있다고 본다. 또 세 살 버릇 여든까지 간다는 우리 속담에서도 나타나듯 인습을 과감하게 깨지 못하는 것도 한 요인이다.

셋째는 감정의 벽이다. 우리나라 사람들은 사대주의 사상, 양반 습성이 뿌리 깊게 박혀 있어 체통, 위신을 지나치게 따진다. 상대편을 업신여기고 멸시하며 자신만이 최고라는 의식을 가진 사람들이 적지 않다. 또한 잘못을 하더라도 남에게 굽힐 줄 모르고 스스로 잘못을 느낄 줄 모르는 비양심적인 경우라든지 바보 취급당하기 싫어서 거짓말을 밥 먹듯이 한다든지, 틀리면 큰일이니까 속임수를 부리더라도 현장을 모면하려는 의식, 유식한 체하기 위해 남을 낮추어 말해야 된다는 의식 등, 그릇된 인식을 갖고 있는 것들이 많다. 이를 바로잡기 위해서는 의식의 혁명이 따르지 않으면 안 된다.

우리가 의지력을 기르기 위해서는 이러한 잘못된 인식의 벽, 문화의 벽, 감정의 벽을 과감하게 허물어야 한다. 고정관념을 탈피할 수 있을 때 비로소 사물을 대하는 시야가 넓어질 수 있다. 어린아이처럼 사물을 순수하게 대하는 눈을 가지도록 노력해야 한다. 그래야만 새롭고 기발한 아이디어도 많이 창출될 수 있다.

우리가 현재 선진국에 수십억 달러의 로열티를 지불하고 기술을 도입할 수밖에 없는 것은 우리들의 슬기가 모자라서기보다 우리 주변에 숨어 있는 슬기를 오늘의 의미로 재발견하고 그것을 창조적으로 계승하지 못했기 때문이다.

할머니들이 손자의 손이나 발에 생채기가 나면 짚방석을 들추고 그곳에 피어 있는 푸른곰팡이를 바르던 것을 잊지 않았으면 페니실린은 우리가 개발했을 것이다. 벌에 쏘이면 된장을 바르던 일을 추억으로 놓아두지 않고 과학적 분석대상으로 삼았으면 근대 화학의 새로운 지평도 한국인에 의해 열렸을 것이다. 신라의 천문학을 잘 이어받았더라면 갈릴레이나 코페르니쿠스는 배달민족에게서 나왔을 것이다.

제주도의 정낭이 세계 통신학계로부터 세계 최초의 디지털 통신 방식으로 인정받았다. 이것 또한 우리가 잘 계승했으면 통신혁명이

라는 디지털 방식은 우리 자산으로 우리는 21세기 정보사회의 주
역이 되었을 것이다. 우리의 민간요법이나 동의보감 등에 있는 한
방요법 가운데는 현대의학으로 풀 수 없는 신비로운 것이 널려 있
다. 창의적 사고의 도출로 우리 문화자산을 현대 의미로 재발견해
기초과학, 기본기능을 창조적으로 계승시켜야 한다.

조용한 진공청소기와 공기방울 세탁기 발명 등은 조상 전래의
관습적인 모습들, 아버지와 어머니의 정서적인 생활상이 지극히 과
학적이라는 믿음의 생활에서 비롯된 것이다. 따라서 한국의 전통적
인 생활상을 과학적 감성으로 계승시킬 경우 우리의 국제경쟁력은
우위를 확보할 수 있을 것이다. 한 나라의 전통문화, 슬기로운 지
혜를 현재의 의미로 재조명, 재발견하고 그것을 창의적으로 계승해
야 된다. 과학적 사고에서 차별화된 기술개발이 나오듯 과학적 사
고로 차별화된 사회생활을 통해 발상전환을 해야 한다.

과학적 사고란 지식이 담긴 생각을 의미한다. 역사 속의 좋은 문
화를 창의적으로 계승해야 정신문명을 낳는다. 이런 정신문명만이
물질문명을 다스릴 수 있다. 물질을 다스리는 마음은 도덕성에서
나온다. 도덕성이 없으면 과학적 사고, 즉 지식이 담긴 생각이 나
오지 않는다. 지식이 담긴 생각을 하기 위해서는 다음과 같은 일을
중시해야 한다.

우선 메트릭스기법의 소프트웨어 분석을 중시해야 한다. 현대는
분석의 혁명시대다. 분석에는 상황분석, 원인분석, 잠재분석, 결정
분석 등 4가지가 있다.

상황분석이란 중요과제가 무엇이냐, 우선순위가 무엇이냐, 무슨
근거냐에 따라 조사, 또는 실시하는 것이다. 이 밖에 원인을 구명
하는 원인분석이 있는가 하면 잠재되어 있는 리스크와 리스크에
따라 대책을 세우는 잠재분석, 최적안을 결정하는 결정분석이 있다.

따라서 난이도에 의한 요인별 심층적 메트릭스기법의 소프트웨
어 분석이 이루어져야 한다.

다음으로 정신력과 창의적 사고를 접목시켜야 한다.

우리는 흔히 상상과 창의를 혼동하는 예가 많다. 새로운 방안을
내세우거나 생각해 내는 의견을 창의라고 하며 단지 추측하는 것
을 상상이라고 한다.

상상에는 공상, 재생적 상상, 창의적 상상이 있다. 공상은 생각하
는 과정이며 재생적 상상은 단순한 상기에 가깝고 창의적 상상은
예술작품, 발명, 발견, 기술상의 산물, 구체적 방법 수단을 헤아리
는 것을 말한다. 인간이 지닌 정신력, 즉 관찰하고 주위를 집중하

는 힘인 흡수력과 기억하고 생각해 내는 힘인 기억력은 학습에서 나온다. 분석하고 판단하는 힘인 추리력과 아이디어를 떠오르게 하는 힘인 창의력은 사고에서 나온다. 따라서 학습과 사고를 통해 인간이 지닌 정신력이 생성된다. 창의적인 사고는 이미 알고 있는 경험, 지식을 해체하는 분해와 새로운 아이디어를 다시 짜는 결합으로 이루어진다. 과학적 사고방식을 갖기 위해 우리는 인간이 지닌 정신력과 창의적 사고를 접목시켜야 한다.

그런 만큼 메트릭스기법으로 분석하고 정신력과 창의적 사고를 접목시키는 데 치중해야 한다. 이를 통해 전혀 관계가 없는 기기나 자연현상의 원리를 제품에 새롭게 적용할 수 있는 아이디어로 전환시킬 수 있다. 한마디로 두 가지 이상의 원리를 접목시켜야 한다.

기업의 경영전략은 연구개발력 강화, 고부가가치화, 생산·판매 규모의 확대, 사업다각화 등으로 이루어진다. 우리나라는 생산규모의 확대, 사업다각화를 경영전략으로 내세우는 기업들이 많다.

제품개발 전략 측면에서는 대부분 시장성을 우선적으로 고려한다. 고부가가치를 중요시하고 시장의 잠재 성장성을 판단기준으로 삼는 것이다. 하이사이클(High cycle)을 하기 위한 제품개발 전략은 개발할 제품이 전략적이면서 기존 제품과 관련성이 있고 시장의 잠재적 성장성이 높으며 고부가가치화 전략으로 짜여야 한다.

우리나라 기업들이 주로 투자하는 분야는 국내외 설비투자와 연구개발 투자다. CIM(Computer Integrated Manufacturing) 개념의 하이사이클로 가기 위해 중점 투자할 분야가 연구개발 분야이다. 다음으로 자국 내 생산설비의 CIM화, 해외설비의 현지여건을 고려한 CIM화 순이다. 생산전략 측면에서 우리나라 기업들은 생산공정의 자동화, 생산능력 확대, 생산공정 시간단축을 중요시하고 있다. CIM 개념의 생산전략은 다품종 생산체제 확립, 부품의 유닛 및 모듈화, 생산능력 확대 등이다.

마케팅 전략에서는 영업력 강화, 소비자 수요 파악기능 강화, 판매망 확대 등을 전략으로 삼는다. 하이사이클로 하기 위한 마케팅 전략은 우선 고객만족을 위한 소비자 리드기능 강화, 둘째는 LAN(Local Area Network)구축에 의한 영업력 강화, 셋째는 고객의 데이터베이스에 의한 판매 네트워크를 확대해야 한다. 우리는 매우 슬기로웠음에도 잘못된 관념으로 우리의 것을 부끄러이 여기거나 하찮은 것으로 간주해 계승하지 못했기에 선진국의 자리를 미국이나 유럽인에게 내준 것이다. 이제라도 우리는 「가장 기본적(민족적)인 것이 세계적인 것이다.」라는 말을 상기해야 한다. 우리나라에서 세계적인 것으로 호평을 받는 사례들을 보면 거의 한국적 슬기의 전통을 이어받은 것들이다.

세계적인 비디오 아티스트는 한국적 구도와 형상을 차용해 더욱 주가를 높이고 있고 한국의 전통사상과 음악을 현대음악에 도입해 높이 평가받고 있다. 한국적 미를 화폭에 담아 파리 화단에서 세계적 화가로 평가받고 있으며 한국적이고 향토적인 서정을 형상화한 「소」는 뉴욕 현대미술관에 전시되어 있다. 우리는 이 같은 원리를 오늘의 기술경쟁에서 세계로 향하는 가장 핵심적인 슬로건으로 삼아야 한다. 기술경영은 첫째가 1등 품질의 제품을 만드는 것이다. 그리고 경영혁신과 함께 다운사이징을 하여 종업원들이 창의적인 형태로 전력할 수 있도록 해야 한다. 이와 함께 부품의 원가경쟁력을 갖추기 위한 기술의 내재화도 중요하다.

출처: http://www.etnews.co.kr/news/detail.html?id=199607300002

8. 최고의 제품은 창조적 아이디어 속에서 태어난다

기업들은 최근 제품을 기획하고 생산하는 단계에서부터 고객의 의견을 반영하고 제품을 판매한 뒤에도 고객의 목소리에 계속 귀를 기울이는 제도를 도입하는 사례가 늘고 있다. 이는 세계 유명업체들이 철저한 소비자 조사를 통한 상품개발과 마케팅 전략으로 성공한 경우가 많기 때문이다. 세계적인 상품들은 대개 단지 품질만이 우수해서가 아니라 독특한 마케팅 전략으로 상승효과를 높이고 있는 것이다. 영국의 세계적인 낚싯대 전문업체인 파테크 센추리사는 고가품 위주의 소량 생산으로 잘 알려져 있다. 이 회사는 고급 소비재시장만을 겨냥해 고가정책을 써서 성공한 대표적인 중소기업이다. 파테크사는 할인판매점과 슈퍼마켓에는 제품을 내놓지 않고 전문점 또는 백화점의 경우에도 할인판매 기간 중에는 납품하지 않는 판매전략으로 최고급품이란 이미지를 유지하고 있다.

선글라스의 대명사인 「레이밴」 브랜드를 만들어 내고 있는 보시 앤드 롬사는 꾸준한 연구개발 투자와 함께 연예계 스타들을 활용한 광고 판매전략으로 세계 정상의 자리를 지키고 있다. 이 회사가 처음 내놓은 제품은 미공군조종사들의 시력보호용 선글라스였는데 지금 은 맥아더 장군의 상징으로 더 잘 알려져 있기도 하다. 이 회사는 맥 아더 장군을 연상시키는 「장군(The General)」이라는 상표를 개발하는 등 유명인이 애용했다는 점을 판매에 이용하고 있을 뿐 아니라 최근 에는 연예인들을 이용, 광고효과를 높이고 있다. 이 회사가 지난 82년 1만 8천 개밖에 못 팔았던 「Wayfarer」 모델의 경우 1983년에 제작된 영화 「위험한 비즈니스」에서 영화배우 톰 크루즈가 소개한 이후 36 만 개나 팔렸으며 86년 영화 「탑건」에서 또다시 착용, 150만 개의 판 매고를 올렸다.

흔히 아이디어가 히트 상품을 낳는다고 하지만 소비자의 취향에 동떨어진 아이디어는 아이디어로 끝나고 만다. 국내에서 히트한 상품 들도 아이디어와 좋은 품질, 새로운 마케팅 전략이 소비자들의 취향 과 욕구를 정확히 읽어 낸 것임을 알 수 있다. 지난해 유통, 광고업계 가 추천한 인기 상품은 대부분 이러한 소비자의 관점에서 만들어 낸 제품들이다.

공기방울이 세탁을 한다는 광고로 소비자들에게 익숙한 공기방울 세탁기는 1991년 첫선을 보인 이후 세탁기 시장에서 가장 큰 인기를 끌고 있다. 대우전자의 「효자상품」으로 부상한 이 제품은 공기방울이 터지는 힘으로 때를 뺀다는 기발한 아이디어로 세탁기 시장의 판도 를 바꾸어 놓았으며 삼성전자의 「삶는 세탁기」, 금성의 「리듬세탁기」

를 내놓게 만들었다.

1992년도에 일본에서는 가정 지향적이고 실용적인 상품이 많이 팔리는 현상을 보여주었는데 이는 거품경제가 사라지고 일본 경제가 불황에 빠져 가정에서 생활의 여유를 찾으려는 경향 때문인 것으로 풀이되고 있다. 식료품의 경우 간장, 미소(일본된장) 등, 조금만 가미하면 밥맛을 좋게 하는 상품과 고성능 전기밥솥, 레크리에이션용 자동차, 야외용 텐트 등이 1992년도 일본의 히트 상품이다.

전자제품으로는 고성능 전자밥솥 이외에 면허 취득이 필요 없는 소니사의 소형무전기, 마쓰시타사의 비디오 일체형 TV, 엡손사의 386 노트북컴퓨터 등이 인기를 끌었다.

미국에서는 1992년도에 니코틴이 피부를 통해 혈관으로 스며들게 함으로써 니코틴중독을 서서히 완화시켜 주는 금연용파스, 랩가수들이 즐겨 입는 바지, 모자, 운동화 등의 패션을 비롯하여, 굿이어사의 애쿼트레드타이어, 클라이슬러의 LH자동차시리즈, AT&T사의 비디오폰, 소니사의 미니디스크와 필립스사의 디지털콤팩트디스크, 애플컴퓨터의 파워북 시리즈 등이 히트 상품으로 기록됐다.

히트 상품과 일류 상품은 소비자들의 구매선호 심리와 관련이 있다. 구매선호 심리는 곧 시장성을 마련하며 기업은 그동안 투자한 개발의 노력을 보상받게 된다. 이처럼 단순하고도 간단한 시장원리와 경쟁원리가 적용되는 곳이 바로 이 세계이다. 이제 우리의 문제로 돌아와 생각해 보자.

오늘날 우리 기업들은 그동안 관심을 기울이고 있지 않던 우리 것에 대하여 다시 한 번 깊은 성찰의 계기를 만들고 있다. 그것은 다름아닌 우리 선조들의 생활양식과 사고에 대한 반성의 의미도 깊이 개재되어 있다. 그 이전까지 우리는 우리 스스로를 한 번은 깔보고 살아왔다. 소위 엽전의식이니 하는 것들이 그것이다.

그러나 이러한 것을 발상전환의 계기로 극복한 것이 다름 아닌 공기방울 세탁기였는지 모른다. 가장 우리다운 것이 가장 세계적인 것이라는 논리는 이 자그마한 발명의 근본원리였다. 그러기에 최근 다른 기업들이 보여 주고 있는 공동적 연대감에 대하여 필자 스스로 늘 고마움을 느끼고 있다.

예를 들면 겨울의 김장김치 맛을 그대로 느끼게 해 주는 것은 오지그릇과 땅속의 온도라는 것에서 비롯된 냉장고 각 칸마다 적정 온도를 변별함으로써 풋김치가 아닌 발효와 숙성의 환경을 만들어 주는 한국적 배려, 구수한 누룽지와 숭늉의 미각을 잊지 못하는 우리의 전통적 미각을 위해 누룽지가 눈는 밥솥, 먼지만 빨아들이는 진공청소기는 서양의 카펫문화의 청소 원리임에 반하여 온돌마루의 우리 주거생활에 물청소의 청결 습관을 배려하고 있는 청소기 등, 이러한 일련의 가전제품들은 바로 우리 기업들이 비로소 우리의 것에 관심을 기울이기 시작한 가장 대표적인 성과들이다.

그리하여 이제 우리의 지혜와 선인들의 슬기가 모여 세계로 향하는 슬기의 전쟁이 시작된 것이다. 그러면 우리들은 선인들의 사고 속에 어떠한 것들을 오늘의 기술전쟁시대를 이겨 나가는 무기로 삼아야 하는가.

9. 우리의 문화 자산은 위대한 지혜의 보고이다

새로운 세탁 방식 개발을 통해 기존의 세탁기가 안고 있던 문제를 풀어 보려던 필자에게 어느 날 문득 빨랫방망이로 빨래를 빨던 어머니의 모습이 떠올랐다. 왜 방망이로 두들기면 빨래가 깨끗해질까? 무엇이 빨래에 묻어 있던 먼지와 때를 없애 버렸을까? 이것을 곰곰이 생각하던 끝에 공기방울의 원리는 발견되었다. 공기방울로 빨래를 빤다는 아주 작은 발상은 외국의 과학서적 속에 있었던 것이 아니라 이미 우리 어머니의 방망이질 속에 깃들어 있었던 것이다.

다른 사람들이 했던 것처럼 서양의 과학 잡지나 들춰 보고 외국의 연구소나 기웃거렸다면 필자 또한 외국기술에 한 단계 뒤지는 모조품 정도나 만들었을 것이다. 마테를 링크가 쓴 「파랑새」라는 소설을 보면 행복을 뜻하는 파랑새를 찾아 남매가 온 산천을 다 헤매다 지쳐 집으로 돌아왔는데 그 파랑새는 바로 자기 집 마당에 있었다. 비유는 다르지만, 이처럼 위대한 발견 또한 저 먼 언덕 너머에 있는 것이 아니라 바로 우리 주변에 숨어 있는 것이다. 우리는 다만 미처 그것을 보지 못했을 뿐이다.

우리가 지금 서구에서 수십억의 로열티를 지불하면서 기술을 도입할 수밖에 없는 것은 우리들의 슬기가 모자라기 때문이 아니라 우리네 주변에 숨어 있는 슬기를 오늘의 의미로 재발견하고 그것을 창조적으로 계승하지 못했기 때문이다. 밭작물이 시들 때면 오줌통에 모아 둔 오줌을 밭에 뿌리던 것만 잘 생각했어도 요소비료는 우리나라에서 제일 먼저 발명되었을 것이며, 할머님들이 손자의 손이나 발에 생채기가 나면 짚방석을 들추고 그곳에 피어 있는 푸른곰팡이를 바르던 것을 잊지 않았으면 페니실린 또한 우리가 개발했을 것이다. 벌에 쏘이면 된장을 바르던 일을 추억으로 놓아두지 않고 과학적 분석 대상으로 삼았으면 근대 화학의 새로운 지평도 한국인에 의해 열렸을 것이다.

발효식품의 대명사는 치즈, 요구르트 같은 것으로 알고 있으나 세계적으로 유명한 김치도 그중의 하나이다. 김치는 가장 신선하게, 그리고 영양소를 파괴하지 않은 채 가장 오래 채소를 저장하고, 또 맛있게 먹을 수 있는 채소의 발효식품인데, 요리에 있어선 세계 제일이라고 자처하는 프랑스인들이 자기네는 마을마다 치즈 맛이 다르다고 뽐내지만 우리네는 집집마다 맛깔이 다른 김치를 담그고 있으며 총각김치, 열무김치에 나박김치, 부추김치, 심지어 고들빼기, 호박, 굴에 이르기까지 갖가지 채소와 과일, 해물을 김치로 만들어 먹고 있다. 이같은 발효식품의 원조 역시 우리 생활 속에 있다. 너무나 가까이 있기에 우리는 이것의 가치를 잊고 있는 것이 아닌가?

어디 그뿐이랴? 신라시대의 천문학을 잘 이어받았으면 갈릴레이나 코페르니쿠스는 배달민족에게서 나왔을 것이며, 멀리 잡지 않고 세종조의 인쇄술만 계승했어도 우리는 세계 최고의 인쇄왕국을 으스대며 가만히 앉아서 주문 인쇄만 하면서 수십억을 벌 수 있었을 것이다.

얼마 전 신문에 제주도의 정낭이 세계 통신학계로부터 세계 최초의 디지털 통신 방식으로 인정받았다는 기사가 실렸는데, 이것 또한 잘 계승했으면 통신의 혁명이라는 디지털 방식 또한 우리의 자산으로 우리는 21세기 정보사회의 주역이 되었을 것이다. 우리의 민간요법이나 「동의보감」 등에 있는 한방요법 가운데는 현대의학으로도 풀 수 없는 신비로운 것이 널려 있다. 이것을 잘 개발하면 현대 인류의 숙제인 암 정복까지 할 수 있으리라는 것이 필자의 신념이다.

10. 서구 중심주의를 넘어서

세계에 빛을 던져 준 한국적 심혜들,

우리가 소위 「통밥」이니, 「어림짐작」이니 하면서 무시해 오던 것에 위대한 발명의 씨가 숨어 있었던 것이다. 그럼에도 왜 우리는 이 싹을 틔우지 못하고 지금 문명선진국의 자리에 있지 못하는가?

우리는 우리 스스로가 과학적 인식이 부족하다고 여긴다. 대개들 「과학」 하면 서양의 것으로 여긴다. 심지어 많은 학자들이 한국문화사나 과학사에서 근대의 기점을 19세기로 잡고 그 근거로 서양의 과학기술도입을 든다. 즉 그 전시대에는 서양의 과학기술을 받아들이지 못하고 미신적으로, 비합리적으로 생각하고 처신했으니 중세요, 19세기에 들어 서양의 과학기술을 받아들이면서 과학적으로, 합리적으로 사고하고 행동했으니 근대라는 것이다. 물론 우리보다 앞서서 서양인들은 과학화와 근대화를 이루었고 이 결과로 그들은 지금 세계를 지배하고 있다. 그러나 이를 인정한다 하더라도 그들이 세계 문명사를 지배한 시대는 19세기 후반부터 200여 년에 불과하다는 점을 알아야 한다.

무엇보다도 서구 중심주의를 넘어서 세계사적 보편성의 시각으로 바라볼 때 이것은 서구적 편견에 불과하다. 기계와 컴퓨터 같은 현대 문명의 이기들을 서구를 통해 받아들이면서 알게 모르게 우리의 가슴속에 자리 잡은 환상과 같은 것이다. 이와 같은 사고에는 「서구화＝근대화」라는 그릇된 허위의식이 자리한다.

동양인이 아니라 엄연히 영국인인 조셉 니덤은 「중국의 과학과 문명사」라는 10여 권에 걸친 방대한 저술을 통해 이를 확인하고 있다.

그는 기원전 2세기에서 기원후 14세기까지는 동양의 과학과 기술이 유럽보다 훨씬 앞섰으며 14세기에서 17세기 중엽까지는 거의 같은 수준에 있었다고 밝히고 있다. 특히 그는 근대의 지평을 연 3대 발명품인 금속활자 인쇄술, 나침반, 화약의 발명이 모두 중국에서 이루어졌음을 상기시키고 있다. 근대의 문명을 연 것은 서구인이 아니라 동양인, 그중에서도 중국인이라는 것이다. 그런데 조셉 니덤이 중국의 것으로 인지한 발명 가운데 금속활자 인쇄술은 엄연히 우리의 것이다. 파리의 국립도서관에서 발견된 백운화상 초록 불조 직지심체요결이 세계 최고의 금속 활자본임은 이미 세계가 인정하고 있다. 그렇다면 우리의 선조들은 세계사에서 근대의 문을 연 3대 발명 가운데 하나를 이미 고려조에 이룬 셈이다.

비단 이것만이 아니다. 고대로부터 우리 민족의 과학적 슬기는 빼어났다. 얼마 전 홍산문화권의 청동기 발굴로 우리의 청동기가 중국보다도 오히려 앞서는 것으로 밝혀졌다. 연대뿐만이 아니다. 우리의 선조들은 그 모양과 금속합금 비율에 있어서도 세계 어느 나라에도 없는 독특한 비파형 동검을 탄생시켰다. 이것은 한국의 청동 기술이 중국과는 달리 합금 성분보다는 성분원소의 조절을 더 중요시하여 아연을 섞어 질 좋은 청동을 생산했기 때문이다. 제지기술 또한 그 시원지인 중국보다 발달해 중국에서도 희고 질기고 얇은 백추라 불리는 종이를 수입할 정도였다.

무엇보다도 우리 민족의 슬기는 인쇄술에서 단연 돋보였다. 1966년 석가탑의 보수공사에서 발견된 「무구정광대다라니경」은 아무리 늦어도 751년 인쇄된 것임이 학계로부터 공인받았다. 인경의 형태나 지질을 보아도 중국에서 수입한 것이 아니라 우리나라에서 만든 것

또한 입증되었다. 이것은 그동안 가장 오래된 인쇄본으로 인정받아 온 일본의 「백만탑 다라니경」보다 최소한 20년은 앞서는 것이다. 고려조에서 세계 최초로 금속활자를 발명하였다는 것은 삼척동자도 다 아는 사실이고, 「팔만대장경」은 이미 유네스코에서도 인정한 세계적 보물이다. 금속활자뿐만 아니라 목판 인쇄술에 있어서도 이미 신라시대부터 고려조에 걸쳐 우리가 세계 최고였던 셈이다. 우리는 이에 그치지 않고 금속활자 기술을 계승하여 태종 때의 계미자, 세종대왕 때의 경자자나 갑인자로 발전시켰다. 아직 이 금속활자보다 앞선 금속활자가 어느 나라에도 없으니 우리는 고대시대 때부터 시작해서 최소한 15세기경까지 천여 년간 세계 최고의 인쇄왕국을 구가한 셈이다.

천문에 있어서도 이 점은 마찬가지이다. 우리는 동양 최초로 이미 신라시대에 첨성대라는 천문대를 세워 우주를 관측하고 날씨를 예보했다. 76년 주기의 핼리혜성이 나타나는 해를 「삼국사기」에서 찾아보면 한두 해를 제외하고는 「어디 어디서 혜성이 나타났음」이라는 투로 정확하게 기록하고 있다. 뿐만 아니라 성운의 출현이나 일식, 월식, 심지어 별의 이상한 움직임까지 이 책은 상세하고도 정확하게 수십 차례에 걸쳐 기술하고 있다.

이와 같은 천문학은 고려조에도 계승되어 「고려사」를 보면 이미 1151년부터 태양의 흑점까지 8~20년 주기로 관측한 기록이 있다. 갈릴레이가 1607년에 처음으로 태양의 흑점을 관측한 것에 비하면 우리는 그보다 5백여 년 전에 태양의 흑점을 관측하고 기록할 정도로 천문학의 수준이 높았음을 충분히 알 수 있다. 또 강보가 1343년 편찬한 원시력 계산 조견 수표인 원시력 첩법입성을 보면, 여기서 계산한 1년의 길이는 오늘날 밝혀진 1년의 수치와 소수점 이하 6자리까지 일치한다. 당시의 천문학과 수학의 수준이 어느 정도였는지 능히 짐작하고도 남는다.

더불어 지금도 창경궁에 가면 볼 수 있는「천상열차분야지도」를 보면 282성좌에 1,467개의 별이 석각되어 있다. 이 천문도에는 또한 춘분점과 추분점의 위치, 28수의 기준별에 대한 좌표, 황도와 적도의 경사각, 황도와 백도와의 경사각들에 대한 값들이 수치로 매겨져 있다. 이 천문도는 1395년(태조 4년)에 석각된 것이지만, 이것이 고구려 때 만들어진 것을 옮겼다는 기록으로 볼 때 우리 선조들이 고구려 때 벌써 천체의 형상과 별의 움직임을 정확히 파악하고 있었음을 알 수 있다. 현종 10년에 제작된「선기옥형 천문시계」는 현존하는 동양 유일의 천문시계로 지구의 자전과 공전을 응용해 만든 시계이다.

이미 우리 조상은 지동설을 알고 있었다는 것이다.

천문과 밀접한 관련을 맺고 있는 기상학에 있어서도 우리 민족의 슬기는 풀잎에 연 아침이슬처럼 영롱히 빛났다. 1441년(세종 23년)에 우리의 선조들은 세계 최초의 우량계인 측우기와 양수표라는 강우량 측정 기구를 발명하여 강우량을 과학적으로 측정하였다. 이것은 농업 기상학의 문을 열었을 뿐 아니라 자연현상을 수량적으로 기술하는 세계 기상학상의 신기원이었다. 또 앙부일귀나 자격루, 규표 또한 우리의 과학적 역량을 알려 주는 발명품들이다.

어디 그뿐인가? 도자기의 고향이라 할 수 있는 중국인 또한 천하제일의 명품이라고 감탄해 마지않았던 고려청자의 비색은 현대 과학기술로도 따를 수 없거니와 신라인이나 고려인이 만든 범종은 이웃 중국이나 일본도 감히 흉내 내지 못했다. 지금도 일본 사찰에 있는 범종 가운데 소리가 맑고 아름다운 무늬가 새겨진 것은 거의 신라나 고려의 범종이라는 것을 일본인 학자들이 먼저 인정하고 있다. 의학에 있어서도 「동의보감」은 그 처방과 효능에 대해 현대의학자들도 경탄을 아끼지 않는 과학적 의학서이다.

비단 눈에 확연히 보이는 이런 발명품만이 아니다. 우리 민족은 생활 속에서 더 많은 슬기를 뿜어냈다. 우리 민족은 고대시대 때부터 뛰어난 예지로 생활과학을 발전시켜 편안하고 풍요한 의식주를 누렸다. 고대에 우리 선조들이 발명한 온돌은 여름에 서늘하고 겨울에는 따뜻하게 지낼 수 있을 뿐만 아니라 사람의 건강에도 뛰어난 건축학상의 대발명이다. 남방식의 마루와 북방식의 벽과 처마, 덧문을 잘 배합한 우리네 집은 추운 겨울엔 따뜻하게, 더운 여름엔 시원하게 지낼 수 있는 우리 민족의 주거양식이다. 또 고구려시대의 쌍기둥 무덤을 비롯해 평양의 부벽루나 개성의 남대문 지붕을 보면 용마루 선이 독특한 선을 그리고 있다. 이 물매의 곡선은 보기에 아름다울 뿐 아니라 지붕에 떨어진 빗방울이 빨리 흘러내리도록 공학적으로 설계한 것이다. 현대 물리학에 의하면 같은 연직선 위에 있지 않은 두 개의 점을 연결하는 곡선 위에서 물체가 마찰 없이 미끄러져 내리는 경우라면, 이 지붕의 곡선과 같을 때 제일 빨리 굴러 내린다 한다.

삼한시대부터 제사나 견직기술이 발달해 중국으로 수출했고, 이기문 교수가 국제학회에서 발표한 바에 따르면 실크로드의 「실크」라는 낱말 또한 한국의 「실」이라는 말에서 유래했을 정도로 우리의 제사 기술은 발달했다. 이런 기술을 바탕으로 우리는 예로부터 곱고 흰 모시 등을 생산해 아름답고 편한 천을 옷감으로 삼았다. 백의민족으로 불린 것도 여기에서 연유한다. 음식에 있어서도 앞에서 예로 든 김치 외에도 이루 열거할 수 없을 정도로 우리는 들이나 산에서 나는 풀이

면 독초나 독과를 제하고 거의 모든 풀과 열매를 요리의 소재로 쓸
줄 알았고 소나 돼지 또한 거의 모든 부위를 고기의 종류에 맞게 장
조림으로, 수육으로, 찜으로, 구이로 만들어 먹었다.

한국의 IT, BT, NT산업 등은 신기술의 특성을 제대로 발휘를 못 하
고 있다. IT산업은 성숙단계의 제품이 많고 BT산업은 BT를 활용한
제품이 나오지 않고 있고, NT산업은 아직 기술개발단계에 있어 선진
국과는 격차가 크다. 신기술관련 기업의 주력제품이나 핵심역량으로
는 국제경쟁력을 제고하는 데 한계가 있으므로 취약한 부분을 해외
기업들과의 네트워킹구축을 통하여 보완할 수 있도록 글로벌역량 및
글로벌화 수준을 제고하기 위한 글로벌전략이 필요하다고들 하는데
성공의 비결은 남들이 잘 때 공부하고, 남들이 빈둥거릴 때 일하며,
남들이 놀 때 준비하고, 남들이 그저 바라기만 할 때 꿈을 갖는 것이
라는 윌리엄 아서 워드(William Arthur Ward)의 말과 같이 글로벌하기
위해서 우리가 우리의 슬기를 발휘하지도 않고 해 보지도 않고 지레
짐작으로 지레 겁을 먹고 우리의 수준이 글로벌하지 않으니 해외기
업들과의 네트워킹구축을 통하여 원천기술을 도입해야 된다는 관리
자의 생각들은 돈키호테(Don Quixote) 같은 생각들이다.

컴퓨터 사용이 보편화되면서 시각보호에 대한 소비자의 관심이
증대되고 있다. 기존 형광등의 단점인 빛의 미세한 깜빡거림을 대
폭 줄이고 자연빛에서와 같은 높은 색감도를 제공하는 3파장 형광
램프를 채용한 인버터스탠드가 개발되어 인기를 끌고 있다. 인버터
스탠드는 90년대 들어 수요가 매년 30% 이상 성장하고 있으며 현
재 전체 전기스탠드 수요의 60% 이상을 차지하고 있다.
조명기구로서 형광등은 백열전등에 비해 저전력이고 효율이 높
기 때문에 많이 사용되고 있다. 하지만 상용전원(50/60)을 사용해

점등 깜박거림이 발생하고 점등시간이 오래 걸리는 단점이 있다.

이러한 문제해결을 위해 최근 고주파 인버터방식의 전자식 안정기가 채용되고 있다.

인버터 고주파 점등방식을 채용하고 현재의 조명방식 중에서 절전효과가 매우 우수하며 색의 재연도가 뛰어난 것이 인버터스탠드다.

수년 전부터 상품화되어 보급이 시작된 인버터스탠드는 눈의 피로를 방지하고 깜박거림이 거의 없고 저소음이며 고효율 등의 장점이 많다. 가격이 고가임에도 불구하고 이러한 장점 때문에 학습용이나 독서용으로 인기를 끌고 있다. 인버터스탠드는 대부분 3파장 형광램프, 전자식안정기, 스탠드 본체, 보호갓, 반사판 등으로 구성되어 있다. 일반 전기스탠드와는 형광램프의 특성과 안정기의 방식 면에서 큰 차이를 보인다.

형광램프는 유리관의 내벽에 형광체가 도포되어 있고 양단에 전극이 부착된 구조로 설계되어 있다. 유리관 내에는 적정량의 수은과 아르곤 등 불화성기체가 봉인되어 있다. 3파장 형광램프는 이 형광체를 청색, 녹색, 적색의 3파장 형광체로 대체하여 연색성을 높이면서 발광효율을 크게 향상시킨 것이다. 기존 형광체에 비해 온도변화에 따른 휘도 변동이 적고 전수명중의 광속유지율이 뛰어나며 형광램프의 세관화 및 콤팩트화가 가능해졌다.

3파장 형광체는 일반 형광체보다 같은 조도하에서 약 40% 정도 더 밝게 느껴질 뿐 아니라 물체의 색상이 더 자연적이고 선명하게 보이는 장점이 있다.

이에 따라 3파장 형광램프는 최근 생산되는 인버터스탠드에 주로 사용되고 있으며 에너지 절약 측면에서도 크게 기여하고 있다.

사람의 눈이 감지할 수 있는 가시광선(380~760)을 분광 분석하면 청자색부터 적색까지의 빛이 분포되어 있다. 사람의 눈에 녹색 파장대의 빛을 집중시키면 가장 밝게 느껴진다. 빛의 분포가 한쪽으로 치우칠 경우 연색성(물체색 재현특성)이 저하되며 반대로 연색성을 높이기 위해 빛의 분포를 조절하면 밝기가 저하된다.

색은 대부분 파랑, 초록, 빨강색의 혼합에 의해 만들어진다. 사람의 눈 망막에는 이 각각의 빛을 특히 강하게 지각하는 시세포인 추상체가 있다. 사람의 눈이 가장 밝게 느끼는 빛이 녹색 파장대이다. 따라서 색을 가장 강하게 지각하는 청색, 녹색, 적색 파장대에 빛을 집중시키면 밝기와 연색성을 동시에 향상시킬 수 있는 것이다.

3파장 형광체는 R, G, B 성분의 배합에 의해 여러 가지 광색, 즉 주광색, 주백색, 백색 전구색을 얻게 된다. 현재로서는 평균연색 평가지수를 87 이상으로 향상시키기가 어렵고 만일 배합비를 변화시켜 연색성을 개선시킬 경우 효율 및 광출력이 떨어지게 된다.

특성 면에서 3파장 형광체와 거의 유사하면서 평균연색 평가지수를 높이기 위해서 5파장 형광체가 제시되고 있다. 이것은 R, G, B 외에 심적(Deep Red)과 청록이라는 성분이 추가되어 연색평가지수와 광출력 및 효율을 동시에 높일 수 있다. 하지만 가격 면에서 상당히 고가이기 때문에 실용화에 다소 어려움이 있는 것으로 보인다.

한편 램프는 구동 주파수에 따라 그 특성이 크게 달라진다. 광원의 특성을 나타내는 척도인 광속(luminous flux)은 단위가 1umen(1m)이고 단위시간당 통과하는 광량을 나타낸다. 같은 광속(1m)을 얻기 위해 얼마만한 전기적 에너지(watts)가 램프에 공급되었는가, 즉 램프에 공급하는 전력과 발생되는 광속의 비율인 발광효율(1m/watt)로 전등의 효율을 나타낸다.

일반적으로 형광램프를 60으로 사용할 때보다 수십 로 램프를 구동시키면 발광효율이 증가한다는 사실은 실험으로도 입증되었다. 또 램프 구동을 수십 이상으로 구동시킬 경우 안정기의 소형화, 경량화가 가능해진다.

형광램프를 포함한 모든 방전등은 램프전류가 증가하면 램프전압이 오히려 감소한다. 이러한 부저항 특성에 의해 점등이 불안해지거나 그 자체로 램프가 파손될 수 있으므로 점등 시에는 전류제한 특성이 필요하다. 바로 이러한 과전류로 인해 램프가 파손되지 않도록 전원과 램프 간에 삽입하는 전류제한장치가 필요하다.

종래의 형광등 스탠드는 자기식 전류제한장치가 주류였다. 그러나 최근 반도체 소자의 급속한 발전에 힘입어 고주파 인버터를 채용한 전자식 전류제한장치가 많이 사용되고 있다.

조명에 쓰이는 형광램프는 백열등과 달리 전원에 직접 접속하면 ARC 방전 후에 부성저항 특성을 나타내므로 램프전류가 급속히 증가하게 된다. 이 과전류를 방지하기 위해 전원과 램프 간에 전류제한장치가 필요하다.

이 방식의 단점은 상용전원(50/60)에서 동작되므로 부품의 부피가 커지고 무거울 뿐 아니라 빛의 깜빡임(Flicker) 및 가청잡음(Acoustic noise)이 있고 또한 효율이 80% 미만이라는 점이다. 이 단점을 해결하기 위해 조명기기 분야에서 램프를 고주파로 구동시켜 기존의 특성을 개선시키려는 연구가 상당히 진행되어 왔다. 그 결과 고주파 전자식 전류제한장치가 출현하게 된 것이다.

대부분의 형광램프는 고주파 구동이 가능하다. 주파수가 높아질수록 전류제한장치의 크기는 작아지고 가벼워지며 효율이 높아진다. 이 동작 주파수는 광효율을 높이고 전류제한장치의 소음을 가청대역 밖으로 보낼 수 있도록 충분히 높이도록 해야 하는데 최근에는 40~60이 많이 사용된다.

스탠드용 인버터 회로의 동작원리는 상용교류전압을 정류 평활해 직류전압으로 전환한다. 이를 IC제어 또는 발진회로에 의해 고주파전압을 발생시킨 후, 시동 및 안정화 회로로 형광램프의 점등을 유지한다. 인버터를 채용한 전류제한장치 방식은 크게 자려식과 타려식으로 구분된다. 자려식은 DIAC 등을 이용하여 초기 시동을 시킨 후 궤환트랜스포머를 통해 회로를 구동시키는 방법으로 회로구성이 쉽고 효율이 높아 국내 전류제한장치업체에서 가장 널리 사용되고 있는 방식이다. 자려식 발진방식은 다시 회로구성에 따라 정전류 푸시플, 해프브리지, 1석식 2석식 등으로 구분된다.

반면 타려식 발진방식은 제어용 IC 및 그 주변 부품이 부가되어 가격이 상승하지만 조광기능을 구현하기가 용이하고 안정성이 우수해 채용이 확산될 것으로 전망된다.

타려식 방식의 회로에는 해프브리지 방식 또는 시리즈 인버터 방식이 주종을 이루고 있으며 스위칭 소자로는 MOSFET가 드라이브 손실과 스위칭 손실이 적어 주로 사용된다.

고주파 점등회로의 실용화가 급속히 진전되고 고기능, 다기능화가 진행됨에 따라 제어회로도 갈수록 복잡화되고 있다. 이에 따라 제어회로도 IC화하여 소형화, 고기능화 및 고신뢰성을 구축하는 방안으로 검토되고 있다.

인버터 방식이 얻어지는 장점은 첫째, 효율이 높다는 점이다. 고주파 점등 시에는 램프의 전리에너지 손실이 적어 램프의 발광효율이 증가하며 기존 전류제한장치에 비해 동일램프 전력하에서 약 15% 이상 개선할 수 있다.

둘째, 플리커가 없다. 점등주파수가 높아지므로 램프 광출력의 깜박거림을 느낄 수 없는 것이다.

셋째, 램프점등 대기시간이 현저히 줄어든다.

스타터 기능도 전자화됨에 따라 약 1초의 예열시간 후, 확실하게 점등된다. 이 시간의 예열시간은 램프의 수명을 확보하는 데도 중요하다.

넷째, 점등 주파수가 높으므로 사용 전원의 잡음이 발생하지 않아 조용하다.

다섯째, 안정기의 전자화로 대폭적인 경량화가 실현된다.

여섯째, 고기능화에 유리하다.

인버터 제어회로의 활용으로 전발광에서 조광까지의 기능을 수행하기가 비교적 수월해진다.

조명기구의 기술동향을 보면 형광램프는 반경의 세관화에 따른 절전화, 3파장, 형광체를 적용한 고효율화 및 고연색성화 동적 특성개선에 의한 장수명화를 위해 노력하고 있다. 전류제한장치는 고주파 점등회로의 채용으로 종합적인 효율개선을 도모함은 물론 장시간 사용에 따른 눈의 피로도를 줄이고 시력을 보호하기 위한 기술개발이 추진되고 있다. 이에 따라 단순히 밝기 위주의 조명만이 아닌 인간의 감성을 만족시킬 수 있도록 개성화, 다양화, 고성능화를 위한 기술개발이 활발히 추진되고 있다. 특히 고주파 스위칭을 위한 전력용 반도체소자(Power Semiconductor)의 급속한 발달로 기존 자기식 전류제한장치에 비해 양질의 광원을 제공하고 에너지 절약이 가능한 전자식 전류제한장치의 보급이 확산되고 있다. 이러한 전자식 전류제한장치는 단순히 고주파 인버터 시스템만 구성한다고 해서 얻어지는 것은 아니다. 형광램프를 포함하는 방전램프의 고유한 부하특성, 즉 비선형성 구성저항 특성을 충분히 고려하고 방전초기(저온)와 노화 등의 각 상태의 변화에 따른 전기적 동특성에 대한 상시 감지기능 등을 구비한 염가의 반도체(Custom IC)가 필요할 것으로 생각된다.

최근에는 시력보호 및 장시간 학습 또는 작업 시, 눈의 피로를 줄이기 위해 조도센서 및 마이크로프로세서 제어 기능을 구비하여 주변조명 및 조명대상의 반사광을 감지한 후 시력 저하의 요인인 눈부심을 제거할 수 있도록 자동으로 밝기를 조절하는 기술이 개발되고 상품화되고 있다. 조명기술을 연구할 때 인간의 시각특성을 감안하여 설계돼야 할 것이다. 이것은 인버터스탠드의 조도를 설정하거나 밝기조절 기능을 부가할 때 우선 검토되어야 할 사항이다. 보통 독서를 하는 정도의 시각작업에서는 눈의 피로를 줄이기 위해서 5백 럭스(LX) 이상의 조도를 갖출 필요가 있다. 이때 눈이 부시는 현상(Glare, 글레어)도 눈의 피로를 촉진시키기 때문에 주의해야 한다. 대체로 밝을수록 시력이 높아지기 때문에 일의 능률이 올라가며 눈의 피로가 적게 온다고 볼 수 있으나 어느 정도 이상 밝기를 증가시키면 도리어 능률이 떨어지므로 적정량으로 제한하는 것이 좋다. 물체가 잘 보이는 정도는 우선 밝기가 필요하고 물체의 크기, 즉 보는 거리에 의해 결정되는 시각, 보고자 하는 물체의 색과 그 배경색과의 대비 및 물체의 움직임에 따라 눈에 포착되는 시간 등이 관계되며 향후 조명기술은 이러한 관계요소들에 대하여 적절하게 대응이 되고 이에 따른 눈의 피로를 최소화하는 방향으로 기술개발이 추진되어야 하며 인간의 시각 특성에 관한 광범위한 연구가 필요할 것으로 생각된다.

출처: http://www.etnews.co.kr/news/detail.html?id=199609170073

11. 가장 민족적인 것이 가장 세계적인 것이다

이렇게 우리의 슬기가 높았음에도 잘못된 관념으로 우리의 것을 부끄러이 여기거나 하찮은 것으로 간주해 계승하지 못했기에 지금 문명 선진국의 자리를 미국이나 유럽인에게 내준 것이다. 이제라도 우리는 「가장 민족적(한국적)인 것이 가장 세계적인 것이다.」라는 말을 다시 상기하여야 한다. 이웃 나라 일본만 하더라도 가부키나 노를 세계의 춤과 연극으로, 하이쿠를 세계의 시로, 초밥을 세계의 음식으로 만들었다. 초밥을 만들 줄만 알면 세계 어느 일류 레스토랑에서든 일급요리사로 서로 모시려 하기 때문에 일본에는 초밥 학원이 문전성시를 이룬다고 한다. 일본이 세계적으로 내세우는 것 가운데 많은 부분이 우리나라에서 건너간 것이다. 그렇다면 일본보다 더 많은 세계적 문화와 과학으로 클 수 있는 싹이 우리 생활의 곳곳에 널려 있다는 말이다.

아직은 몇 안 되지만 우리나라에서 세계적인 것으로 호평받은 사례들을 보면 거의 한국적 슬기의 전통을 이어받은 것들이다. 우리의 소리인 판소리나 사물놀이는 이제 점차 세계의 소리로 인정받고 있고, 특히 사물놀이의 경우 「samulnor」, 「samulnorian」이라는 낱말이 영어사전에 실릴 정도가 되었다. 세계적인 비디오 아티스트 백남준 선생은 한국적 구도와 형상을 차용해 더욱 주가를 높이고 있고, 윤이상 선생은 한국의 전통사상과 음악을 현대음악에 도입해 현대음악의 몇 안 되는 거장으로 평가받고 있다. 이응로 화백은 한국적 미를 화폭에 담아 파리 화단에서 세계적 화가로 평가받고 있으며, 이미 작고한 이중섭 화백이 한국적이고 향토적인 서정을 형상화한「소」는 뉴욕 현대미술관에 거장들의 그림과 함께 전시되어 있다. 김수근 선생은 한국 건축의 미를 현대 건축에 응용해 국제적인 명성을 얻었다. 국제 영화제에서 최우수 작품상을 수상한「달마가 동쪽으로 간 까닭은」을 비롯해 국제적으로 호평을 받은 영화들 또한 한국적 미를 영상화한 작품들이다. 이처럼 세계적으로 성공한 것은 거의가 민족적인 것을 현대적으로 계승한 것들이다.

우리는 이 같은 원리를 오늘의 기술경쟁에서 세계로 향하는 가장 핵심적인 슬로건으로 삼아야 한다. 한국적 슬기로 세계를 지배하자. 이 같은 슬로건은 우리나라 모든 기업이 공동으로 추진해야 할 목표 이기도 하다. 서로 격려하고 고민하며 연구실의 밤을 대낮처럼 밝히고 우리식 기술개발에 박차를 가해야 한다.

그러자면 이러한 연구를 뒷받침해 줄 여러 가지의 제도적이며 전략적인 기획이 필요하다. 물론 이러한 것은 전문 경영자의 몫이긴 하지만 경영적인 면과 기술적인 면이 하나의 조화를 이룰 때, 비로소 하나의 성과를 얻을 수 있다. 이러한 것을 성취하기 위해서는 무엇이 필요하고 또 어떠한 발상의 전환이 요구되는가? 이러한 문제를 공기 방울 세탁기의 개발과 판매, 홍보 등의 사례를 전제로 하나씩 접근하여 보기로 한다.

말하자면 경영을 전공한 경영전략이기보다는 공학도의 관점에서
바라보는 기술경영적 접근이라 할 수 있다. 그러기에 지금까지의 관
행이 되고, 관습화되고 관례화되어 있는 접근 방식과 별다를 것이 없
을지는 모른다. 그러나 오늘 우리는 앞서도 살펴본 바와 같이 기술전
쟁의 시대에 돌입하고 있다는 문제를 전제하여 볼 때, 기존의 경영전
략에 기술개발 전략이 수용된 접근만이 우리가 세계 속의 기술대국
으로 성장할 수 있는 바탕이 됨을 알 수 있을 것이다. 또한 이 길만이
경제종속과 기술종속, 문화종속의 늪에서 우리를 당당하게 존립시키
는 근간이 된다.

세종대왕의 용인술은
착한 사람에게 일을 맡기면 처음엔 굼뜨고 실수도 하지만
갈수록 더욱 조심하여 책무를 완성한다.
하지만 유능하다고 알려진 자들은 처음에는 능숙하지만
결국 자기 개인적인 일을 구제하는 데 급급하다.

– 세종대왕 –

솔선수범에는 충성심으로 보답한다.
부하를 단속하려면
먼저 자기 행실을 올바르게 가져야 한다.
자신이 올바르게 행동하면
엄영을 내리지 않아도 지시대로 들을 것이요,
자신이 부정한 행동을 하면
아무리 엄영을 내려도 듣지 않을 것이다.

– 다산 정약용 –

Ⅱ.
기술과 경영의 발상전환

콜럼버스가 아메리카 대륙을 발견하고 온 뒤 그를 시기하는 대신들은 신대륙 발견을 두고 「누구라도 할 수 있는 것을 우연히 한 것뿐」이라고 했다. 그러자 콜럼버스는 그 대신들을 향해 외쳤다.

「자, 누가 이 계란을 세워 보시오.」

대신들은 열심히 세우려 했지만 아무도 세울 수 없었다.

대신들은 몇 차례 더 시도하다가 실패한 후 콜럼버스에게 한 번 해 보라고 했다. 콜럼버스는 계란의 껍데기를 깬 후 테이블 위에 세웠다. 대신들은 그런 방법으로 누구는 못 세우느냐고 했다. 콜럼버스는 그들을 향해 말했다.

「자, 깬다는 것을 생각하기 전에는 누구도 계란을 세울 수 없었소. 어떻게 세우느냐가 중요한 것이 아니라 누가 먼저 상식에서 벗어나 세울 수 있는 방안을 생각하느냐가 가장 중요한 것이오.」

그렇다. 중요한 것은 발상의 전환에 있다. 상식에, 일상에 얽매일 때 위대한 발명은 절대 나올 수 없다. 뉴턴이 만유인력의 법칙을 발견한 것은 뉴턴이 뛰어난 과학자 능력을 지녔기 때문만은 아니다. 만약 그것이 사실이라면 그전에 다른 이들이 발견했어야 한다. 사과가 사과나무에서 떨어지는 것은 어린아이에게도 보이는 자연현상이기 때문이다. 뉴턴은 사과가 사과나무에서 떨어지는 평범한 현상을 남들처럼 당연한 것으로 보지 않고 의문을 던졌기에 근대과학의 지평을 여는 위대한 발견을 할 수 있었던 것이다.

이처럼, 위대한 발견이란 주변의 가까운 곳, 일상생활 속에 있다. 남들이 당연히 여기는 주변의 것을 보고 발상을 전환하여 그것에 담긴 의미를 캐려 할 때, 사물은 그 속에 담긴 비밀을 우리에게 알려 주는 것이다. 그렇다면 기술과 경영의 분야에선 어떻게 발상을 전환할 수 있는가?

1. 발상전환의 계기를 창출하는 기초 전략 다섯 가지

1-1. 일상생활에서도 과학적인 사고를 가져라

런던의 템스 강에 터널을 뚫은 기술자는 나무를 파고 들어가 있는 벌레를 보고 그 공법의 발상을 얻었다고 전해진다. 이처럼 대발명도 때로는 아주 우연한 것에서 암시를 받아서 결과적으로는 큰일로 이어지게 된 것이 적지 않다. 그러나 이것은 우연한 것처럼 보이지만 알고 보면 우연한 것이 아니라 그만한 대가를 치렀음을 볼 수 있다.

그들은 그런 것들을 목격하고 거기서 어떤 암시를 받아 하나의 큰 발명으로 연결하기 전에 항상 어떤 문제에 관하여 깊은 관심을 갖고 골똘히 생각을 하고 있었던 것이다. 이를테면 그것을 발견하기까지의 과정을 살펴보면 적게는 수년에서 많게는 수십 년 동안 꾸준히 관심을 갖고 심사숙고하는 기간을 가졌다는 것이다. 그렇게 많은 시간 동안 항상 꾸준하게 생각을 하고 있었기 때문에 우연히 눈에 뜨인 그것이 신기한 것으로 와 닿아 주의 깊게 관찰하고 그 결과 큰 발명으로 이어질 수 있었던 것이다. 그러니까 우리가 말하기 쉽게 우연한 것에서 발상을 얻었다고 하지만 따지고 보면 사실은 우연한 것이 아니었음을 알 수 있는 것이다.

이것은 한 나라에 있어서도 마찬가지이다. 강대국들이 강대국이 될 수 있었던 것은 결코 우연에 의해서 이루어진 것이 아니다. 거기에는 그만한 노력이 있었던 것이다. 그들은 개발도상국들이 하기 어려운 어떤 일에 대하여 착수하기 전에 수년 내지 수십 년 동안 깊이 생각하고 계획을 추진해 왔기 때문에 남다른 일을 할 수 있었던 것이다.

가령 우리와 독일의 차이를 따져 보아도 그것을 쉽게 알 수 있다. 독일인들이 잘사는 것은 그들이 우리보다 특히 머리가 좋거나 많이 배웠기 때문이 아니다. 그보다는 오히려 그들은 우리보다 더 부지런하게 일하고 자만심에 빠지지 않았기 때문인 것이다. 그들이 겸손한 자세로 항상 깊이 생각하고 부지런히 일을 해 왔기 때문에 오늘날과 같이 잘사는 것은 지극히 당연한 일인 것이다.

나를 알고 있는 주변의 사람들은 나에 대하여 「창조하는 은행이다, 걱정이 너무 많은 사람이다, 별걱정을 다 하는 사람이다, 생각이 너무 깊은 사람이다」라고 말하기도 한다. 그들이 보기에는 내가 별난 삶을 사는 것 같지만 내가 볼 때는 사실 그들이 별나게 사는 것처럼 보인다. 왜냐하면 항상 깊은 생각을 하고 제 일에 성실하며 열심히 살아가는 것이야말로 사람의 도리라고 생각하기 때문이다.

생각이 깊은 사람들은 지나간 일보다는 미래를 내다보며 산다. 이런 사람들에게서는 낡은 사고방식들은 사라지고 만다. 그 반면에 아무런 생각 없이 타성에 젖어 사는 사람들은 관습에서 벗어나지 못하고 현재에 안주하게 된다. 그러니 그들에게서 미래에 대한 변화를 기대하기는 어려운 것이다. 가령, 음식점에서는 버리는 음식이 절반이나 되어도 응당 그런 것이 음식점인 양 무관심하고, 필통 속에는 새 연필로 가득 차야 되니 몽당연필은 버리는 것이 당연하지 않느냐고 생각하는 사람에게서는 새로운 미래를 기대하기가 어려운 것이다. 그러므로 좋지 않은 방법이라고 생각될 때는 과감하게 고쳐 나가는 적극적인 자세가 필요하다.

새 시대에는 그 흐름에 맞는 새로운 의식으로 바뀌어야 거기에 적응할 수가 있는 것이다. 음식점에서 남는 음식을 버리는 것은 배식이나 주문이 잘못되었다는 판단이 따랐기 때문에 그것을 시정하기 위한 주문 식단제가 고안되었던 것이다. 식성이나 식욕에 따라 많이 먹는 사람은 많이 주문하고 적게 먹는 사람은 적게 주문하면 일방적으로 배식하는 것보다는 훨씬 음식물을 절약할 수가 있으니 식당 주인도 좋거니와 손님들도 그만큼 이익이 될 수가 있다. 물론 이러한 일 한 가지만을 가지고 과학적 사고라고 할 수는 없다. 거기에서 한 걸음 더 나아가 현재의 주문량을 60% 줄인다든지, 음식의 가짓수를 절반 이하로 줄이든지, 밥은 1/3을 줄이고, 혹은 반찬은 접시 크기나 양에 따라 철저하게 가격을 매기는 일 등이 이루어져야 좀 더 과학적인 식단이 될 수 있다고 생각한다. 우리의 경우는 음식에서부터 과소비를 없애는 일이 선행되어야 모든 일에서 과학적 사고방식으로 바뀔 수가 있다.

또한 식구가 많으면 큰 집에서 생활하고 적으면 조그마한 집에서 살아야 합리적이다. 따라서 집을 구입할 때는 식구에 따라 집의 평수를 정하는 것이 바람직하다. 그러나 우리는 집의 규모가 재산이나 힘을 과시하는 것으로 인식되어 식구 수에 상관없이 누구나 큰 집에서 살기를 원한다. 이 얼마나 비합리적인 일인가. 이것도 하나의 과소비라면 과소비일 수 있는 것이다. 이런 것들은 모두 과학적 사고방식과는 거리가 먼 것이기에 인식이 바뀌어야 한다.

과학적 사고방식을 가지려면 기초과학으로 돌아가야 한다. 물론 전자, 전기제품뿐만 아니라 모든 학문 분야에서도 중요한 일이지만, 특히 첨단기술은 언제나 기초과학에서 나온다는 사실을 우리는 너무 자주 망각하는 듯하다. 기초과학이란 국민교육 수준과 맞물려 있는데 한국의 기초과학은 교육한 만큼, 또는 교육받은 만큼 제대로 활용되지 못한다고 생각된다.

우리나라가 세계에서 가장 교육수준이 높은 나라라고 하지만 학교에서 배운 지식이 집 안팎에서 잘 활용되지 않고 있는 실정이다. 써먹기 위해서 배우는 것이지, 배움 그 자체만을 위하여 배우는 것은 아니지 않는가! 무턱대고 외우는 것은 무턱대고 남이 하는 대로 아무 생각 없이 따라 하는 사람들이나 하는 일이다. 기초란 무슨 거창한 것이 아니다. 산수에서는 구구단이 가장 중요하며, 국어에서는 「ㄱ」·「ㄴ」이, 음악은 「이슬비」 노래가, 사회는 상대편에게 피해를 주지 않는 생활이, 자연은 바닥을 깨끗이 하는 게 가장 중요하다. 우리는 지금 어릴 때의 사고방식으로 돌아가는 일이 필요하다. 그리고 남달리 넓고 깊게 오랫동안 생각하면서 책을 가까이해야 미래를 크게 변화시킬 수가 있다. 우리는 흔히들 상상과 창의를 혼동하는 예가 많다. 새로운 방안을 내세우거나 새롭게 생각해 내는 의견을 창의라고 하며, 단지 추측하는 것을 상상이라고 한다. 상상에는 공상, 재생적 상상, 창의적 상상이 있다. 공상은 생각하는 과정이며, 재생적 상상은 단순한 상기에 가깝고, 창의적 상상은 예술작품, 발명, 발견, 기술상의 산물, 구체적 방법, 수단을 헤아리는 것을 말한다.

　인간이 지니고 있는 정신력, 즉 관찰하고 주의를 집중하는 힘인 흡수력과 기억하고 생각해 내는 힘인 기억력은 학습에서 나온다. 분석하고 판단하는 힘인 추리력과 아이디어를 떠오르게 하는 힘인 창의력은 사고에서 나온다. 따라서 학습과 사고를 통하여 인간이 지닌 정신력이 생성된다. 창의적인 사고는 이미 알고 있는 경험, 지식을 해체하는 분해와 새로운 아이디어를 다시 짜는 결합으로 이루어진다. 과학적 사고방식을 갖기 위하여 우리는 인간이 지닌 정신력과 창의적 사고를 접목해야 한다.

공기방울 세탁기가 어머님의 빨래하던 모습에서 착안된 것이라면, 흡음방 진공청소기는 어린 시절 부친이 경영하던 정미소에서 본 발동기에서 아이디어를 얻은 것이다. 조상 전래의 관습과 생활도 지극히 과학적이라는 믿음을 가지고 단순한 것일망정 놓치지 않고 곰곰이 생각한 것이 그 착안의 비결이다. 이처럼 우리가 관심만 가지면 우리 주위에서도 얼마든지 좋은 아이디어를 얻을 수가 있고 그것이 우리 생활의 질을 변화시킬 수가 있는 것이다. 문제는 우리가 얼마나 과학적인 사고와 성실한 자세를 지니고 있느냐 하는 것에 달려 있을 뿐이다.

● 과학적 사고에 의한 발상전환

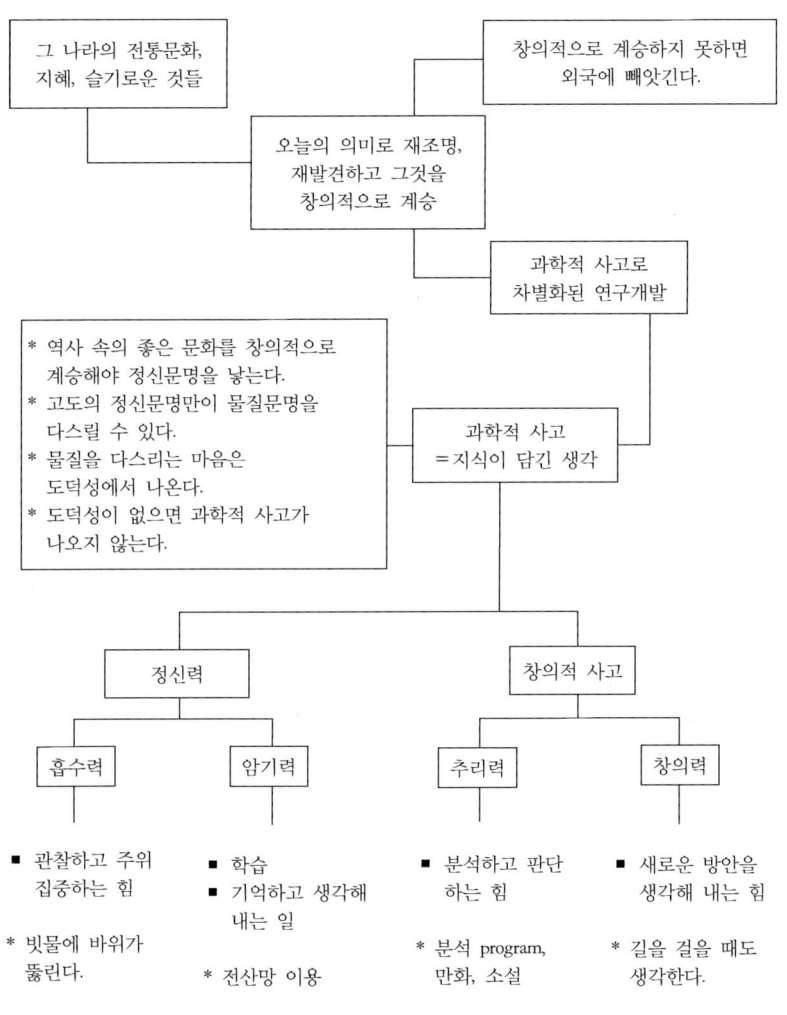

〈그림 2-1〉 과학적 사고에 의한 발상전환

1-2. 항상 최적을 구하라

우리는 예로부터 동방의 빛이라 일컬어져 왔다. 그런 만큼 우리는 찬란한 민족 문화와 위대한 선조들의 얼을 이어받아 반만년의 역사를 이룩해 온 민족임을 자부한다. 우리 민족이 자랑할 만한 문화와 과학에 관한 유산이 많이 있지만 그중에도 대표적인 것을 손꼽으면, 무구정광대다라니경, 금속활자, 화약, 고려자기, 자격루(물시계), 측우기, 훈민정음, 거북선 등등 헤아릴 수 없이 많다. 우리 선조들이 이룩해 낸 이러한 빛나는 업적 외에도 지금까지 많은 문화유산과 발명품들이 있겠지만, 가장 최근에 이루어진 일로는 부끄럽지만 공기방울 세탁기와 흡음방 진공청소기와 가열＋초음파 가습기를 덧붙일 수 있겠다.

750년경에 만들어진 무구정광대다라니경은 경주 불국사 석가탑에서 발견된, 세계에서 가장 오래된 불경 인쇄본이다. 이것은 한국의 유구한 인쇄 문화의 높은 수준을 증명해 준다. 1234년의 금속활자는 고려 고종 때부터 사용한 세계 최초의 활자로 독일 구텐베르크가 금속활자를 만든 것보다 216년이나 앞선다. 화약은 최무선이 1377년에 비밀스러웠던 제조기법을 습득하였다. 이는 한국 과학사상 획기적인 사업이었다. 고려시대의 고려자기는 송, 요의 영향을 받았으나 그 기법은 훨씬 우수하여 세계의 여러 자기 중 최고의 가치를 지니고 있는 것이다. 자격루는 1438년에 장영실, 이천, 김조 등이 만든 물시계로, 신라 성덕왕 17년에 누각, 경루라 하여 이미 만들어졌다는 기록이 있다. 측우기는 장영실 등이 1442년에 만든, 우량의 분포를 측정하던 기구로 이탈리아의 가스텔리가 사용한 것보다 약 200년이나 앞선다. 훈민정음은 세종대왕이 이전의 이두와 한자의 단점을 보완하여 1443년에 창제, 반포하신 결실로 문자 혁명을 일으킨 것이다. 1591년에 만든 거북선은 임진왜란 때 이순신 장군이 사용한 전투용 공격함으로 임진왜란을 미리 짐작하고 이에 대비하기 위하여 창안한 것이다.

공기방울 세탁기는 1991년에 임무생이 만든 세계 최초의 공기방울 세탁방식의 세탁기이다. 이것은 민족고유의 전통적인 생활 속에서 착안하여 새로운 세탁 문화를 일으킨 것이다. 흡음방 진공청소기는 임무생이 1992년에 만든 세계 최초의 머플러 체임버 시스템 청소기이다. 초음파가 되고 가열도 되는 복합식 가열초음파 가습기이다. 이것 역시 전통적인 생활 속에서 착안하여 새로운 환경 문화를 창조한 것이다. 이 모두가 젖 먹던 힘까지 모든 노력을 발휘한 첨단 제품들이다.

국내외의 우수한 제품을 놓고 이를 토대로 새로운 제품을 만들려는 일반적인 접근 방법으로는 제품 개선과 품질 향상을 기대하기는 어렵다. 이런 생각에서 기존 제품의 틀을 벗어날 수 있는 차별화된 제품의 개발이 불가피하다는 것을 뼈저리게 느꼈고, 이를 토대로 각종 제품 연구개발에 새로운 각도의 접근을 시도하여 공기방울 세탁기와 흡음방 진공청소기와 복합식 가열초음파 가습기를 젖 먹던 힘을 다해 개발하게 되었던 것이다. 이처럼 기술개발에서도 선진국보다 앞설 수 있다는 확신과 자신감을 가지고 하루하루 최선을 다한다면 어떤 일이든 이루어질 수 있는 것이다.

1-3. 시대의 흐름에 민감하여라

어떤 업종이든 시대의 흐름에 둔감하고 미래를 내다보는 안목이 없으면 지속적인 성장과 발전을 하기는 어렵다. 한국 경제신문의 기사에서 그 예를 발견한다.

가령 IBM이 1990년대로 들어서면서 급변하는 컴퓨터의 시장 상황에 적절히 대응하지 못하고 내리막길을 걷는 것이 그 좋은 예이다. 만약 IBM의 경영층에서 조금만 일찍, 세계의 컴퓨터 시장이 분산처리 환경이 폭넓게 정착되고 메인프레임이나 미니컴퓨터 등 대형 시스템 위주에서 소형 컴퓨터 위주로 전환될 것이라는 것을 예견했더라면 지금처럼 IBM의 아성이 흔들리지는 않았을 것이다. 그 회사가 현재의 상황에 처하게 된 것은 많은 요인 중에서도 미국 시장의 치열한 가격경쟁과 함께 조직 내에 만연되어 있는 관료주의에 의하여 경영층에서 컴퓨터 시장의 흐름에 둔감했기 때문이라고 생각된다. 항상 성장속도는 느린 반면에 위기속도는 빠르기 마련이다. 그러므로 눈을 크게 뜨지 않으면 언제 위기가 닥쳐올지 모르는 것이 산업현장인 것이다.

국내의 세탁기 시장 상황 및 환경 변화도 최근에 와서 매우 빠른 속도를 보여 준다. 1989년을 기점으로 해서 국내 세탁기 시장은 2조식 세탁기보다 1조식의 전자동 세탁기가 더 팔리기 시작하여 1990년에는 1조식의 전자동 세탁기가 100만 대를 넘어 전체 시장의 70%를 차지하는 급신장을 기록했다. 또한 전자동 세탁기의 용량별 동향은 전자동 세탁기 4kg급 용량대를 빨리 벗어나, 1990년대에는 6kg급 용량 이상의 전자동 세탁기 시장이 구성비 70%를 차지하고 있다. 이것은 점점 직장을 갖는 주부 및 여성의 사회참여가 활발해짐과 더불어 모아 놓았던 세탁물을 한 번에 세탁하고자 하는 것과 생활양식의 변화에 따른 애벌빨래를 하지 않으려는 습관의 정착, 그리고 모포, 커튼 등의 큰 세탁물도 손쉽게 세탁하고자 하는 소비자의 대용량화 지향과 편리성의 요구가 세탁기의 대체와 신규 수요를 촉진하였기 때문이다.

기술 환경의 변화는 미국 등 선진국의 압력이 큰 영향을 미쳤다. 우리도 선진국 수준의 지적 소유권 보호 제도를 마련하여 기술 확보에 커다란 제약이 따르게 됨으로써, 기업의 기술 확보 전략의 수정이 불가피하게 되었다. 즉 독자적으로 개발을 할 것이냐, 아니면 기술 제휴를 강화해야 할 것이냐 하는 상황에 놓이게 되었다. 게다가 환경오염 규제의 정책강화로 인한 기업의 비용 부담이 가중되고, 유통시장 개방으로 인하여 구 모델인 외국 제품의 저가 공세로 경쟁이 치열해진 데다가 기존 제품의 국내 보급률 포화로 인한 수요의 정체 분위기가 맞물려 더욱 큰 어려움을 겪고 있다. 이는 결국 국내 산업의 기술 자립 기반을 강화해야 할 필요성을 그만큼 요구하게 만드는 것이다.

외국 세탁기시장 상황과 환경의 변화를 보면, 유럽 지역은 EC통합으로 반덤핑, 원산지 증명, 제3국을 통한 지역 내 간접수입을 금지하고 있으며, 북미지역은 NAFTA(북미자유무역협정)로 경제 블록화가 가속되어 수입규제가 강화되고 있다. 이로 인하여 미주, 구주 시장이 연간 각각 1.5% 내지 2%로 소폭 성장하던 것이 향후 3년간은 4~5% 성장을 전망하기에 이르게 되었다. 세탁기의 수출은 국제경쟁력 강화와 수출지역의 다원화, 원가절감, 고기능 제품의 수출 확대 등의 호재로 인하여 수출 채산성이 개선됨으로써 점차 늘어나고 있다. 또한 대중동, 중남미, 중국 등 이른바 「3중 지역」이 세탁기 수출의 새로운 유망지역으로 떠올라 수출 신장에 기여를 하고 있다. 그럼에도 불구하고 시급히 개선해야 할 점도 적지 않다. 우리의 경우, 신제품개발 능력과 소재부품의 자급도 등이 선진국에 비해 현저히 취약해 기술개발 체제와 소재부품의 효율적인 국내개발을 서두르지 않으면 안 된다.

이러한 점을 시급히 개선하기 위해서는 무엇보다 우리나라 사람들의 의식을 먼저 개선해야만 하는데 그것이 잘되지 않는 걸림돌로서 다음과 같은 세 가지가 있다.

첫째는 인식의 벽이다. 즉 주위의 상황을 면밀히 살피고 무엇 때문에, 무엇이 잘못되었다는 것을 파악하여도 고질적인 문제를 쉽게 잘라 버리지 못한다. 문제를 알면서도 문제가 있다고 생각하지 않는 것이 가장 큰 문제인 것이다. 그것은 분석에 눈이 어둡고 과학적 감각이 부족하기 때문이다. 이러한 잘못된 습관을 갖게 하는 데 있어서 암기 위주로 이루어지는 우리 교육이 큰 몫을 한 것으로 생각된다. 암기 위주의 교육은 기계적인 머리만을 양산할 뿐, 원인과 결과를 치밀하게 따질 줄 아는 지혜로운 사람을 만들어 내는 데는 적절하지 못하기 때문이다. 여기다가 일을 대충대충 처리하는 성격도 문제가 된다. 예컨대 쓰레기통을 두고도 주변에 쓰레기를 버린다든지, 화장실에 들어갈 때와 나올 때가 다르다든지, 모로 가도 서울만 가면 된다는 식이나, 확실히 하라는 말보다는 빨리빨리 하라는 말에 익숙한 것이라든지, 길을 안내해 줄 때 대충 저쪽으로 돌아가면 된다고 말하는 버릇 같은 것에서 그것을 엿볼 수 있다. 이 모두가 알고 보면 초등학교 1학년 때, 앞으로 나란히를 잘못했던 것에서부터 비롯된 것이다. 이런 의식을 가지고 일을 하기 때문에 제품의 마무리도 좋지 않은 것이라고 생각된다.

둘째는 문화의 벽이다. 우리는 급한 성격 때문에 조급하게 흑백 판단을 하고 싶어진다. 우리가 이렇게 된 것은 일제치하, 6 · 25의 영향도 있고 뜨거운 국, 매운 음식을 먹는 식생활, 그리고 화투놀이도 영향을 미쳤고, 암기 위주의 객관식 교육도 조급하게 흑백 판단을 내리게 하는 원인으로 작용했다고 본다. 또한 세 살 때의 버릇이 여든까지 간다는 식의 우리 속담에서도 나타나듯이 인습을 과감하게 깨지 못하는 것도 문제이다. 그러니까 세상이 어떻게 바뀌어 가고 있는 것인지, 세계의 흐름이 어떻게 변하고 있으며, 과학의 발달이 도대체 어디쯤에 와 있는지, 이런 것에 민감하지 못한 것이다. 몸은 현재에 살고 있으면서도 의식은 여전히 옛날에 사로잡혀 있는 것이나 다름이 없다.

셋째는 감정의 벽이다. 우리나라 사람들은 체통, 위신, 권위주의적인 의식에 빠져 있어서, 틀리면 큰일 나고 바보 취급을 당하는 것으로 생각하며, 비평가는 위대하지만 비평받는 것은 싫다고 하는 인식을 많이 갖고 있다. 사대주의 사상, 양반행세의 습성이 뿌리 깊게 박혀 있기 때문에 체통, 위신을 지나치게 따진다. 상대편을 업신여기고 멸시하며 자기 자신만이 최고라는 의식을 가진 사람들이 적지 않다. 또한 잘못을 하더라도 남에게 굽힐 줄 모르고 스스로 잘못을 느낄 줄 모르는 비양심적인 경우라든지, 바보 취급을 당하기가 싫어서 거짓말을 밥 먹듯이 한다든지, 틀리면 큰일이니까 속임수를 부리더라도 현장을 모면하려는 의식, 유식한 체하기 위해서는 남을 낮추어 말해야 된다는 의식 등등 그릇된 인식을 갖고 있는 것들이 수도 없이 많다.

이러한 것들을 바로잡기 위해서는 의식의 혁명이 따르지 않으면 안 된다. 우리가 의지력을 기르기 위해서는 잘못된 인습들인 인식의 벽, 문화의 벽, 감정의 벽을 과감하게 허물어야 한다. 고정관념에서 탈피할 수 있을 때 비로소 사물을 대하는 시야가 넓어질 수 있다. 이를 위해서는 어린아이처럼 사물을 순수하게 대하는 눈을 가지도록 노력해야 한다. 그래야만 새롭고 기발한 아이디어도 많이 창출될 수 있을 것이다.

우리는 지금 순수한 우리 고유의 의식을 담은 제품을 연구 개발하는 데 총력을 기울여야 된다. 외국에서 로열티를 주고 도입하여 설계 도면에 약간의 손질을 가해서 자체 개발이라고 떠들어 대는 것으로는 더 이상 기업을 유지하기 힘들다. 그러기 위해서는 시대의 흐름에 민감하게 대처하고 새로운 기술을 연구하고 개발하는 데 좀 더 깊은 관심과 많은 투자가 따라야 할 것이다. 위기에 처하면 고부가가치 제품개발을 위한 기술력을 높여야 한다고 야단들인데 평소에 위기를 대처하는 꾸준한 노력이 따라야 지속적인 발전이 가능한 것이다.

1-4. 기술개발에 치중하라

우리는 지금 제조업의 국제경쟁력 회복과 그 확보가 그 어느 때보다 절실하다. 지난 30년간에는 싼 인건비만 염두에 두고 제조업에 너무 매달렸다는 생각도 든다. 그러다 보니 국제적 흐름에 무감각하다고 언론에서 보도가 되면 그때서야 대책을 강구하느라고 부산을 떨기가 일쑤였다. 그렇지만 다급한 상황에서 대책을 강구하기는 더 어려운 법이다. 그럴수록 오히려 평소의 실력도 나오지 않기 때문이다.

미국을 영원한 맹방이라고 생각한 나머지 구태의연한 자세를 취하며 미국 시장에서 무역 장벽을 의식하지 않던 시절도 있었다. 유럽의 선진국으로부터는 관세의 혜택도 받은 것이 사실이다. 또한 중앙 아시아권이나 동구권 국가들을 통하여 제조업체의 위기를 모면하는 데 다소나마 보탬이 되기도 하였다.

그러나 이러한 일련의 상황이 결코 오랫동안 지속될 수 없을 것이라는 판단을 하고 그에 따른 추이를 깊이 있게 분석하여 제조업체 나름대로 대책을 강구해 온 업체들은 거의 없다고 해도 과언이 아니다. 이렇게 된 데에는 외세의 기술 경제 침략에 대해 우리는 스스로 별것이 아니라고 생각하고 발등에 불이 떨어지면 행동에 옮긴다는 의식을 가졌기 때문인지도 모른다. 이제는 보편화된 일반적인 기술을 가지고 만든 제품을 싼 가격으로 수출할 생각은 버려야 된다. 그리고 중앙아시아 지역의 국가와 경쟁을 하지 않는 것도 시간의 소비를 줄일 수 있는 방법이 된다.

제조업의 경쟁력은 기업의 우수한 인력, 여유 있는 자본, 방대한 설비만 있으면 국제 시장에서도 충분하다고 잘못 생각한 것이 아닌가 여겨진다. 기업 내부의 구성 관계도 사회의 구성원과 마찬가지로 경험을 가진 인력, 지식을 가진 인력, 중장기를 바라보는 자본 투자, 시대의 흐름에 맞는 의식과 기술에 의한 설비가 일체화하는 것이 경쟁력을 최대로 높이는 길이다. 이러한 것을 등한시하다가 외국의 기본 설계와 설비로 규모 있는 생산을 하던 여러 기업들이 무너졌고 현재도 무너지고 있으며 앞으로도 무너질 것이다. 결국은 외국만 좋아지는 일을 우리 스스로가 시켜 주는 꼴이 되고 말았다. 어떤 시장이 아무리 생각하고 분석해 봐도 경쟁력이 없다는 판단이 서면 우리는 그 시장을 너무 빨리 포기하는 버릇이 있다. 그렇게 포기하다 보니까 이제는 수출 지역이 자꾸만 줄어들고 있는 것이다. 수출을 하다가 경쟁력이 없다고 생각해서 쉽게 포기하는 것은 문제가 있다. 그보다는 경쟁력을 회복할 수 있는 중기 대책을 세우는 것이 더 바람직하다. 비록 이 중기 계획이 실패를 본다손 치더라도 그렇게 했어야 마땅하다. 그렇지 않고 이 지역 피하고 저 지역 피하다 보니까 이제 갈 곳이 없어지게 된 것이다.

이러한 문제점에 대하여 논평하고 있는 전자신문의 사설은 우리에게 시사하는 바가 많다. 이 신문은 우리가 국제경쟁력을 강화하고 어려운 여건에서도 살아남을 수 있는 것은 「오직 제품 설계 능력을 갖춘 제조업」밖에 없음을 주장하고 있다. 「제품 설계 능력에 달렸다. 제조업 경쟁 강화 재생력부터 길러야」라는 제목으로 되어 있는 사설의 내용을 들어 보면 다음과 같다.

최근 제조업의 경쟁력 회복과 그 확보가 초미의 관심사가 되고 있음에도 불구하고 본질이 호도되고 그 근본대책이 구체화되지 못하고 있어 우려를 금할 수 없다. 우리나라는 그간 동서 냉전의 희생 국가로서 국토 양단의 비극을 겪고 있으나, 반면에 냉전체제 속에서 경제성장을 지속하면서 혜택도 받아 왔음을 부인키 어렵다. 맹방(盟邦)의 관계를 유지해 온 미국 시장에서 무역 장벽을 의식하지 않던 시대도 향유하였고, 서방 선진국에서 관세상의 특혜국 대우도 받아 왔었다. 연전에는 냉전체제의 붕괴 속에서 중국 특수(特需), 동구 특수가 우리나라 제조업체를 침체의 늪으로부터 구해 준 바도 있다. 지금은 독립국가연합 및 중국과의 국교정상화로 다시 한 번 국면전환이 가능하지 않을까 기대되기도 한다.

그러나 이러한 일련의 상황 전개는 외부의 변화가 우리에게 다행스럽게나마 일시적인 탈출구를 제공하고는 있지만 결코 장기적인 해결책이 될 수 없음을 일깨워 주고 있다. 이제 우리나라 제조업은 지구 상에서 가장 저렴하고 잘 훈련된 노동력을 갖고 있는 중국과 세계시장에서 겨뤄야 하는 부담이 더 크게 되었다. 제조업의 경쟁력은 기업 내부의 우수한 인력, 건전한 자본, 원활한 조직과 첨단의 설비와 더불어 기업 외부의 정치·사회·문화적 환경과 과학과 기술의 발달 및 다양한 기능의 시장이 활성화됨으로써 빚어내는 역동적 잠재력이라고 볼 수 있다. 이렇게 보면 제조업의 경쟁력 확보가 얼마만큼 다양한 요인에 의해 결정되며 이의 획득 확보 및 신장이 얼마나 어려운 일인가를 인식하게도 된다.

그러나 이렇듯 힘겹게 쌓아 올린 경쟁력의 우위는 제품의 가격과 품질로 아주 간단하게 판명되어 다년간 확보해 온 시장과 고객도 순식간에 신제품에 의하여 침식당하고 사라지게 된다. 이제 우리는 경쟁력의 회복을 위해 이들의 결정 요인과 척도 사이에서 우왕좌왕하며 우선순위를 논한다거나 중요성을 강조할 단계를 넘어서고 있다. 우수한 성능의 제품을 저렴한 가격으로 적기(適期)에 시장에 출하해야 한다는 지상과제를 안고 있는 기업에는 시장변화를 예지하여 수요자의 요구에 부응하는 상품을 기획하고 구현시켜 제품화하는 제품 설계 능력과, 이러한 기획 제품을 합리적인 방법을 동원하여 낮은 비용으로 만들 수 있도록 수단을 강구하는 생산 설계 능력 확보가 필수적이다.

기업의 외부 여건이 어떻게 변화하고 정부의 지원대책이 어떠한 효과가 있든지 간에 기업의 제품 설계 능력과 생산 설계 능력의 확보는 기업 존재의 고유논리이며 이 두 가지 능력의 우열에 따라 선진형 기업 여부가 판명된다고 볼 수 있다. 따라서 외국의 기본 설계와 외국의 제조 설비를 이용하여 규모의 생산을 추구하던 많은 기업들이 도태되는 것은 필연이라고 볼 수 있다.

흔히 우리나라의 생산 설계 능력은 상당한 수준에 도달했으나 제품 설계 능력이 매우 낙후되어 있다고 하지만, 이제 저렴한 임금을 바탕으로 한 중국이 선진국의 설비투자로 건설되는 공장에서 제품을 생산하게 되면 우리나라 제조업은 생산 설계 능력조차 논의의 대상이 되지 못하는 나락으로 떨어질 가능성도 배제할 수 없다. 오직 제품 설계 능력을 갖춘 제조업만이 살아남을 수 있는 여건임에 비추어 볼 때 이러한 능력을 배양하는 대책의 강구가 무엇보다도 시급하다고 하겠다. 금속활자, 고려자기, 화약, 거북선, 측우기 등 우리나라에서도 인류 문화사에 길이 빛나는 제품을 만들어 냈으며 사회적 예우를 받지 못하면서도 기(技)와 예(藝)를 닦아 온 장인(匠人)들의 손길이 아직도 우리 주위에 살아 있다.

시대가 변하면 경영의 자세도 변해야 한다. 시대의 변화에 능동적으로 대처하지 못하면 어떤 것이든지 지속적인 발전은 불가능하고 극단적으로는 살아남기도 어렵다. 우리 기업들도 이제는 국제 정세와 환경의 변화를 깊이 인식하고 그에 적절히 대처하는 자세를 가져야 한다. 그것은 곧 새로운 기술개발에 사운을 걸어야 한다는 것을 말한다. 앞으로는 결국 기술개발에 전력하는 기업만이 살아남으리라는 것은 자명한 일이기 때문이다.

1-5. 연구개발에 투자를 아끼지 마라

한국은 아직도 1970년대적인 경제개발 단계의 고정관념과 그 형태에서 벗어나지 못하여 과학적 사고로 창의력을 극대화하는 데 최적의 제도와 관행을 제대로 갖추지 못하고 있다. 또한 기업은 기대되는 수익이 투자에 수반되는 위험이나 비용보다 클 때, 투자를 행하게 되는데 지금은 그렇지 못하기 때문에 투자가 부진할 수밖에 없다고 얘기하기도 한다.

많은 사람들이 경제 난국을 타개하기 위해서는 경영혁신과 기술개발을 통해 기업의 내실을 다지고 경쟁력을 제고하려는 자발적인 노력이 있어야 한다고 지적하듯이, 우리의 경제 난국을 타개하기 위해서는 무엇보다 기술개발에 의한 경영혁신이 있어야 한다고 생각된다. 차별화된 기술개발로 기업의 경영방침을 쇄신하고 경쟁력을 높이기 위한 자발적인 노력이 있어야 한다. 특히 이 자발적인 노력을 어떻게 유도하느냐 하는 것이 지금 우리에게는 가장 중요한 과제인 것이다.

우리는 이 문제에 대하여 너무 피상적으로만 생각해 온 것이 사실이다. 한 예로, 1950~1960년대에 체력은 국력이라는 구호가 있었는데 1990년대에 들어와서도 여전히 체력은 국력이라고 생각하는 사람들이 적지 않다. 그렇다면 지금의 경제 난국을 타개하는 힘을 체육 진흥을 통해서 얻을 수 있는지 의문이다. 다시 말해서 체육 진흥 정책이 과학기술 진흥 정책보다 우선되어야 하는 것인지 나로서는 도무지 이해가 가지 않는 일이다. 그러므로 우리는 체육 진흥 정책비를 과감히 줄여 그것을 기술 진흥비로 돌려야 된다. 4년간 열심히 운동을 하여 올림픽에서 금메달을 따기만 하면 평생토록 편하게 살 수 있도록 되어 있는 지금의 정책은 결코 옳은 것이라고 할 수 없다. 물론 그에 상응하는 대가는 있어야 하겠지만 그렇더라도 그것은 우리 사회의 다른 분야와 비교해 볼 때, 형평이나 국민감정에도 맞지 않는 일이다.

과학기술을 진흥시키기 위해서는 정부의 조직과 기구도 바뀌어야 한다. 즉 과학기술처를 과학기술진흥부로 격상시켜야 한다. 신문지상을 통해서 보면 급진적인 개혁의 추진은 자제하겠다고 하는데, 이것은 혁신을 하지 않겠다는 말과 다름이 없다. 개혁이란 큰 변화를 꾀하지 않고는 불가능하다고 보기 때문이다. 지금 우리 경제의 난국을 타개하기 위해서는 과감한 혁신이 필요하고, 그러기 위해서는 정부의 조직부터 과감하게 혁신하는 것이 선행되어야 한다고 본다.

기업은 기대되는 수익이 투자에 수반되는 위험이나 비용보다 클 것이라고 생각할 때 투자를 행하게 된다는 의식도 크게 잘못되었다고 본다. 투자란 10년이나 20년 앞을 내다보고 추진되는 것이기 때문에 단기간 내의 수익을 따진다면 투자를 하지 않는 게 좋다. 중장기 계획을 세우고 혁신을 일으킬 수 있는 투자가 되어야 한다. 그리고 투자의 양보다는 질적인 측면에 초점을 맞추어야 한다. 즉 기술 경쟁력을 제고시킬 수 있는 부문에 집중적인 투자를 하여 투자의 질을 향상시켜야 된다.

경제 전문가들은 우리 경제가 전반적으로 공급의 원가는 높은 데 비해 능률이 낮다고 하면서 그 이유로 임금의 급상승과 취약한 재무

구조, 기술개발의 부진, 노동집약산업이 급격히 도태되고 서비스업이 크게 신장된 것이라고 들고 있으나 나는 그 견해에 찬성할 수가 없다. 만약 우리의 기업들이 노동집약산업이 급격히 도태되기 전에 투자를 과감히 하여 변화를 꾀하겠다는 안목과 의지만 있었더라면 지금 같은 위기는 맞지 않았을 것이다. 앞에서도 언급했듯이 투자의 질을 향상시키는 일이 중요하기는 하지만 투자의 시기를 적기에 잡는 것도 그에 못지않게 중요하다. 시기를 놓치게 되면 악순환의 연속이 따르게 마련이다. 투자의 시기를 놓치면 임금의 급상승에 따라 재무구조가 취약해지고 그러면 기술개발이 부진해질 수밖에 없기 때문에 그렇다.

세계가 컴퓨터를 이용한 고도의 정보화 시대에 접어들고 있을 때 우리는 주판이나 타이프라이터로 정보를 처리했다. 시대의 흐름에 너무 둔감했기 때문이다. 미국의 경우도 현재 경쟁력이 저하되고 있는데, 그 원인은 연구개발 투자에 소홀히 한 결과라고 생각된다. 연구개발에 투자를 과감히 하지 않으니까 자연 국제경쟁에서 뒤질 수밖에 없다.

그러나 일본의 경우는 그렇지 않다고 한다. 그들은 내수 부진을 극복하기 위해 경비 절감 대책을 단행하면서도 한편으로는 연구개발 부문만은 더욱 강화해 나가고 있다. 한 예로 닛산계 부품업체들은 신기술·신상품 개발을 가속시키기 위해 투자를 대폭 늘리고 있다. 특히 1993년도에는 1992년도보다 무려 50%나 증액하기로 했다는 것이다. 또한 도시바는 연구 부문 조직을 대대적으로 개선하여 10-10-10을 추진하고 있다고 한다. 즉 신제품의 기획에서 개발까지 10년, 또 이를 상품화하는 데 10년, 그리고 상품의 수명을 10년으로 잡는다는 것이다. 그러니까 그들은 거의 4반세기 이상에 걸쳐 신제품을 개발하고 있는 셈이다. 이처럼 일본 기업들은 불경기 아래서도 연구개발에 대한 투자만은 절대로 줄이려 하지 않고 있는 것이다. 듣기로는 지금 NEC는 10~15년 후의 사회에 맞는 상품개발에 열을 올리고 있다고 한다. 뿐만 아니라 일본은 GNP에 대한 연구개발의 투자비율이 3%를 넘어서고 있다는 것이다. 이것은 모두 미래를 내다본 경쟁력 강화의 가장 적극적인 투자임이 분명하다.

● 연구개발의 성격과 자원배분
① 연구단계
  ■ 응용연구
    성격: 설비투자중간
    자원배분: 연구비 총액에
        대한 비율이 적다. → ■ 기초연구
                성격: 설비투자가 작다.
              * 자원배분: 연구비 총액에 대한
                      비율이 크다.
                    ■ 연구개발
                      성격: 설비투자가 크다.
                    * 자원배분: 연구비 총액에 대한
                            비율이 중간

② 기간구분
  ■ 단기계획
    성격: 연도계획
    자원배분: 연도별예산 추진 → ■ 장기계획
                  * 성격: 연구개발 전체계획과
                        부분계획
                    자원배분: 상황변화에 대처,
                          예산조정

③ 전략구분
  ■ 방어전략
    성격: 해당제품에 대한
        기업의 비중
    자원배분: 기회비용을 고려 → ■ 공격전략
                    * 성격: 전체 제품에 대한
                          기업의 비중
                      자원배분: 투자의 회수기한
                            3년 이후

④ 시장구분
　■ 기존시장
　　성격: 해당제품의 기업비중
　　자원배분: 매출액 등
　　　　　　경제성 평가　→　■ 신시장
　　　　　　　　　　　　　　　 * 성격: 시장리드, 기술의 역사성
　　　　　　　　　　　　　　　 * 자원배분: 기술과 품질에 대한
　　　　　　　　　　　　　　　　　　　 경제성 분석

⑤ 자금구분
　■ 자체연구
　　성격: 기간에 대한 비중
　　　　　연구개발 불균형
　　자원배분: 투자의 수익에 대한
　　　　　　단기예측　→　■ 위탁연구와 자체연구의 접목
　　　　　　　　　　　　　　 * 성격: 설비투자회수,
　　　　　　　　　　　　　　　　　 연구개발균형
　　　　　　　　　　　　　　 * 자원배분: 기술과 품질의
　　　　　　　　　　　　　　　　　　 파급효과

● 연구의 성공요인

○ 연구개발 전략

① 경영전략을 수립하는 데 기술을 비　　　→　* 연구개발을 추진하는 기술 전략이
　효율적으로 관리하고, 기술전략과　　　　　　 경영전략의 주요내용
　경영전략의 비연계

② 경영전략의 핵심은　　　　　　　　　→　* 경영전략의 핵심은 연구개발
　기술제휴, 생산, 판매, 매출액　　　　　　　 기술정보, 특허 등의 관리

③ 남의 문화를 모태로 한 남의 기술을　　→　* 한국적 기술로 차별화된 기술개발
　모방, 기술제휴

④ 편애적 spot 평가 위주　　　　　　　→　* 능력과 실적 위주

⑤ 제품 품질 위주　　　　　　　　　　→　* 부품 품질 위주

⑥ star play의 업무　　　　　　　　　→　* 지식과 경험의 접목의 team play

⑦ 결과중시　　　　　　　　　　　　　→　* 과정중시

⑧ 국내외 통계자료의 분석　　　　　　→　* 자체 자료의 분석
　　　　　　　　　　　　　　　　　　　 분석의 혁명시대

⑨ desk work　　　　　　　　　　　　→　* OA program work

⑩ 투자를 적게 하면 책임을 적게 진다　→　* 투자를 과감히 하여 자체 개발의
　는 생각으로 몸을 사리는 의식　　　　　　 risk를 지는 의식

⑪ 한 다발의 결재판을 들고 다니며 구두 → * 구두보고 없이 결재하는 방법
　보고해야 결재하는 fixed product system 　등의 flexible product system

⑫ 다수인들 속에서 묻혀 생활하는 업무 → * man to man 산교육에 의한 업무

⑬ 경쟁기업의 발생과 참여에 대처 → * 기술의 역사성

⑭ 피라미드 조직 → * 수평적 조직, 다이아몬드 조직

⑮ hardware적 제품개발 → * software적 제품개발

　　　■ 핵심기술의 Simulation 및 산+연,
　　　　산+학, 한+검 project 추진
　　　■ 생산시스템을 저해하는 부문,
　　　　설계자가 많은 부문,
　　　　신제품의 개발과 개량이 많은
　　　　부문,
　　　　설계변경이 많은 부문
　　　　CAD/CAT/CAE Simulation
　　　■ 품질혁신+기술혁신+원가혁신의
　　　　3위 일체화

○ 제품개발 전략

　　　　　　　　　　　★ ┌ 첫째로, (기술+품질+원가)혁신에 의한
　　　　　　　　　　　　│　　　제품개발
첫째로, 신제품을 개발할 때　　　│ 둘째로, 기존 제품과의 관련성
　　　시장성 우선적　　→　│ 셋째로, 시장의 잠재 성장성
둘째로, 고부가가치화　　　　　└ 넷째로, 고부가가치화
셋째로, 시장의 잠재 성장성　　★ total cost(설계, 조달, 제조, 관리) 개념에
　　　　　　　　　　　　의한 방식 series 제품 개발
　　　　　　　　　　　★ 거래업체 간의 기술협력의 제고

○ 생산 전략

① 생산 공정
　첫째로, 생산 공정의 자동화　　　★ ┌ 첫째로, 다품종 생산체제 확립
　둘째로, 생산능력 확대　　→　│ 둘째로, 부품의 unit, module화
　셋째로, 생산 공정의　　　　　└ 셋째로, 생산능력 확대
　　　　시간단축

② 생산 line

* 노동 위주의 자동화 → ★ 품질위주의 자동화
* 사후대책 중심 → ★ 사전예방중심
* 생산을 위한 생산 → ★ 품질을 생산하는 공정품질 최우선 위주
  생산량 최우선 위주

○ 마케팅 전략

① 마케팅

첫째로, 영업력 강화　　　　　　★ ┌ 첫째로, 소비자니즈기능(개념정립)강화
둘째로, 소비자 수요파악,　　　　│ 둘째로, LAN(근거리 통신망)구축에
　　　　　기능강화　　　　→　　│ 　　　　의한 영업력 강화
셋째로, 판매망 확대　　　　　　│ 셋째로, 고객의 data base에 의한
넷째로, 생산자 주도형　　　　　│ 　　　　판매 net work 확대
　　　　　　　　　　　　　　　└ 넷째로, 소비자 주도형

② 제품의 수명주기 대응 → ★ 동일 방식을 동시에 전환

③ 제품의 개량방법, → ★ 소비자를 신시대의 흐름으로 리드
　 시기대응

④ 밀어내기식 판매 위주 → ★ 이미 판매한 제품의 서비스 강화 위주

⑤ 회사 내의 홍보 위주 → ★ 대외적으로 신속하게 홍보 위주

1-6. 한국이 세계 IT강국이 되는 길

1-6-1. MOT System 행정특성

1) 기술경영(Management of Technology) 행정업무 전환

공학, 과학 및 경영의 원리를 결합함으로써 조직의 목표를 달성하기 위한 기술적 능력을 행정기획, 행정개발 및 행정을 운용하는 활동이 활발해야 한다. 정부행정조직은 추진단계별로 부처의 최고책임자 역할도 달리해야 하고 조직 내에서 창의력과 과학적 사고를 발휘하여 남성사원/여성사원 또는 고참사원/신참사원이 적절히 배분되도록

구성해야 한다. 지식과 경험의 접목이란 단지 최적화에 최대 목표를 둔 총합이라야 한다. 양적인 측면보다 질적인 측면을 더욱 중시해야 하고 기술적 및 경제적으로 고품질을 지녀야 하며 일반적인 행정업무를 기술경영적인 행정업무로 전환하여야 한다.

2) Project의 계수화 및 계량화

가장 기술적이고 경영지식에 맞는 새로운 Project의 측정방법은 Radar Chart를 적용하는 것이다. 사업목표에 부합되고 Issue화된 수익 증대, 효과성 증대, 혁신비율, Cash Flow 등의 결과를 평가하는 것이 바람직하다. 이와 같은 상황을 감안해 볼 때에 모든 업무를 계수화하고 계량화된 Project를 수행토록 하고, Project별 수익계획에 의한 결과를 난이도 채점표에 의하여 Project가 수행과 동시에 자동Check되어 업무의 진행 및 결과가 자기점수로 나타나 분석Tool에 의해 자기점수를 볼 수 있도록 System화되어야 하고, 정부행정업무의 효율을 높이기 위해서는 혁신Item의 종류 수를 늘리고 Item매출액 및 기여효과액을 올려야 한다. 그러므로 정부의 행정조직, 정부출연연구소, 정부출연기업이든 간에 모든 업무를 Project로 하여 계수화 또는 계량화로 Counter할수있는 System으로 전환되어야 한다.

1-6-2. 정보산업화의 환경특성

1) 기술경영행정이 경제력의 결정적인 요소

영상전화, 전자메일, ISDN, EDI, CIM, 텔레비전회의 등 컴퓨터를 이용한 새로운 정보처리 · 통신기술에 일종의 중독증상을 보이는 사람도 적지 않게 나타나고 휴대폰에서 손을 뗄 수 없어졌다든지, 매일 대량인 전자 메일광 등, 문제해결이 필요하고, 개선되어야 하지만, 기술진보가 그 나라 모든 분야의 경쟁력을 제고시키고, 강한 경쟁력은 경쟁에서의 승리를 의미하며, 국가 간 모든 경쟁이 경제 전쟁으로 풀이되는 상황에서 본다면 결국 기술경영행정의 진보가 경제력의 진보를 가져온다고 생각한다. 행정부처는 최고책임자가 성공할 경우에 높은 수익이 예상되는 기술집약적 기술경영 행정부서의 개념으로 탈바꿈해야 한다.

2) IT정보 System의 경영체계

부처의 최고 책임자는 강한 성취동기와 위험을 감수할 수 있는 능력이 필요하고, 조직구성은 경력이 다양하고 높은 교육수준으로 구성하고 타 부처의 시설과 자금을 이용할 수 있는 최고책임자라야 한다. 또한 최고책임자는 성장에 따라 인력충원, 조직변경, 조직시스템을 구축하는 등 행정경영에 대한 의사결정에 영향을 미친다. 정부행정의 성장단계에 따라 핵심성공요인이 달라지는 환경이고 환경인식이 달라질 수 있기 때문에 특성이 상이한 최고 책임자가 요구된다. 예를 들면 디지털, 텔레비전은 화상 바로 그것이 아니고, 화상에 관한 정보를 보낸다.

모든 지능(Intelligence)은 개인경영 체계(Proprietary System)를 전제로 하는 정보가전(Consumer Electronics)으로 갈 것이기 때문에 정부가 일반 행정에서 기술경영 행정으로 전환이 필요한 실정이다.

1-6-3. 기술경영의 문화특성

1) 기술경영(MOT) 조직문화의 정착화

기술경영(Management of Technology)은 디지털 · 코드의 형태로 공유되는 지식에 입각한 글로벌 문명이 출현하게 될 것이고, 그중에서 각국의 국제적 경쟁력은 디지털화한 데이터의 처리능력에 의존해서 결정되는 것이다. Data Freeway 혹은 정보 Super Highway라는 데이터의 고속 전송로를 구축하고, 컴퓨터끼리 서로 연결시키거나, 누구나 슈퍼컴퓨터에 액세스할 수 있도록 하는 것이 필요하다. 또한 공학, 과학 및 경영의 원리를 결합함으로써 조직의 목표를 달성하기 위한 기술적 능력을 기획, 개발 및 운용하는 NRC(National Research Council) 활동이 Issue화 될 것이다.

2) 다차원적인 효과성 지표

각 부처의 총괄지표로써 신Item으로부터의 매출액비율 등의 결과중심지표로서 연구 활동이 성공적인 사업들은 성과지표가 사업목표와 미션을 반영하여 전략적 목표를 효과적으로 달성할 수 있고 성과지표는 사업전략과의 적합성이 지속적으로 검증되고 수정되어 전략과 연동되어야 한다. 인력이 통상적으로 구성된 Pattern은 조직에서 현상만족, 기득권층은 변화에 대항, 혁신자 등이 일반적인 인력구성이라고 한다. 현대적인 접근방법은 다차원적인 효과성 지표를 기준으로 접근하는 방법이다. 따라서 기술경영행정은 다차원적인 효과성 지표를 기준으로 접근하는 방법을 적용해야 한다.

1-6-4. 기술적 지식특성

1) 기술적 지식을 생산방식으로 전환

기술은 현재까지 존재하지 않았던 새로운 지식이나 정보이며 기술적 지식을 생산방식으로 전환하는 것이다. 행정개발 활동은 생산적인 기술력을 증대시키고 생산성을 측정하여 경쟁우위의 원천으로 삼아야 한다. 그 활동을 생산적으로 측정하여야 하는데 정부행정수준이든, 기업수준이든 간에 대동소이해야 한다. 이와 같이 원래가 삐뚤어지면 결과도 삐뚤어져 버리지 않을 수 없고, 텔레비전 화상은 기상의 영향을 받기 쉽고, 조작이나 저장에는 불편하다. 그러나 향후에는 정지궤도의 통신위성이나 저궤도를 이용한 전화시스템, Microwave Mobile System, PHP(Personal Handy Phone) 등이 등장할 것이다. 또한 경쟁 액세스 제공 업자(CAP)에 의한 유저와 장거리통신 회사 간의 우회도로(By-pass) 회선의 제공, CATV사업자에 의한 가정대상 쌍방향통신의 제공 등이 있다.

2) 배태조직(Incubator Organization)의 타성 탈피화

최고 책임자는 과거에 일하였던 장소인 배태조직의 타성에 젖어 모든 권한이 집중되어 행정혁신을 활성화하기 위해서 중추적 역할과 지원의 정도에 지대한 영향을 미친다. 책임자가 행정기술정보, 외국의 경쟁부처의 발전에 대한 정보, 혁신정보조직에 유입시키고 전파하는 역할을 해야 한다. 또한 기술경영 행정별 혁신의 유형은 과학 기반형, 전문 공급자형, 규모 집약형, 공급자 지배형 등의 4가지 형태로 분류한다. 부처의 성장과정에서 조직구조나 부처형태 등이 상이한 핵심경영 문제에 직면하고, 성장단계에서의 부처기술 등의 상황적 요소와 구체적 직면상태로 부처가 가진 전략적 상황관점에 따라 개인특성이나 서로 상이한 역량을 갖는 최고 책임자가 필요하다. 이러한 경영지식을 갖추기가 어려움이 있는 경우는 책임자보다는 서로 보완적인 역량을 갖춘 사람들이 구성하여 효과적 활동을 위해 개체능력을 증대시키는 믿음으로 업무지식, 행정기술, 직원이 체화된 행동을 가능하게 하는 정보의 집합이라야 한다.

1-6-5. 자원인재 특성
1) 능력과 실적의 자동평가화

행정부처의 평가지표는 경제협력개발기구(OECD)가 개발한 기업평가시스템인 매뉴얼(Oslo Manual)을 토대로 행정에 맞도록 개발하고, 평가는 인적 자원, 기술성, 사업성, 유망성 등의 4개 부문에 걸쳐 이루어지며, 평가지표는 업종에 따라 기술경영 행정으로 구분되고, 해외진출지원 사업은 해외진출기회가 없었던 우수 벤처기업의 해외시장 개척 지원을 위해 현지전문가 및 네트워크로 구성된 해외지원센터에서 벤처기업의 해외진출활동에 대하여 종합 지원하는 정책으로 전환되어야 한다. 첨단신기술이나 참신한 아이디어를 사업화하여 정부의 전 부처가 신규시장을 개척해야 한다.

2) LAN 형태의 링구조로 전환

전화산업이 살아남는 길은 전화선의 광섬유화에 의한 화상통신에의 진출 이외에 없다. 기존 시스템의 합리성을 잃어버렸다. 합리적인 시스템의 구조는 집중형에서 분산형으로 스타형의 구조로부터 LAN 형태의 링구조로 전환한 것이다. 방송 사양과 ISDN 사양은 다르기 때문에 케이블은 2개가 된다고 주장한 것이다. 소프트의 위법 카피, 해킹, 바이러스의 살포, 컴퓨터를 이용한 사기, 프라이버시 침해 등의 사례는 헤아릴 수 없다. 최근 해커나 데이터 도둑은 은행 및 금융이나 군사 시스템에도 침입할 수 있다. 탑승권 예약의 속임수나 휴대폰 팁의 재프로그래밍과 같은 범죄에도 있으며 의료, 금융, 범죄기록이 어느 사이에 제3자에게 입수되어 있었다는 케이스도 있다. 이것들의 시스템은 화재, 홍수, 지진, 정전 등에도 약할 뿐만 아니라 해커의 침입이나 내부의 태업(Sabotage) 공격에도 약하다.

1-6-6. 보상체계 특성

1) Database 구축에 의해 Paperless화

조직의 프로세스를 통제하는 어려움과 프로세스에 대한 자료수집의 부담, 그리고 대부분의 프로세스자료의 부정확성으로 인하여 프로젝트에 나쁜 영향을 미치는 경우가 많다. 이와 같은 상황을 감안해 볼 때에 지역별 손익계획에 의하여 기술경영 행정효과율, 지역별로 손익계산을 한 결과를 난이도채점표에 의하여 자동check될 수 있도록 시스템화되어야 한다. CALS(Computer-aided Acquisition and Logistic Support, 생산·조달·운용지원 통합정보 시스템)라고 하는 디지털·파일 교환 표준에 근거한 Database 구축에 의해 Paperless화하는 것이다.

2) 두 가지 이상의 원리를 접목

관계가 없는 기기나 자연현상의 원리를 제품에 새롭게 적용할 수 있는 아이디어로 전환시킬 수 있다. 한마디로 두 가지 이상의 원리를 접목시켜야 한다. 상당히 큰 개선이 아니면, 소비자는 신기술에는 관심을 갖지 않는다. 관련 분야에서의 발전을 고려하지 않고, 기술동향과 시장예측을 혼동한 것이며, 혁신 기술의 보급에는 오랜 시간이 걸리는 것이다. 아날로그 장치나 기계적 장치의 경우는 부분적 고장이 많아도 모두가 다운해 버리는 것은 거의 없고 디지털 전자장치의 컴퓨터·시스템은 전면적이고 파국적인 사고를 일으키는 경향이 있다. 즉 다운되면 완전히 다운해 버리는 케이스는 전화의 요금계산이나 교환 소프트, 은행통장, 현금출납기, 전자적 자금이전 시스템 등이 있다. 그리고 경영혁신과 함께 다운사이징을 하여 직원들이 창의적인 형태로 전력할 수 있도록 해야 한다.

1-6-7. 결론

1) Stock Option 개념의 도입화

각 부처들이 기술경영 행정혁신을 가져오기 위해서 우선적으로 Stock Option 개념을 도입하는 제도적 장치가 우선되어야 한다. Stock Option 개념이란 소수명이 돈내기 형식의 Project를 추진토록 하여 그 성과에 대한 보상을 해 주는 것을 말함이다. 또 다른 방법의 할증스톡옵션은 부여시점 현재의 주가를 기준으로 일정비율 또는 일정금액 이상 주가가 상승해야 가치가 발생하는 Option을 의미한다. 즉 행사가격이 부여시점의 주가보다 높게 결정되니 Stock Option을 의미한다. 따라서 어떠한 형태이든 일반행정 방식이 기술경영 행정방식으로의 전이와 Stock Option 개념의 도입화가 불가피하다.

2) MOT에 의한 IT System화

디지털·코드의 형태로 공유되는 지식에 입각한 글로벌 문명이 출현하게 될 것이고, 그중에서 각국의 국제적 경쟁력은 디지털화한 데이터의 처리능력에 의존해서 결정되는 것이다. 지금 1대가 몇 억 불도 하고 있는 슈퍼컴퓨터 같은 정도의 기능이 한 개 칩의 위에 응축되게 될 것이다. 그 어느 날에는 몇 억의 오피스 또는 몇 십억의 가정슈퍼컴퓨터가 들어가고, 그것에 의해서 화상의 고속처리가 가능하게될 것이다. 방송이나 CD-ROM 등에 의해 데이터베이스의 전체를 암호화하고 우선 제공(개정은 방송이나 온라인)하고, 유저는 디코더(Decoder, 부호해독기)를 구입하고, 특정한 데이터를 해독했을 때만 그사용료를 지불한다고 하는 시스템에 박자를 맞추는 기술경영행정 조직이라야 한다.

2. 혁신적 매출 신장을 꿈꾸는 오너십 다섯 가지

2-1. 참되라, 생각하라, 부지런하라

우리는 지금 기업의 경쟁력 약화와 무역수지 역조 등 경제가 위기국면에 처해 있다. 현재 우리가 당면하고 있는 노동생산의 기피 현상과 고임금을 수용하면서도 이러한 경제 위기를 극복하고 경쟁력을높일 수 있는 길은 기술혁신밖에 없다. 무엇보다 부가가치가 높은High Cycle설계의 제품을 개발해야 한다.

우리는 모두가 기술혁신의 절박성을 인식하고 또 강조하기도 한다.그러나 경제를 살리기 위한 기술혁신이 과연 무엇인지 구체적으로아는 사람은 그렇게 많지 않은 듯하다. 모두가 잘 알고 있다면 어떻게 경제가 이토록 불황에 허덕이고 있겠는가. 정부나 학계, 그리고 기업이 모두 그 나름대로 이 시대에 가장 절박한 기술혁신이 무엇인지를 심층 분석하고 깊이 고민해 보지 않았기에 우리 경제가 이 지경에 빠진 것은 아닌지 의심이 간다. 서로 해석을 달리하고 문제에 대한 인식도 다르다.

또한 과학기술 정책을 보면 대부분 선진국에서 개발한 것이거나 개발을 하는 중에 있는 것이거나, 아니면 개발을 하려고 하는 것들이다. 이것은 진정한 의미에서 우리의 기술이 아니며 이를 통해서는 우리의 경제를 살리기 어렵다. 경제를 살리기 위해서는 과학기술 정책에 변화가 따라야 된다. 그리고 경제를 살리기 위한 과학기술 정책은 제품 차별화를 할 수 있는 한국적인 기술정책이라야 한다.

오늘날은 과학기술이 경제 전쟁의 무기이기 때문에 선진국은 새로운 기술을 타국에 이전하려고 하지 않는다. 그러니까 낡은 기술만 이전하는 데도 이전에 따른 로열티를 턱없이 많이 요구하고 있다. 물론 자체 개발보다는 이미 개발되어 있는 기술을 제휴하여 도입하는 것이 쉽고 반짝하는 효과도 있기는 하다.

선진국들은 자기 나라에서 이미 불필요한 기술이라면 버려야 되는데도 불구하고 그것을 타국에 팔고 있는 실정이다. 그렇기 때문에 기술이전을 받는 나라가 이런 방법을 계속한다면 그해 그해는 미봉책으로 기업의 부도를 막을 수 있을는지는 모르나 발전된 미래를 기대하기는 어렵다. 결국에는 중기 대책을 세우지 못하여 항상 돈을 주고 구걸하는 입장이나 다름없는 처지에 놓이게 될 것이 분명하다. 그러므로 만약 과학기술을 이런 식으로 받아들이게 되면 경제를 살리기는 매우 어려울 수밖에 없다.

우리는 이러한 사실을 깊이 인식할 필요가 있다. 그리하여 오늘날 기술패권주의가 팽배한 국제경쟁에서 우리가 살아남고 과학 기술자들이 즐거운 마음으로 혼과 생명을 다하여 연구개발에 매진할 수 있도록 주변 여건과 환경을 개선해 나가야 한다.

지금까지는 지적 에너지와 풍부하고 값싼 노동력만 통합하면 되었다. 우리는 그간 일본이 이룩한 성과나 미국 기업의 경영방식, 서구의 교육제도 등을 모방하면서도 어느 정도는 발전을 할 수 있었던 것이 사실이다.

그러나 앞으로는 이러한 구태의연한 자세로는 기업이든, 나라든 올바로 지탱하기가 어렵게 될 것이다. 그렇기 때문에 이제부터 우리는 이런 문제점을 정확하게 알고, 스스로 방향을 결정하고 교육정책과 과학기술 혁신 정책을 하루빨리 수립해야 한다. 기업도 독자적인 스타일로 기술에서 홀로서기 경영을 해야 한다. 이를 위해 우리 모두가 참되고, 생각하고, 부지런한 사람들로 새롭게 태어나야 한다.

2-2. 기술도입비를 국내에 투자하라

1991년도 국내 전자업체들이 해외에서 도입한 기술 가운데 가전 분야는 1990년도보다 3배나 증가했다. 기술도입료가 1백만 달러 이상인 것도 많다. 그리고 1백만 달러 이상 거액의 기술을 도입한 업체는 14개 업체나 된다. 여기에다 중복으로 투자한 사례가 많은 것도 문제점으로 지적되고 있다. 특히 국내 업체들은 신규 사업에 소요되는 기술을 자체 개발보다는 기술도입에 의존하고 있어 큰 문제로 지적되고 있다.

또한 지적 재산권 분야에 대한 UR의 파도도 밀려오고 있다. 이 제도는 특허, 상표 등, 지적 재산권을 침해한 물품에 대해서는 세관에서 압수한 후, 고발토록 하고 있다. 특허, 상표뿐 아니라 다른 지적 재산권을 침해했다는 의심을 받는 물품도 세관에서 압류할 수 있도록 허용하고 있다. 앞으로 이 지적 재산권 분야가 국내 산업에 크게 영향을 미칠 것은 분명한 사실이다.

우리의 지식층은 그동안 무엇을 했는지 모두들 자성해야 한다. 일본은 세계시장을 분할 지배하고 동맹관계를 활성화하는 정책으로 환경변화에 민첩하게 대응하고, 차세대 신제품을 공동 개발하여 기술마찰을 피하는 전략을 추진하고 있다고 한다. 일본의 국내 기업은 미국이나 독일과 같은 국가들과 기술제휴를 하고 있는데, 왜 우리 기업들은 굳이 일본과의 기술제휴에만 주로 관심을 갖는지 이해가 가지 않는다.

기술제휴는 본래 기술의 창시국과 제휴를 하는 것이 원칙이다. 그런데 우리는 일본이 미국과의 기술제휴를 통해서 전수받은 기술을 다시 전수받고 있는데, 이렇게 되면 결국 일본은 무상으로 기술을 도입하는 꼴이며 일본과 미국 간의 기술제휴 비용을 우리가 무는 꼴이 된다. 그리고 일본은 기술의 창시국이 아니기 때문에 기술을 제대로 이전받을 수가 없다.

27년간 일본과의 무역수지에 의해 누적된 우리의 적자는 무려 661억 불이나 되는데 이 액수는 상상하기도 어려운 큰 수치이다. 어디 이것뿐인가! 기술도입을 위한 라이선스 계약 시, 기술의 사용 범위를 명확히 규정해야 하는데 이것도 허술하기 짝이 없다. 기술료에 비해 기술 자료를 제대로 받지 못하는 경우도 허다한 것이 그것을 증명해 주고 있다. 기술사용 범위를 명확하게 정하지 않고 이곳저곳에 기술을 활용하게 되면 영업비밀 보호제도에 의하여 침해를 받을 수도 있다. 이 밖에 특허보호 기간이 15년에서 20년으로 늘어나면서 아직 기술력이 부족한 우리의 경우는 기술제휴료가 국내 업체에 큰 타격을 입힐 것은 분명한 사실이다.

물밀듯이 밀려오는 파고에 못 이겨 보호조치 입법을 추진한다는 것은 너무 늦었다. 어쩔 수 없이 기술제휴의 필요성이 요구된다면 일본만은 피해야 한다. 왜냐하면 일본은 생산 기술밖에 없기 때문이다. 지금은 생산 기술을 전수받기 위해서 기술제휴를 할 시기가 지난 지 이미 오래다. 종래의 의식으로 리스크가 많다고 기술을 제휴하는 것은 절대로 배제해야 한다. 지금쯤은 우리도 소프트웨어를 해외에 판매할 정도의 위치에 있었어야만 마땅하다.

한편, 특허청은 특허의 출원에서 등록까지 현재 약 2~3년이 소요되는 기간을 1~1.5년으로 단축해야 국제경쟁에서 이길 수 있다고 생각한다. 특허를 출원하고 2~3년을 기다리게 되면 2~3년 후는 부가가치가 없는 경우도 있어, 국제경쟁력이 약화될 수밖에 없다.

우리도 이제는 이러한 제반 여건을 개선하고 기술도입보다는 우리 고유의 기술을 많이 자체 개발하는 데 힘을 쏟아야 한다. 기술도입비를 국내에 투자하게 됨으로써 그만큼 우리의 기술 향상이 급진전할 수가 있다. 그렇게 되면 머지않아 우리 과학자가 노벨상을 받을 날도 올 수 있을 것이다.

공기방울 세탁기는 해외에서 발명특허를 취득했다. 국내 세탁기론 처음으로, 세계 최초로 개발한 공기방울 세탁기가 국내보다 해외에서 첫 특허를 취득하게 되었던 것이다. 공기방울 세탁기의 특허 등록을 우리나라를 포함하여 대만, 미국 등, 15개국에 특허를 출원한 결과 우선 대만에서 첫 등록이 이뤄졌다.

대만 경제부 중앙 표준국에 「발명특허 제55015호」로 등록된 공기방울 세탁기의 특허 등록 부분은 공기방울을 이용한 세탁 방법을 비롯하여, 이를 이용한 상품화 기술과 공기방울 펌프제어 신호처리 장치 등 공기방울 세탁기 관련 19개 항목이다. 특허 취득으로 대만 내에서 오는 2007년까지 15년간 이들 기술에 대한 독점권을 인정받게 되었다. 특히 공기방울 세탁기의 특허 등록 사항은 펄세이트 방식 세탁기는 물론 드럼식 세탁기에까지 적용이 인정돼, 대만의 세탁기 제조업체들은 전 세계에서 사용되고 있는 모든 종류의 세탁기에 공기방울 세탁 방식을 무단으로 적용할 수 없게 된다. 대만 내 기업들이 공기방울 세탁기 관련 특허의 사용을 원할 경우에 특허 실시권(License)을 허여하는 등, 앞으로 특허 등록 지역에서 현지 업체들의 요청이 있을 경우 기술이전을 실시키로 했다.

외국에서 기술을 도입하면 그 나라를 뒤따라가는 데에 급급하게 되므로 아무리 노력을 해도 기껏해야 선진국 제품과 같은 수준에 머물게 되어 뒤늦게 그런 제품을 만들어 수출해 본들 무역적자 폭만 커질 뿐이라는 것이 평소 나의 지론이다. 그러기에 완전히 새로운 시도를 해야 한다. 기술의 개혁을 통하여 기술에 있어서 홀로서기를 이룩해야 한다. 외국과의 기술제휴를 하면 제품생산이 빠른 것은 사실이지만 그 대신에 과학기술은 발달하기가 어렵다. 과학기술은 결과보다는 과정이 중요하기 때문에 설령 과학기술을 연구하다가 실패를 한다고 하더라도 그것은 앞으로의 연구에 밑거름이 될 수가 있다. 그러므로 기술제휴료로 지불하는 비용을 국내에 투자하는 것이 절실히 요구된다고 하겠다.

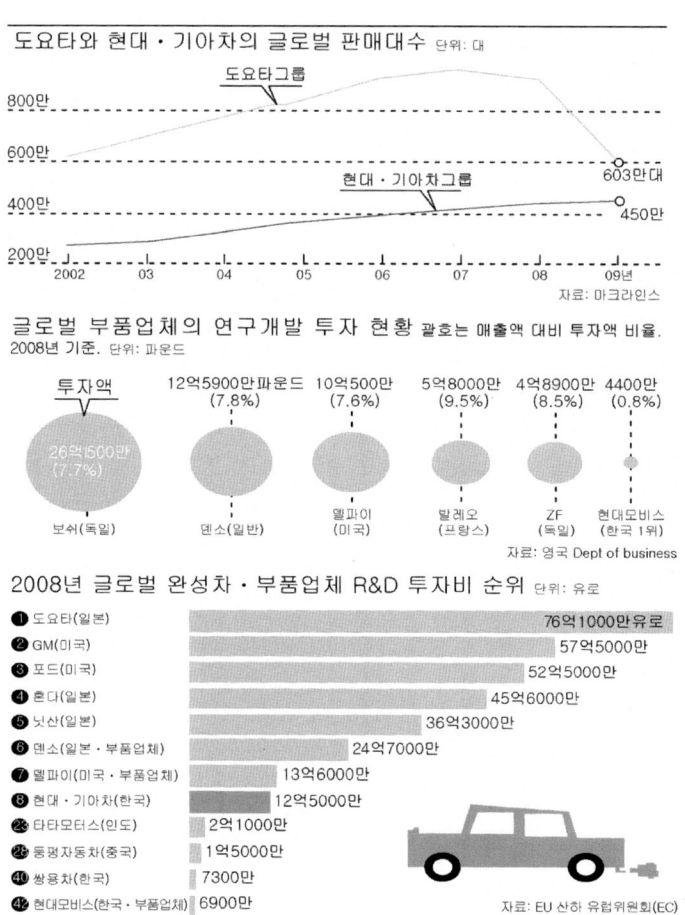

<그림 2-2> 부품업체 R&D 투자비

2-3. 수평적 조직, 다이아몬드 조직으로 하라

어느 일본 회사의 경우, 상무 이상의 중역들이 모여 경영 전략을
다루는 회의가 있다. 그런데 바로 이 상무회가 비판의 대상이 되고
있다. 하는 일 없이 시간만 축낸다는 것이 비판의 요지이다. 그 회의

는 침묵으로 일관되거나 사장의 훈시하는 조의 얘기만 되풀이되기 때문이다. 이런 비판의 소리를 받아들여 상무회를 폐지해 버렸다. 그 대신 개별 과제는 각 해당 부문에서 논의하도록 바꿨다. 다른 어떤 회사는 상무회의를 프리토킹형과 구체안건 심의형으로 2분화시켰다. 이것은 대기업병 예방을 위한 일본 기업들의 새로운 시도이다.

현실에 안주하려는 타성을 없애기 위해 소니사는 조직개편을 자주 하여 인사이동이 빈번하게 이뤄지고 있다. 소니사는 조직에 활력을 불어넣기 위해 옐로우페이퍼 제도를 쓰기도 한다. 긴장을 하지 않으면 어느 날 각 부서장 앞으로 옐로우페이퍼를 보내 깜짝 놀라게 한다.

어떤 회사는 관료화 병을 차단하기 위해 상사나 부하를 막론하고 전 사원의 호칭에 「씨」 자 붙이기 운동을 하고 있다. 또 다른 회사는 연공 서열제를 타파할 것을 주장한다. 그렇게 하면 책임의식의 강화, 스카우트 풍토 조성, 임금과 능력의 불균형 해소 등의 장점이 있다고 보기 때문이다. 와세다 대학의 한 교수는 기업이 잘 돌아가면 문제가 없지만 경기위축이나 수출이 안 되면 제일 먼저 연공 서열제부터 무너질 수밖에 없다고 진단하기도 한다.

이에 비해 우리 기업들은 주로 관리 혁명운동을 벌이고 있는데 이는 관리부문의 개선을 꾀하기 위한 것이 주된 취지이다. 그들은 의식개혁과 사무혁신을 통하여 활기찬 기업풍토를 조성하고, 모두가 주인의식을 가지고 아주 사소한 부분에서부터 낭비요소들을 찾아내는 데 주력을 한다. 이것은 궁극적으로 보다 큰 개선으로 연결시키기 위해서 내부 체질을 개혁하려는 것으로서 기업의 생존 차원에서의 혁신운동이라고 할 수 있다.

기업 경영에서 인사정책은 대단히 중요하다. 그럼에도 불구하고 우리 기업들은 인사부문을 상당히 소홀히 하는 것 같다. 업무의 실적을 면밀히 평가하지도 않고, 사람의 능력을 평가하는 것도 아니며, 그렇다고 사람의 태도를 평가하는 일도 드물다. 다만 일시적인 느낌을 가지고 재단하는 주먹구구식 평가가 주류를 이루는 듯하다. 그러나 이는 시정이 되어야 할 요인 중의 하나이다. 왜냐하면 기업의 성패와 장래는 결국 사람에 의해 결정되기 때문이다.

인사관리 가운데 패자 부활식이라는 것이 있다. 이것은 한 번 실수했다 해서 호된 징계를 주는 대신 다시 만회할 기회를 주자는 제도이다. 패자 부활식 인사관리 제도에는 가점주의제가 전제되고 있다. 즉 승진·승급 시, 장점이나 특색이 있으면 우선 반영시키고 그 반면에 결점은 가점에서 제외시킨다. 이 방법은 한 조직인으로서 개별성을 최대한으로 존중하여 조직에 활력을 주려는 의도에서 고안된 것이다.

이와는 다른 방법으로서 캐치업 제도라는 것이 있다. 이 제도는 직급별로 의무 재임기간을 두는 것이 특징이다. 즉 주임은 2년, 과장은 3년 동안 그 직급에 머물러 있어야 한다. 이것은 재임기간 동안 소신을 가지고 일을 추진할 수 있는 장점이 있는 반면에 임기가 보장됨으로써 자칫 안일한 근무 자세에 빠질 수도 있다는 단점이 있다.

또 어떤 회사는 실패 가점주의를 택하기도 한다. 이 방법의 특징은 만약 실적이 나쁠 경우에 그 원인을 분석한다는 점이다. 이를 통해서 목표량을 다른 사람보다 너무 많이 잡았는지, 어려운 과제에 도전했는지를 가린다. 이는 결과뿐 아니라, 그 과정까지를 인사고과에 반영하기 위한 것이다. 기업이 크게 성공하려면 무엇보다 실패를 두려워하지 않는 기업 경영을 해야 한다. 실패를 두려워하는 기업 경영은 과정을 무시하고 결과만을 중시하는 인사정책으로 흐르기 때문에 무사안일 의식을 조장할 수가 있다. 이를 방지하기 위해서는 프로젝트 팀을 구성하고 팀원에게 목표량을 주어 어려운 과제인가, 그렇지 않은가를 따지고, 어떠한 과정에 의하여 창의성을 발휘했는지, 또 어떤 노력과 기술력을 발휘했는지, 그에 따른 효과는 어느 정도인지를 살펴서 결과뿐만 아니라, 그 과정까지도 인사고과에 반영해야 한다.

우리의 기업들은 상당히 소극적 사고에 젖어 있다. 이러한 의식을 적극적인 사고로 전환하여야 창의성이 발휘될 수 있으며 그 바탕 위에서 과학기술의 발전도 가능하게 된다. 언젠가 미국의 피터 드러거 교수는 한국인도 이제 일을 멋지고 현명하게 하는 방법을 배울 필요가 있다고 말한 바 있다. 우리나라 사람들이 일을 멋지고 현명하게 하는 방법을 강구하기 위해서는 일본에 대한 매력을 버리고 연구개발 부문을 다이아몬드 조직으로 바꾸고 마케팅부문, 생산부문, 관리부문은 수평적인 조직으로 대체해야 한다. 다이아몬드 조직이란 허리부분이 가장 두꺼운 조직 형태를 말한다. 즉 사원 및 연구원 중심에서 대리 및 주임 연구원이 주축이 되어 허리부문 역할을 하는 것을 의미한다. 따라서 허리부분에 인원도 가장 많아야 되고 튼튼해야 한다.

여기서 튼튼하다는 의미는 하드웨어식 방식이 아닌 소프트웨어식 방식의 지식을 갖추고 있는 사원이 많아야 한다는 것을 말한다. 실무의 일은 대개 여기서 이루어지는데 우리의 경우, 이들은 항상 경험부족에서 시행착오, 의사결정을 못하고 우왕좌왕하는 예가 허다하다. 이런 시행착오, 의사결정의 미비를 그 위의 사원인 과장, 선임 연구원이 풍부한 경험과 접목을 시켜 혁신적 사고에 의한 창의력을 발휘해야 한다.

조직은 우리가 생각하는 것보다 훨씬 더 많은 변화를 받아들일 수 있다고 보아 막연한 자리바꿈이나 빈번한 인사이동을 해도 상관이 없다고 생각하는 것은 상당히 위험한 발상이다. 우리의 경우에 해마다 연초나 연말이 되면 의례적으로 인사이동이 단행되는데, 이는 편의적인 하드웨어식 평가에서 나온 것이 아닌가 하는 의구심이 든다.

거대 그룹 조직으론 경영혁신에 한계가 있기 때문에 민첩하고 창의성을 갖춘 기업으로 전환하는 것이 바람직하다고 미국의 톰 피터스 박사는 말한다. 그러나 소그룹이든, 거대한 그룹이든, 조직과는 무관해야 한다. 조직이란 지식과 경험을 접목하여 프로젝트를 수행하는 팀이 되어야 한다. 이런 조직은 곧 수평적 사고로 이루어지는 수평적 조직이다. 거대 그룹 조직으론 경영혁신에 한계가 있다고 하는 것은 군대식 피라미드 조직의 경우에 해당한다. 이러한 조직은 생산능률, 경영혁신에서 뒤떨어지기 때문이다. 경영혁신을 가져오기 위해서는 무엇보다 기업과 정부에서 조직보다는 과학기술과 인재양성에 좀 더 과감한 시책을 펼칠 필요가 있다. 과학기술자에게 있어서 가장 필요한 것은 창의력과 혁신적인 사고이다. 제품을 연구 개발하는 과정에서 당면하게 되는 문제들이 많기 때문이다.

그래서 조직 내에서 창의력과 혁신적 사고를 발휘해야 하는데, 이를 위해서 최소 단위의 인원을 고참사원보다는 신참사원이 적절히 배분되도록 구성해야 한다. 일례를 든다면 5명의 인원이 구성된 최소 단위의 팀이라면 2명은 고참사원으로 하고 3명은 신참사원으로 구성하여야 팀이 창의력을 발휘할 수가 있다. 고참사원은 기술적 사항이든 일반적 사항이든, 그 분야에 따른 지식과 경험을 총합하는 능력이 많다. 지식과 경험의 총합이란 찬성하는 사람의 수와 관련된 것도 아니고 고참의 의견을 더 많이 반영하는 것을 말하는 것도 아니다.

단지, 과학기술의 최적화에 최대 목표를 둔 총합이라야 한다. 그러므로 고참사원의 경험과 신참사원의 지식을 잘 조화시킬 필요가 있는 것이다. 신참사원이 경험을 습득하기 위해서는 오랜 기간 동안 시행착오를 겪고 수많은 투자를 해야 된다는 편견은 빨리 바뀌어야 한다. 만약 신참사원이 수년 동안 하는 일마다 시행착오를 범한다면 나중에는 매사에 소신이 없어지고, 수년 전에 배운 지식마저도 자신이 없어진다. 젊음의 열정으로 시간 가는 줄 모르고, 자신의 지식을 정열로 쏟아부을 때에 신참의 값이 있는 법이다. 이를 위해서 고참사원은 신참사원이 범하기 쉬운 시행착오를 줄일 수 있도록 사전에 많은 조언을 해야 한다. 그래서 지식과 경험의 총합을 이룩할 수 있는 수평적 조직과 다이아몬드 조직이 바람직스럽다는 것이다.

2-4. 인재를 발굴하여 재배치시켜라

최근에는 실적에 따라 호봉을 몇 단계씩 뛰어넘는 제도가 늘어나고 있어 젊은 사원, 패기 있는 사원은 이 제도를 좋아한다. 각급별로 1년을 단축하는 특진과 1호봉을 더 주는 특진도 있다. 2년을 건너뛰는 점프제도가 있는 회사도 있다. 또한 앞으로는 프로젝트별로 연봉제를 도입하는 기업도 점차 늘어날 것으로 보인다. 이 모든 기업들이 벌이는 나름대로의 제도는 현실에서 만족이나 안주를 거부하기 때문에 가능하다. 세계가 빠르게 달라지고 있는데 기업이 변하지 않는다면 성장할 수가 없다. 무언가 새로운 일을 하지 않으면 불안한 처지가 되어야 한다. 모든 기업들이 다 그런 속성을 갖고 있어야 하고, 또 갖기를 원해야 한다.

우리 사회는 지금 고생을 모르고, 자란 젊은 세대들의 진출로 그 분위기가 크게 달라지고 있다. 산업계에서는 창업 세대들이 사라지고 창업주와 동년배의 경영진들도 사라지고, 새로운 경영자들이 부상하고 있다. 내수 부진으로 재고는 쌓이고, 국제 무역수지의 적자폭은 날로 늘어나며 수출마저 점점 어려워지고 있다. 이런 때에 기업들이 구조 개선에 둔감하면 어려움에 봉착할 것은 불을 보듯 뻔하다.

업무량은 같은데 다른 프로젝트 팀보다 인원이 많으면 실적 분석에서 저조한 결과가 나올 것은 자명하다. 실적이 좋은 프로젝트 팀에는 메리트를 부여해야 한다. 프로젝트 팀별 실적을 분석, 팀장과 팀원 등, 프로젝트 팀원 개개인의 실적을 분석하되 프로젝트 팀 분석의 실적을 최우선적으로 한다. 승진의 기준인 평가 점수를 본인이 판단할 수 있도록 하여 다음에 몇 점을 더 받아야만 승진할 수 있는가를 알게 한다. 이렇게 하면 처음에는 불만 계층도 있지만, 전 사원을 활성화시키는 장점이 있는가 하면 프로젝트의 성공률도 대단히 높아진다.

주먹구구식으로 한다든지, 혈연이나 학연, 지연 등, 과거의 부조리한 사고방식에 의한 편애적인 실적 평가는 기업과 전 사원을 멸망하게 만드는 지름길이다. 컴퓨터 프로그램에 사원의 실적을 그때그때 입력하고 월별, 분기별, 프로젝트별 실적 평가를 하여 전 사원들에게 회람시킨다. 이를 통해서 개개인의 미진한 부문, 프로젝트 팀이 보완할 부문을 사전에 예고하여 사후 대책 업무에서 사전 예방 중심 업무로 전환할 수 있는 과감한 인사정책이 요구된다. 이렇게 되면 철저한 실적 분석으로 개개인의 능력이 분명히 드러나고, 그에 따라 창의적 사고를 발휘할 수 있는 기회도 늘어나게 된다. 그러면 인재를 재발굴하고, 일을 수행하는 능력을 키워 재발굴된 인재들을 재배치시킴으로써 기술 향상은 물론 작업 능률도 높일 수 있다.

2-5. 지식과 경험을 접목시켜라

이제 분석의 혁명시대가 도래하였다. 분석이라 하면 으레 남의 것을 분석하는 것으로 잘못 알고 있는 경우가 많은데 남의 것을 분석하는 것보다는 오히려 자기 것을 분석하는 게 백배 더 낫다. 분석에는 상황분석, 원인분석, 잠재분석, 결정분석 등 4종류가 있다.

상황분석이란 「중요 과제가 무엇이냐」, 「우선순위가 무엇이냐」, 「무슨 근거냐」에 따라 조사하거나 또는 실시한다는 것이다. 원인을 규명하는 원인분석이 있는가 하면, 잠재되어 있는 리스크가 무엇이냐, 리스크 제거 방법은 무엇이냐에 따라 리스크 대책을 세운다는 잠재분석이 있다. 그리고 최적안을 결정하는 결정분석이 있다.

창의적인 사고력 없이 분석하는 것은 의미가 없다. 대개의 한국인은 급한 성격 때문에 분석의 과정보다는 분석의 결과를 중요시하는데 이렇게 되면 국제경쟁력이 떨어지게 된다. 미국 통계 자료의 결과라든지, 일본 통계 자료의 결과, 또는 독일 통계 자료의 결과를 우리 실정하고는 상관없이 무리하게 결부시켜 우리도 그 나라의 결과대로 해야 되지 않겠느냐는 주장을 하는 사람이 적지 않다.

외국의 어떤 회사는 직원 채용 때 학교 성적보다는 패기 있고 도전적인 젊은이를 선호하는가 하면 창조, 도전, 커뮤니케이션의 영문 머리글자를 따 3C라는 슬로건을 내걸고 능력과 실적이 경력보다 우선하는 풍토를 조성하는 회사도 있다. 이런 취지에서 채용된 젊은이들은 술자리에서는 상사와 회사에 대한 비판을 마구 쏟아 놓기도 한다. 상사들은 고개를 끄덕이며 이런 투정을 받아 준다. 그러다가 끝날 무렵이면 서로 미안하다며 내일은 더 잘해 보자고 손을 잡는다는 회사도 있다. 「아침에 거울을 보고 오늘도 힘껏 뛰겠다고 다짐하는 사원이 많으면 좋은 회사」라고 하는 회사가 있는가 하면, 「사원들이 속마음을 터놓고 얘기할 수 있게 돼 기쁘다」, 「맥주는 마음의 창을 열게 하는 도구다」라고 하는 회사도 있다. 또한 저성장 시대, 특히 경기 위축기일수록 개성파 사원이 필요하다는 의식으로 전환하는 회사도 있다고 한다. 불황기라 해서 무조건 인원 삭감부터 하는 피상적인 경비 절감책은 회사 전체의 사기를 떨어뜨리기 때문에 그보다는 개성 있는 사원을 길러 고객 만족뿐만 아니라 사원의 만족도를 높이는 경영전략이 더 바람직스럽다는 말도 있다.

이처럼 여러 회사들은 각기 그 나름대로 경영혁신을 위해 문제를 분석하고 개선책을 마련하고 있다. 그러나 우리는 외국의 굴지 회사의 정책을 무분별하게 따라가는 것을 이제는 지양해야 한다. 그보다 자기의 위치를 분석하여 목표를 정하고 그 목표에 따라 일을 추진하며 매진해 나가야만 한다. 우리도 이런 자세로 전환할 때가 되었다. 그래서 분석의 혁명시대가 도래했다고 하는 것이다.

능력이라 함은 지식, 기능, 태도를 의미한다. 지식이란 개념화의 혁신이라고도 한다. 사치와 허례허식을 모르고 수입품을 좋아하지 않으며 국가를 위한 애국심이 어느 누구보다도 큰 것을 의미하기도 한다. 또한 나빠 보인다고 무작정 싫어하지 않고, 좋아 보인다고 무작정 좋아하지 않으며, 무엇이든 개선하려고 하는 의지를 담고 있는 것이 지식이다. 그렇게 되기 위해서는 남다른 생각을 해야 하고 항상 책을 가까이해야 한다. 익은 벼일수록 머리를 숙인다고 하듯이……

기능 측면에서는 문제 해결력과 의사 결정력이 있다. 연구원, 사원급은 실무 능력이 큰 반면 개념화 능력은 적고 대인관계 능력은 중간이다. 주임 연구원, 선임 연구원, 대리, 과장급은 실무 능력은 중간, 개념화 능력도 중간, 대인 관계 능력도 중간이다. 그리고 책임 연구원, 수석 연구원, 차장, 부장급은 실무 능력은 적고 개념화 능력은 크며 대인 관계 능력은 중간이다.

사전에 준비가 미비한 상태로 추진하는 자세, 졸부들의 행동과 비슷한 태도, 사전에 개념의 결정을 내리지 않고, 사원이 결과를 보고하면, 「잘했지」, 「잘되었지」의 문답으로 결재하는 버릇, 결재판을 들고 다니면서 결재를 받는 버릇은 벌써 오래전에 버렸어야 할 태도이다.

기술 혁신의 분위기를 조성하는 주축은 대개 대리가 맡고, 주임급은 프로젝트 매니저가 되는 것이 오늘날의 추세이다. 항상 자기가 하고 있는 일, 하려고 하는 일을 어떤 이론의 바탕에서 어떻게 풀 것이냐를 고민해야 한다. 이러한 추세는 일에 대한 수행이 스타 플레이에서 팀플레이 중심으로 바뀌어야 한다는 것을 의미한다. 스타 플레이라는 것은 그 사람이 아니면 안 된다는 것이고 간판스타, 일류학교 출신자, 낙하산 인사, 친인척, 막강한 힘을 가진 사람이 중요한 일에 대하여 통반장을 다 하는 것을 말한다.

그러나 이제는 편애적·편파적·왜곡적 스포트 평가에서 프로젝트 실적, 능력 평가로 바뀌어야 한다. 그리고 케케묵은 고정관념, 시대의 흐름에 역행하는 고정관념, 자기 위주의 고정관념에서 자기의 가슴속, 우리의 생명, 우리의 세계, 우리의 독창성이 담긴 창의를 더 사랑하는 의식으로 나가야 한다.

옛날의 때를 벗지 못하고, 항상 과거의 경험만을 고집하는 보수성과 모든 것을 자기 위주로 해석하여 거기에 맞지 않으면 안 된다는 배타적인 의식에서 새로운 아이디어를 적극적으로 수용하는 진취적인 의식으로 전환되어야 한다.

책상 앞에 앉아 자료, 문서, 계산서 등을 손으로 정리하고, 일반적인 컴퓨터로 입력하는 것만 출력이 되는 데스크 워크에서 사무 자동화 프로그램이 내장된 사무 자동화 프로그래밍 워크로 전환되어야 한다.

투자를 적게 하면 책임을 적게 진다는 사고방식으로 몸을 사리는 의식에서 창의적으로 자체 개발의 리스크를 지는 의식으로 나가야 한다.

사원이 더러 실패할 수도 있다는 것을 감안하여 실패한 사람에게도 창의적 노력도에 따라 상을 주는 풍토가 조성되게 하고, 기술개발을 하다가 비록 실패했다고 하더라도 그 투자는 다음 연구에 중요한 밑거름이 되므로 버리더라도 국내에 버리는 의식이 절실히 요구된다.

한 다발의 결재판을 들고 다니며, 구두로 다시 보고해야 결재를 얻는 고정된 생산 시스템이 아니고, 구두 보고 없이 스스로 익히고 확실히 결재하는 방법 등 유연성 있는 생산 시스템화를 위한 과감한 투자와 그러한 생산 시스템의 도입이 적극 수용되어야 한다. 또한 젊을 때는 힘 안 들이며 일하고, 늙어서는 힘들이며 일하겠다는 지하도를 선호하는 의식에서, 젊을 때는 힘들이며 일하고, 늙어서는 힘 안 들이겠다는 육교를 선호하는 의식으로 바뀌어야 한다.

다수인들 속에 묻혀 하루하루 일하고, 생활하는 것에서 맨투맨식 산 교육으로 의식이 전환되어야 하고, 또 그렇게 해야 한다.

과거에는 모든 일을 처리할 때, 주로 사후 대책 중심으로 했지만, 오늘날에는 모든 일을 처리할 때, 주로 사전 예방 중심으로 처리해야 한다. 예컨대 커닝하는 학생의 잘못을 처벌하는 식의 사후 대책 중심에서, 감독하는 선생의 잘못을 처벌하는 식인 사전 예방 중심으로 과감한 의식 전환이 절대적으로 요구된다 하겠다. 그래서 외국 제품을 모방한다든지, 베끼는 버릇을 가진 사원을 나무라기보다는 그것을 책임자, 경영자의 잘못이라 인식하는 것으로 바뀌어야 한다.

과거 30년간 일본과의 기술제휴는 「밑 빠진 항아리에 물 붓기」식 기술제휴였다. 일본은 한국을 잘 알고 있지만, 한국은 일본을 잘 모르고 있는 것이다. 왜 일본과의 기술제휴에 열중하는지 의문이 가지 않을 수 없다. 과거 식민지 시대에 한국에 대해 민족말살 정책을 썼듯이 그런 수법으로 일본이 한국과 기술제휴를 하고 있다는 것을 왜 모르는지 참으로 답답하다. 이제는 정말 일본에 대한 미련을 그만 떨쳐버려야 한다. 꼭 필요하다면 일본이 아닌 다른 국가와 해야 한다. 사실 따지고 보면 일본 자체의 과학기술이라고 할 만한 것이 뭐가 있는가. 아무것도 없다. 있다고 하더라도 한국보다 약간 낫다는 것에 지나지 않는다.

과학기술은 원조(과학원리, 기술원리)국과 제휴해야 제대로 받아들일 수 있다. 「밑 빠진 항아리에 물 붓기」식의 기술제휴 의식을 탈피하고 나만이 알고 있는 비법이라는 독선적인 자세를 버려야 한다. 어떤 전문적인 작업을 수행할 때, 자신의 전공 분야와 관련 있는 주변의 학문 분야에 대해서도 올바르게 이해하고 자신의 것으로 만들며, 연구개발에 의해 기술을 축적한다는 의식으로 바뀌어야 된다.

젖먹이 형태의 기술제휴 방법에서 창의적 사고에 의한 홀로서기의 기술개발 의식으로 전환되어야, 우리 경제를 살리는 과학기술이 탄생할 수 있다. 하드웨어적인 제품의 개발이나 연구개발, 기술개발 형태에서 소프트웨어적인 상품을 만든다는 의식으로 바뀌어야 한다.

기초과학을 바탕으로 첨단 세탁기를 개발했고, 이를 통해서 첨단 기술은 언제나 기초과학에서 나온다는 사실을 새삼 깨달았다. 하지만 우리나라는 기초과학의 중요성을 너무나 망각하고 있는 듯하다. 기초과학마저 암기 위주, 입시 위주의 교육으로 이루어지고 있으니 교육한 만큼 제대로 능률이 오르지 않고, 활용되지도 못하고 있다.

기초과학에 가장 쉽게 접근하는 방법은 신참사원이 가지고 있는 새로운 지식과 고참사원이 가지고 있는 경험을 접목시키는 데 있다고 생각한다. 신참사원은 사고의 폭이 좁을 수밖에 없기 때문이다. 이렇게 지식과 경험을 총합한다면, 올바른 사고력을 도출할 수 있다. 이와 같은 올바른 사고력이 창의력을 드높일 수 있는 것이다.

혁신이란 평상시보다 3배의 힘을 더 발휘함을 의미한다. 업무의 혁신을 기하기 위하여 우리는 부단히 노력했고 노력하고 있다. 언젠가 미국의 피터 드러거 교수는 한국인도 이제 일을 멋지고 현명하게 하는 방법을 배울 필요가 있다고 말한 바 있다. 일을 멋지고 현명하게 하는 방법은 조직 내에서 창의력과 혁신적 사고를 발휘해야 하는데 이를 위해서 최소 단위의 인원을 고참사원과 신참사원이 적절히 배분되도록 구성해야 한다. 일례를 든다면 5명의 인원이 구성된 최소 단위의 팀이라면 2명은 고참사원으로 하고 3명은 신참사원으로 구성하여야 팀이 창의력을 발휘할 수가 있다. 지식과 경험의 접목이란 찬성하는 사람의 수와 관련된 것도 아니고 고참의 의견을 더 많이 반영하는 것을 말하는 것도 아니다. 단지 최적화에 최대 목표를 둔 총합이라야 한다. 그러므로 고참사원의 경험과 신참사원의 지식을 잘 조화시킬 필요가 있는 것이다. 신참사원이 경험을 습득하기 위해서는 오랜 기간 동안 시행착오를 겪고 수많은 투자를 해야 된다는 편견은 빨리 바뀌어야 한다. 만약 신참사원이 수년 동안 하는 일마다 시행착오를 범한다면 나중에는 매사에 소신이 없어지고 수년 전에 배운 지식마저도 자신이 없어진다. 이를 위해서 고참사원은 신참사원이 범하기 쉬운 시행착오를 줄일 수 있도록 사전에 많은 조언을 해야 한다. 업무의 혁신을 기하기 위해서는 지식과 경험의 접목을 이룩할 수 있는 수평적 조직으로 하고 혁신의 분위기를 조성하는 주축은 대개 대리급이 맡고 과장 및 대리급은 프로젝트 매니저가 되어야 한다. 그렇게 되므로 항상 자기가 하고 있는 일, 하려고 하는 일을 어떤 이론의 바탕에서 어떻게 풀 것이냐를 고민하게 된다. 과거의 스타 플레이라는 것은 그 사람이 아니면 안 된다는 것이고 일에 대하여 과장급이 피라미드식 업무를 수행해 왔다. 지식과 경험을 접목시킨 수평적 조직은 일에 대한 수행이 스타 플레이에서 팀플레이 중심으로 바뀌는 것을 의미한다.

옛날의 때를 벗지 못하고 항상 과거의 경험만을 고집하는 보수성과 모든 것을 자기 위주로 해석하여 거기에 맞지 않으면 안 된다는 배타적인 업무에서 새로운 아이디어를 적극적으로 수용하는 진취적인 업무로 전환된다. 투자를 적게 하면 책임을 적게 진다는 사고방식으로 몸을 사리는 업무에서 창의적으로 자체 업무개발의 리스크를 지는 업무로 나가게 된다. 대리급이 한 다발의 결재판을 들고 다니며 구두로 다시 보고해야 결재를 얻는 고정된 생산시스템(Fixed Product System)이 아니고 구두보고 없이 스스로 익히고 확실히 결재하는 방법 등 유연성 생산시스템(Flexible Product System)의 도입이 적극 수용되어야 한다. 모든 일을 처리할 때 주로 사후 대책 중심에서 사전 예방 중심으로 처리된다. 그래서 외국 방식을 모방한다든지 베끼는 버릇을 가진 사원을 나무라기보다는 그것을 과장급의 잘못이라 인식하는 것으로 바뀌게 된다. 노하우란 나만이 알고 있는 비법이라는 독선적인 자세를 버리게 되고 어떤 전문적인 작업을 수행할 때 자신의 전공 분야와 관련 있는 주변의 학문분야에 대해서도 올바르게 이해하고 그것을 자신의 것으로 만드는 것을 의미한다.

기본적인 것, 기초과학에 가장 쉽게 접근하는 방법, 업무의 혁신을 기하기 위해서는 수평적 조직으로 신참사원이 가지고 있는 새로운 지식과 고참사원이 가지고 있는 경험을 접목시키는 데 있다고 생각한다. 이렇게 지식과 경험을 접목한다면 올바른 사고력으로 혁신적 업무를 도출할 수 있다. 이와 같은 올바른 사고력이 창의력을 드높일 수 있는 것이다.

출처: http://www.etnews.co.kr/news/detail.html?id=199607290018

Ⅲ.
생산과 판매의 실천전략

소시지 왕국 독일에서 커다란 소시지 회사의 사장이 된 어떤 사람은 정원에서 출발했다고 한다. 그는 어떻게 소시지를 팔 것인가 궁리에 궁리를 했다. 그런 후 그는 매일 아침 출근 시간에 맞추어 샐러리맨들이 출근하는 길목에서 경쾌한 행진곡을 연주했다. 사람들이 그 행진곡을 들으며 발을 맞추기도 하고 콧노래를 부르기도 했다. 아침부터 기분이 좋아진 사람들은 일터로 가서 전보다 긍정적인 분위기에서 힘써 일할 수 있었다. 그래서 생산력을 올리고 더 나아가 진급까지 된 사람들은 그에게 고마움을 표시했다. 그런 후, 그는 행진곡과 함께 소시지를 구웠다. 소시지 굽는 냄새가 경쾌한 행진곡의 리듬과 함께 사람들의 귀와 코를 자극했다. 사람들은 갑자기 식욕을 느꼈고 행진곡의 가락에 맞추어 소시지를 먹으러 왔다. 소시지는 날개 돋친 듯 팔렸고, 그가 나중에 소시지 회사의 사장이 되었음은 물론이다.

생산과 판매의 실천전략 또한 저 먼 곳에 있는 것은 아니다. 여기에도 발상의 전환이 필요하다. 외제에, 외국인 과학기술 잡지에 의존할 때, 아무리 잘 만들고, 아무리 많은 돈을 기술비로 투자한다 해도 2인자를 벗어날 수 없다. 우리가 아시아의 네 마리 용을 자부하면서도 웬만한 제품도 주문자 생산방식에 매달리고, 막대한 자금을 로열티로 지불하고 있는 것은 바로 생산과 판매의 실천전략에 있어, 아직 구태의연한 방법에 의존하고 있기 때문이다. 그럼 무엇이 하이테크놀로지의 상품개발을 보장하고, 이 상품을 히트상품으로 전환시키는가?

1. 하이테크놀로지 개발을 보장하는 발상전환 네 가지

1-1. 거래업체 간의 기술협력을 제고하라

우리나라의 대기업이나 중소기업체는 경쟁을 우려한 선진국 기업들로부터 많은 어려움을 겪고 있다. 가령, 기술이전의 회피, 임금의 급상승으로 인한 저임금 비교 우위의 상실, 노사활동의 확대에 따른 노사분규와 제품 불량률의 증가, 미국 등, 선진국의 압력으로 선진국 수준의 지적 소유권 제도로 인한 기술확보에 커다란 제약, 유통시장 개방으로 인한 경쟁의 치열, 오래된 외국 제품의 저가 공세, 기존제품의 보급률 포화로 인한 수요의 정체 분위기 등에서 그렇다. 그러므로 기업별, 주력 제품을 개발하지 못하고, 새로운 제품으로 수요를 창출하지 못하는 한, 질과 양적인 면에서 판매의 부진을 면치 못할 전망이다. 또한 동남아 지역의 저가 공세도 국내 기업을 위축시키고 있으며 우리 제품에 대한 반덤핑 시비를 계속 일으키게 한다. 공장 자동화의 도입 목적은 노사활동의 확대에 따른 노사 분규에 대처한다는 측면도 없지 않지만, 결과적으로는 효과 측면에서도 공장 자동화 이후, 원가절감 50%, 제품의 규격화 23%, 불량률 감소 12%, 작업환경 개선 9%, 기타 6%라는 개선 효과를 거둔 것으로 평가된다. 공장 자동화의 도입 목적은 궁극적으로 품질향상을 최우선으로 하여 고품질화를 추구하는 데 있어야 되고, 그 효과는 불량률을 제로화하는 것으로 나타나야 한다. 이러한 효과를 거두지 못하면 공장 자동화의 의미가 감소된다. 오늘날 어려운 상황 변화에 대처할 국내 산업의 기술자립 기반을 강화해야 할 필요성이 중요한 과제로 대두되었다. 특히 기업의 기술과 기술인력이 부족한 현실에서 기업 간의 공동 연구개발은 필연적으로 요구된다. 우리나라의 부품과 제품들이 임금의 상승으로 부가가치가 없다고, 동남아 지역이나 동구권 지역에 현지 공장을 설립하는 경향이 차츰 늘어나고 있다. 해외 진출을 위하여 해외 현지 공장을 설립하는 것까지는 찬성할 만하다.

그러나 기술관계에 있어서는 잘못하는 점이 없지 않는 것 같다. 몇 가지 예를 들어 보면, 아마 수긍이 갈 것이라고 생각한다. 어느 중소기업은 한국 내의 부품공장이 부가가치가 없다고 한국 내의 부품공장의 규모를 축소하였고 향후로도 계속 축소한다고 한다. 해외의 현지 공장은 최신의 설비를 갖춘 깨끗한 공장이고, 인건비도 상당히 싼 편이다. 이에 비해 국내의 부품공장은 해외의 현지 공장보다 10년 이상 뒤져 있는 실정이다. 이를 보완하기 위해서 국내의 부품공장에서는 해외의 현지 공장보다 부가가치를 높여야 한다. 다시 말해서 부품 중에서 핵심부품은 국내의 부품공장에서 생산함으로써 해외의 현지 공장을 컨트롤할 수 있어야 한다. 즉 국내의 부품공장에서 부품을 공급해 주지 않으면 해외의 현지 공장이 가동되지 않게 하고, 국내의 부품공장에서 영업기밀 보호정책을 펴서 핵심부품이나 그 부품이 가지고 있는 가장 중요한 핵심 기술을 내놓지 않고, 계속 유지·보완해 가야 한다.

핵심부품이나 그 부품이 가지고 있는 가장 중요한 핵심 기술을 내놓지 않았을 때도 동남아 지역이나 동구권 지역, 남미 지역의 국가들이 터득할 경우에는 자기의 핵심부품이나 중요한 핵심 기술을 전환시켜 나가면서 글로벌 기업체는 지속적으로 국내의 기업이 가져야 한다. 핵심부품이나 그 부품이 가지고 있는 가장 중요한 핵심 기술은 한국의 기술 기준이 아니고 동남아 지역, 동구권 지역, 남미 지역 국가의 기술 기준을 의미하기 때문에 국내의 기술자가 보면 보편적이고 일반적인 기술이라 할지라도 그 나라에서는 수준 높은 기술 수준인 것이 많다.

우리가 30년 이상 터득한 기술을 너무 쉽게 외국의 기업체에 무상으로 넘겨주는 것은 큰 문제점이라고 생각된다. 비록 우리가 생각하기에 하찮은 기술이라 할지라도 외국에 무분별하게 이전하는 일은 없어야 된다. 옷을 한 가지씩 벗어 가다 보면 나중에는 결국 벌거벗을 수밖에 없다. 벌거벗으면 알몸으로 나앉게 된다. 우리 스스로를 너무 과소평가할 필요는 없다. 그렇다고 해서 외국인이 알아주지는 않는다. 과거 30여 년간 허리띠를 졸라매고 배운 기술을 하루아침에 전부 이전해 주면 우리는 어떻게 되는가? 기술발전의 목적 이외에 투자를 하는 기업에 대해서는 은행에서 재정적 지원을 하지 말아야 한다.

과거 1960~1970년대에 경험한 시행착오는 쉽게 넘어갈 수 있었지만 90년대 이후의 급변기에 있어서는 순간적인 실수를 회복하기가 몇 배 힘이 든다는 것을 명심해야 한다. 우리에게는 앞으로 1~2년 내에 Market share를 어떻게 빨리 올리느냐가 큰 과제이며, 그렇게 되기 위해서는 총력을 기울여야 할 때이다. 윗사람은 근시안적인 욕심에 얽매여 대세를 읽지 못한 채, 방향 제시를 하지 못하고 아랫사람은 그들대로 무엇을 해야 할지 모르고, 우왕좌왕하게 되면 우리의 모습은 우스운 꼴이 된다.

산업고도화니, LAN 구축이니, 하는 제반 문제들이나 자동화, 정보화 또는 정보산업 등의 문제를 따지기 이전에 먼저 기초가 되어 있느냐 하는 문제가 절실하고, 현안문제를 단순화하고 신개념에 의거하여 맑은 눈으로 보는 자세가 필요하다. 공장에 자동화 설비가 들어왔다 해도 자동화 개념의 설계가 되어 있지 않으면 소용이 없다. 우리는 기초를 너무 소홀히 해 왔기 때문에 기초과학, 원리로 돌아가 기초부터 다시 다져야 한다. Project Manager는 Feature(제품의 특징, 다른 제품과의 차이점)에 대한 Engineering Layout spec(기술보고서)를 작성하고 Engineering Layout spec에 의한 Engineering Mock up(기술적 모형)을 제작해야 한다. 간단하다고 제작하지 않으면 안 된다. 문제점이 돌출하지 않도록 하고 항상 1등 상품화에 목표를 맞추어야 한다. 쉽든, 어렵든 모형을 제작하여 작업성, 생산성, 신뢰성까지 분석해야 한다.

기업이 투자비에 대하여 겁을 내서는 안 된다. 투자를 적게 하면 책임을 적게 진다는 생각은 잘못된 것이다. 투자비에 대해서 걱정하기보다는 과감하고 자신 있게 승부하겠다는 의지를 가져야 하며, 또한 문제가 발생했다고 하더라도 그 이유를 따져서 최선을 다했다고 판단되면 책임을 묻지 말아야 한다.

Engineering Mock up을 분석하여 Layout spec을 보완하고, Industrial Design(산업 디자인)으로 연결해야 1등 상품화가 가능하다. 최근 가전기기의 부품업체와의 공동 부품개발 동향은 대용량화, 전자동화, 저소음화 등의 소비자의 사용편리성을 추구하고 있다. 제품개발과 성능향상에는 전념하는 반면, 부품기술개발이나 안정성의 확보에 있어서는 선진국에 비하여 아직도 낙후되어 있는 실정으로 고성능이면서, 고안전성을 확보하기 위한 제품의 개발과 생산을 위해서는 각 부품도 충분한 신뢰성을 확보해야 한다. 부품업체와 공동 부품개발을 위해서는 우선적으로 업체 간의 규모에 권위 의식을 없애야 되고, 동등한 위치에서 오로지 기술로만 풀어야 한다. 또한 부품업체와 부품업체 간에는 라이벌 의식을 없애고 공존의 의식으로 전환하면서 상부 상조 내지는 선의의 경쟁을 해야 한다. 협력 전개방향으로는 대기업과 중소기업 간의 협력 및 공동 연구개발의 비중을 더욱 높여 가야 한다. R&D 자원의 절약에서 시너지(synergy) 효과에 의한 기술적 잠재력을 강화해야 하는 것이다. 공동 연구개발의 필요성에서부터 R&D 자원의 절약을 통한 비용절감, 연구개발 기간 단축, 기술 취약부분 보완, 관련 기술의 강화 및 신규사업 개척, 제품의 강화, 그리고 사회적 공헌도도 고려해야 한다. 아울러 우리 기업들이 가장 취약한 기업의 기밀 유지에도 각별한 신경을 써야 한다.

문제점에 대하여 극히 민감해야 하고 여러 각도에서 Idea가 나오게 하며 분석력, 종합력을 우수하게 해야 한다. 또한 풍부한 경험, 지식을 간직하게 하고, 이미 심중에 있는 Idea의 새로운 조합을 전개해 나간다. 그리고 독창적인 기술로 세계 1등 상품을 만들어 나가야 대기업과 중소기업 간, 중소기업과 중소기업 간의 부품 연구개발 협력에 의한 기술혁신을 통해 대내외 경쟁력을 확보할 수 있다. 대기업은 공장을 한 지역에 집결시키고 중소기업은 기능별 전문화 단지로 집결시켜야 국제경쟁력에서 유리한 고지를 차지할 수 있다. 주로 기업의 내부에 있는 각 기업의 연구소는 지역의 특성을 살려 전문화 연구단지로 조성되어야 한다.

1-2. 품질을 생산하라

품질의 종류에는 설계품질, 공정품질, 필드품질 등이 있다. 품질 생산이란 「설계품질＋공정품질＋필드품질」을 삼위 일체화하는 품질을 말한다. 대부분의 사람들은 설계품질과 공정품질에서 원인 구명이 불명확한 부분에 노하우가 있다는 사실을 잘 모르는 상태에서 실시한 분석으로 대책을 세우다가 안 되니까, 우리의 기술은 이 정도밖에 안 된다고 쉽게 판단을 내리고 도중하차하는 예가 허다하다.

대개 공정작업자까지 기술이전이 잘못되었기 때문에 공정 이상 품질이 발생하게 되는 것이다. 이것은 설계자가 공정작업자인 데 비해 기술이전 방법은 일반적인 전달 방법으로 했기 때문이다. 이런 문제점을 해결하기 위해서는 공정작업자가 알 때까지 하든지, 쉽게 하든지, 체계적이고 과학적으로 하든지, 여러 가지 측면에서 고려해 볼 수 있다. 가령, 설계자를 선생에 비유하고 공정작업자를 학생이라 했을 때, 학생의 성적이 떨어지고 바른 생활이 안 될 때에는 선생에게 책임이 있는 것이기 때문에 선생 위주의 기술이전이 아니고 학생 위주의 기술전파가 이루어져야 하는 것과 같은 것이다.

어려운 기술을 쉽게 설명하고 이전한다는 것은 그리 쉽지 않은 것이 사실이나 그렇다고 너무 추상적으로 이전하게 되면 오히려 선생인 설계자가 애를 먹게 된다. 따라서 이전할 때, 확실히 해야 된다는 막연한 말만으로는 되지 않고 항상 흐르는 시냇물과 같이 기술이전도 쉼 없이 꾸준히 전파시키는 것이 가장 바람직스럽다. 설계자는 기술을 이전할 때에 어느 날 갑자기 기술 보따리를 풀지 말고, 또한 유식한 체하면서 공정작업자에게 겁을 주지 말아야 한다. 설계자는 선생답게 친절한 태도로 기술이전을 해줄 줄 알아야 한다. 새는 물을 막을 때, 안에서 막아야지 밖에서 막으려 하면 2배 이상의 힘이 필요한 것이다. 이처럼 문제의 원인을 개선하는 데 힘을 써야지 결과만을 놓고 문제를 해결하려고 급급해서는 어떤 문제도 근본적으로 해결되기는 어려운 것이다. 오늘날 우리 산업계에도 이러한 문제의식을 갖고 접근해야 할 것들이 적지 않다.

특히 최근에는 시장개방으로 수입이 격증 추세에 있고 국내 산업들은 생산활동 위축과 수익성 악화 등의 어려움을 겪고 있으며 무역수지도 다시 적자로 반전되고 있는 실정이다. 이 같은 상황 악화에도 불구하고 우리나라는 이미 지난 1988년의 IMF 8개국 가입, 1989년의 GATT 11개국 이행 등으로 농산물을 비롯하여, 상품 시장과 서비스 시장을 계속 확대해 나가야 할 입장에 처해 있다. 또 UR을 중심으로 진행된 다자간(多者間) 협상의 결과는 국내 조달시장과 유통시장의 개방을 계속 확대해야 하고, 각종 비관세 장벽 철폐와 같은 실질적인 시장개방 조치가 불가피해지고 있다. 여기에 선진국과의 기술격차 심화와 선진 기술국의 첨단기술 공여 기피, 후발개도국의 추격 등 국내 산업의 여건은 날로 악화되고 있는 것이 오늘의 현실이다. 이러한 시점에서 이제 우리나라 통상정책도 국내유치산업 보호가 아닌 산업구조 조정에 초점을 두고 대대적인 수술을 가해야 할 때가 되었다. 정부의 시장개입을 최소화하고, 민간경제 주체 간의 경쟁을 저해하는 요소를 과감히 제거함으로써 기술개발을 통한 신뢰성 및 품질향상과 국제경쟁력 강화를 적극 유도해 나가야 할 필요성이 절실하다. 우리 언론들도 이 문제에 대해서 여러 차례 강조하고 있듯이 모두가 관심을 가지고 지혜를 짜내야 한다고 생각된다.

1-3. 외제에 의존하지 말고 소프트웨어를 팔아라

고품질 다품종 소량생산 시대의 1990년대 이후에는 Layout Design,

Plant Engineering 능력이 요구되며 제품의 신뢰성, 안전성 등, 제품에 대한 책임이 더욱 커지고 설계 단계에서부터 품질 수준 향상이 크게 요구되고 있다. 제품의 Unit, 부품의 표준화, 공용화를 고려하여 부품의 종류 수를 줄여야 한다. 따라서 Total Cost 개념의 기술혁신을 이루어 연구개발 체제를 혁신하고 제조공정의 혁신, 판매망의 혁신에 힘써야 한다.

생산 System을 저해하는 부문, 설계자가 많은 부문, 신제품의 개발과 개량이 많은 부문, 설계 변경이 많은 부문은 더욱더 CAD, CAM System이 완성된 제품을 제조해야 한다. 특히, CAE, CAD, CAM System은 Symbol의 추진에 의한 Block, Insert 설계, 설계의 고품질을 위한 Simulation, 생산성 향상을 위한 CAD와 CAM 간의 도형정보 Connecting, 기존 도면의 효과적인 이용을 위한 도면관리, User의 도면 요구에 견적의 신속, 정확화, 다양한 Simulation을 통한 Optimal Design 등이 효과가 있다. 목적에 따른 소프트웨어 종류는 대단히 많은데 그중에서 몇 가지만 언급하면 기술계산, 도형, 화상처리 Simulation Software에서는 회화형 광학 CAD System, 도로교각 계산, 철교 자동설계 System, PWR 원자로 Plant 열유동 과도해석, 자동차 소음 예측 및 배기 Gas 예측, 형상, 최적설계 Soft 등이 있다.

Neural Network Software에서는 Expert System 구축 Sol., Neural 컴퓨터 Software, Neural Network 추구 Sol. 등이 있다. CAD, CAM Software에서는 PCB의 Artwork 프로그램, 3차원 Modeling 및 가공프로그램, 자재 Format, Property의 User Design 등이 있다. CAE는 종합적인 CAD/CAM/CAT System의 Flow에서 Engineering Database와 Product Management Database를 구축하며 컴퓨터에 의한 종합적인 설계, 생산 시스템이다. CAT는

검사공정에서 컴퓨터의 관리하에 검사용 기계를 작동시키는 검사의 자동화다. CAD/CAM/CAT를 실현할 때, 가장 중요한 역할을 하는 것이 컴퓨터 Graphics라고 하는 도형처리 기술이다. 이런 소프트웨어를 연구하여 한국은 Engineering을 팔아야 한다. 공기방울 세탁기는 일본이 주도하고 있는 동남아 지역의 시장을 크게 잠식했다. 이것은 순수한 자체 기술개발에 성공한 가전제품의 첫 해외시장 진출을 기록했다. 향후 자기 브랜드 판매를 위한 교두보를 마련한 것으로 언론은 평가하고 있다.

공기방울 세탁기의 개발과정에 얽힌 경험은 나에게 참 뜻 깊은 일이었다. 세계적으로 평판 있는 한국인의 우수성에도 불구하고 그동안 우리는 외국의 기술을 모방하거나 막대한 기술료를 지불하여 온 것이 사실이기에 공기방울의 발생이라는 기초과학을 첨단기술로까지 연결시킨 공기방울 세탁기의 발명은, 첨단기술은 언제나 기초과학에서 창조된다는 사실을 일깨워 준 기회라고 생각한다. 물론 공기방울 이야기는 지금 기초과학을 공부하고 있는 우리의 다음 세대인 학생들에게 창조적인 사고를 갖도록 하기 위한 좋은 실례로 이해될 수 있을 것이다. 이제는 주입식 공부에서 창조적인 공부로 바꾸어 우리 한국인의 합리적인 생활 속에 은근과 끈기를 더 살려야 한다. 공기방울 세탁기의 개발은 이 은근과 끈기, 그리고 창조적인 자세가 어떤 결과를 낳는가 하는 것을 실증적으로 보여 주는 것이다.

세계 최초로 공기방울의 힘을 적용하여 세탁에 일대 혁신을 일으킨 공기방울 이야기에 대해서는 이 세탁기를 가지고 세탁을 해 본 분들이라면 다들 알고 있을 것이라 생각한다. 우리나라의 여성은 그만큼 과학적이라는 얘기이다. 그동안 세탁기가 생활의 이기라는 면에서 한몫 담당해 온 것이 사실이지만 「손빨래」하는 번거로움을 해결해 주는 데는 미흡하였다. 공기방울 세탁기의 발명은 빨래하면서 염려해 오던 걱정들을 말끔히 해소한 것이라 할 수 있다. 품질혁신과 기술혁신, 그리고 원가혁신의 삼위일체로 이룩된 공기방울 세탁기의 발명은 우리나라의 기술력 향상에 일익이 됐음을 다시 한 번 기쁘게 생각한다. 공기방울을 이용하는 기술은 지금 해외에 팔고 있다. 그 나라의 제품에 공기방울의 기술을 팔고 한국의 공기방울 제품을 해외에 수출하기도 한다. 그러므로 제품도 팔고 기술도 파는 2중의 이득을 올리고 있는 것이다. 이처럼 외제를 통째로 먹으려 하지 말고 소프트웨어와 과학기술을 해외에 팔려고 노력해야 한다.

우리는 또한 2년여에 걸쳐서 컴퓨터 Simulation Software를 개발하기도 했다. 실험 Data와 Simulation Output Data의 오차를 5% 이내로 정밀화한 Package는 전기제품에 폭넓게 응용됨으로써 첨단기술 응용에 발판이 되기도 했다. 우리는 너무 하드웨어적인 의식구조에서 벗어날 생각을 하지 않고 있다. 하루빨리 소프트웨어적인 사고방식을 가지고 기업의 중기 Project 계획이 입안이 되어 있어야 한다. 매출액을 높여 외국을 좋게만 하는 기업전략의 시대는 이제 지나갔다. 연구만 하면 CAD, CAE, CAT, CAM의 Software 등, 개발할 수 있는 것은 무수히 많다. 이렇게 무수히 많은 소프트웨어에 대해 우리는 개발을 포기하고 있는 것은 아닌지 매우 의심스러워진다. 은근과 끈기를 가지고 우리의 합리적인 생활 속에서 기술화될 수 있는 것을 찾아내서 개발하는 데 힘을 쏟아야 한다. 무비판적으로 외제를 선호할 것이 아니라 우리 생활문화의 기반에서 Software Package를 연구·개발하여 해외의 전 지역에 판매하여야 한다. 이것만이 우리 산업이 발전할 수 있는 길이다.

○ 피로수명 예측 툴(Tool)

유한요소 해석결과를 기반으로 해석적으로 피로수명 평가를 실시해, 피로강도 설계에 유용하게 쓰기 위한 소프트가 많이 나와 있다. 그렇지만 형상모델링(Modelling), 매시(Mesh)생성, 유한요소 해석, 피로수명 해석, 감도해석, 비쥬얼화를 동일 응용(Application)으로 게다가 Windows/PC를 기반으로 하게 되면 그 수가 적어지고 최근 제품화되기 시작하였다.

① LMS-FALANCS(Maker=LMS),
② I-DEAS-Duarability(Maker=SDRC),
③ FE-MFAT(Maker=Steyr-Daimler-Puch Antriebstechnik),
④ Pro-Mechanica Fatigue Advisor(Maker=PTC),
⑤ FE-FATIGUE(Maker=nCode),
⑥ MSCFATIGUE(Maker=MSC) 등이고
⑦ FE-MFAT(Maker=Steyr-Daimler-Puch Antriebstechnik),
⑧ Pro-Mechanica Fatigue Advisor(Maker=PTC),
    FE-FATIGUE(Maker=nCode), MSCFATIGUE(Maker=MSC)의 3제품은 FATIMA(Maker=nCode)의 코어엔진을 각 모델러(CAE)로부터 프리포스트로 처리할 수 있도록 한 것이고,
⑨ MSCFATIGUE는 MSCPATRAN에 특화한 것이고,
⑩ FE-FATIGUE는 PATRAN 이외의 범용 모델러(Modeler)를 목표로 한 것이다.
⑪ Fatique Advisor는 Pro-Mechanica의 염가 Sub Modular로 한 것이다.
⑫ nCode Fatigue, FALANCS, FEMFAT의 3제품이 개척적이다.

1-4. CIM 개념의 하이 사이클로 생산하라

생산의 자동화에 대하여 「제어는 분산, 관리는 집중」이라는 기능분담의 사고가 일반화되고 있다. CIM(Computer Integrated Manufacturing)이란 공장의 주력으로 되고 있는 기기류의 제어는 각 기기가 갖춘 Programmable Controller가 하고, 별도의 컴퓨터를 사용하여 이것을 Net화하여 제어와 관리를 일원화하는 것을 말한다. 이 CIM은 생산의 관

리 및 감시를 중심으로 한 정보처리를 하는 컴퓨터이다. 통신 기능을 갖춘 기기가 주역이 됨으로써 자동화의 중심적 존재가 된다. 즉 컴퓨터 통합생산, 제품의 설계, 생산계획, 생산관리 등 생산의 전체 과정을 컴퓨터로 통합하는 방식을 말한다.

최근 들어 산업현장에서 컴퓨터의 적용은 자동화와 더불어 날로 확대되고 있다. 이제는 필수적이라고 할 만큼 컴퓨터와 각종 소프트웨어가 많이 사용되고 있으며, CAD/CAM/CAE라는 용어도 낯설지 않을 정도가 되었다. 그만큼 컴퓨터가 일상 업무에 깊이 자리하고 있는 것이다. CAE 분야도 컴퓨터 자체의 발달과 더불어 많은 소프트웨어가 개발되어 사람이 생각할 수 없는 영역까지 해석을 수행하며 그 결과를 가시적으로 보여 줄 수 있는 단계까지 이르렀다. 이제까지 많은 시행착오를 거쳐 경험적으로 설계가 이루어지던 기존의 방법에서 탈피하여 컴퓨터라는 발달된 도구를 사용하여 Simulation해 봄으로써 최적화된 결과를 얻고 품질이 우수한 제품을 제작함으로써 많은 시간과 경비를 절약할 수 있게 되었다.

이렇게 CAE는 설계자가 원하는 형태와 조건에서 어떤 결과가 나오는지를 빠른 시간에 정확하게 보여 주는 설계자의 연구실이 되고 있는 셈이다. 이미 선진국에서 학문적 이론에서 발전하여 산업현장에서 응용이 보편화되어 널리 사용되고 있으며, 학교나 전문 연구기관뿐만 아니라 일부 기업체에서도 자체에서 수년간 연구 개발한 프로그램으로 해석을 수행하고 제품을 생산함으로써 이론과 실제의 차이를 극소화하면서 최적화된 제품을 생산하고 있으며, 프로그램도 전문 해석 분야별로 눈부신 발전을 거듭하고 있다. 전문 소프트웨어는 사출성형 해석용과 기구구조 해석용, 전 · 자기장 해석용, 음장 · 음압 해석용

프로그램 등을 갖추고 있다. 또한 각 분야별로 담당자는 실무에의 보다 폭넓은 적용과 나아가 프로그램 자체 개발을 위해 노력하고 있다. 사출성형 분야는 최근까지만 해도 이론적인 바탕에서 그 결과를 이해하기보다는 경험적인 부분이 많이 적용되는 분야였으나 1950년대 구조해석을 위해 개발된 수치해석 기법인 FEM(Finite Element Method)을 이론적 기본으로 하여 이를 보다 공학적으로 응용 발전시켜 1970년대부터는 사출성형 부분에도 해석이 가능하게 되었다. 뿐만 아니라 컴퓨터의 용량 증대와 더불어 그 정확도와 해석 시간도 훨씬 향상되었다. 사출성형 해석 프로그램은 실제 제품을 생산하는 산업체, 연구소에서 개발되었기 때문에 FEM을 보다 정확하게 사용하는 노하우를 많이 보유하고 있으며 실제 나타나는 현상과 아주 근접되게 Simulation 되는 정확한 프로그램으로 소개되고 있다. 그리고 소개되는 사례는 Software Maker나 User가 해석한 사례로, 현재 제품에 적용되어 생산되고 있거나 적용하기 위해 해석을 수행한 사례들이며 해석 결과를 토대로 금형을 제작·생산하였으므로 보다 현실감 있게 피부에 와 닿으리라고 생각이 된다. 유동적인 생산체계(Flexible Productive System)가 바로 제품을 생산하는 현대적 추세이며 플라스틱은 그 기능을 충분히 발휘할 수 있다. 플라스틱을 사용하면 설비나 투자의 비율을 줄일 수가 있고, 이는 무인 생산라인을 받아들일 수 있다는 신호가 된다. 자동차 산업에서도 볼 수 있듯이 진동, 소음을 줄이고 에너지를 절약하는 방법으로 일선에서는 자동차의 경량화, 디자인의 변화에 눈을 돌리는 등, 그러한 변화의 일환으로 철보다 가벼운 재료를 도입하려 노력하고 있음을 볼 수 있다.

대리점의 자생력을 확보하기 위하여 대리점이 손익 악화로 어려움을 겪을 때 지원을 하며 이익을 보전하는 것은 사후대책의 방안에서도 할 수 있지만, 무엇보다 판촉 활동과 컴퓨터 프로그램에 의한 온라인 시스템의 점포수와 규모를 키워야 한다. 국내의 대리점은 5년 전부터 현시점까지 실적분석을 하여 재평가하고, 사후대책 방안에서 사전예방 정책으로 나가야 한다. 사후대책 방안은 보수적이고, 소극적인 사고로 시장을 확대한다는 것은 이론적으로도 맞지 않고 실제 판촉력을 높이는 데도 도움이 되지 못한다. 컴퓨터 프로그램을 운용하여 생산기업체의 목표와 대리점의 5년간 실적을 분석해야 한다. 생산기업체는 이 5년간 실적분석 결과를 통해서 실적이 좋은 대리점에 대하여 최상의 메리트를 주어야 한다. 그렇게 하면 실적이 저조한 대리점도 생산기업체가 실적이 좋은 대리점에 최상의 메리트를 가하는 정책에 적극적으로 따라오게 된다. 열심히 일하여 실적이 좋은 대리점을 포스트로 세워 실적이 좋은 대리점은 실적이 저조한 대리점을 모아 놓고 성공 사례 발표를 자주 해야 한다. 1990년대 이후는 대리점의 능력평가 분석의 시대이다. 따라서 각 지역별, 각 대리점별 매출액만 분석하는 것은 별 의미가 없다고 생각한다. 규모의 차이가 극심한데도 불구하고 규모를 무시한 채 비교하게 되면 실적, 능력분석의 의미가 없다. 각 지역별, 대리점별 매출액 계산보다는 대리점 규모별 실적분석을 해야 한다. 왜냐하면 앞이 보이는 대리점인지 또는 앞이 안 보이는 대리점인지를 잘 모르기 때문이다.

　어린이는 초등학교의 규모집단에서 성적을 분석하고, 대학생은 전국 대학교의 규모집단에서 성적을 분석하는 것과 같이 대리점의 규모별로 컴퓨터 프로그램을 개발하여 그 프로그램에 의한 실적분석을 해야 하고 그 실적분석에 따라 최상의 좋은 조건을 생산기업체는 대리점에 주어야 한다. 이것이 대리점을 키우기 위한 절대적인 방법이다. 해외 바이어도 마찬가지로 5년간의 거래실적과 바이어별 특성을 분석하여 10년 앞을 내다볼 수 있는 목표와 방향의 백서가 나와야 한다. 해외 바이어별, 제품군별 Metrix 기법의 컴퓨터 프로그램 소프트로 능력과 실적분석을 심도 있게 하여 어느 바이어를 어떻게 육성 발전시킬 것인가를 결정해야 한다. 실적이 저하되는 바이어는 물량을 줄여 나가고, 실적이 상승되는 바이어는 물량을 늘려 주는 것과 함께 생산기업체에서 메리트를 과감히 부여해야 한다. 열심히 일하는 바이어나 보통으로 일하는 바이어 또는 불성실한 바이어 등을 대동소이한 운용 방법으로 전략을 펴면 5년 이후에는 상당한 곤경에 빠진다. 우리도 이제는 간판스타나 고학력을 따지고 우선순위, 서열을 정하는 일을 그만하고, 프로젝트에 의한 능력과 실적평가 분석을 사심 없이 하여 능력과 실적이 좋은 사람들을 만인이 인정해 주는 기업 풍토가 조성되게 하는 것이 시급하다. 생산적인 사람들이나 비생산적인 사람들을 동일군으로 묶어 일반적 평가를 하기 때문에 국제경쟁력을 잃게 되고, 3D 현상이 지속되고 있는 것이다. 그러므로 능력과 실적이 좋은 사람과 좋지 않은 사람들을 같이 취급하는 어리석음을 범하지 말아야 한다. 항상 우열을 분명히 가려서 그에 적절한 대가를 부여하는 것이 필요하다. 능력과 실적 위주의 기업 전략으로 과감히 전환시켜야 한다. 판매가에서 이윤을 제하면 원가가 된다는 소비자 주도형 전략으로 전환이 되어야 한다. 과거 수십 년간 원가에 이윤을 붙여 판매해 온 생산자 주도형 전략은 돈키호테식 경영 전략이다. 원가에 이윤을 붙이면, 판매가가 되는데 원가에 이윤을 붙이지 않으면, 판매가가 안 된다는 전략은 시대의 흐름을 모르고 하는 전략이다. 소비자의 입장에서 항상 원가에 판다는 전략으로 전환되어야 한다. 기업 생명은 단기이윤이 아니라 평생고객에 의해 유지되는 것이다. 따라서 판매가에 팔지 말고 원가에 팔아라.

첫째는 기술력 강화, 둘째는 이익의 극대화, 셋째는 매출확대 순으로 기업의 경영목표를 정하라. 매출액이 확대되면 이익이 난다는 개념은 버려야 된다. 이익이란 상황에 따라 날 수 있고, 오히려 적자폭이 클 수도 있다. 두루뭉술하게 어느 부품이 남는지 적정 생산수량을 몇 개 해야 하는지 잘 모르고 월간 또는 연간의 합계를 가지고 경영을 하면 곤경에 처한다. 한국 기업들은 매출확대에 초점을 맞추고 있다. 기업의 경영 전략으로는 첫째는 연구개발력 강화, 둘째는 고부가가치화, 셋째는 생산 판매 규모의 확대, 넷째는 사업다각화로 전략을 펴야 한다. 한국의 기업들은 생산규모의 확대, 사업 다각화를 경영 전략으로 내세우는 기업들이 많다.

제품개발 전략에서는 한국의 기업들은 신제품을 개발할 때 시장성을 우선적으로 고려하고 있다. 고부가가치를 중요시하고, 시장의 잠재 성장성을 판단 기준으로 삼고 있다. 하이 사이클을 하기 위한 제품개발 전략은 첫째로 제품개발 전략이라야 되고, 둘째로는 기존 제품과의 관련성이라야 하고, 셋째는 시장의 잠재적 성장성을 따져야 한다. 넷째는 고수익을 중시한 고부가가치화로 전략을 펴야 한다. 중점투자 분야에서는 한국 기업들은 해외 설비투자, 국내 설비투자, 연구개발 등에 고루 투자를 하고 있다. CIM 개념의 하이 사이클로 가기 위해서 중점적으로 투자를 할 분야는 첫째로 연구개발에 과감한 투자가 되어야 하고, 둘째로 자국의 생산설비가 CIM화되어야 하며, 셋째로 해외 설비투자를 현지의 여건을 고려하여 CIM화에 자국의 생산

설비로 인한 침해를 받지 않도록 해야 한다.

생산전략 측면에서는 한국 기업들은 생산공정의 자동화, 생산능력 확대, 생산공정 시간단축 등을 중요시하고 있는 실정이다. CIM 개념의 생산전략은 첫째로 다품종 생산체제 확립, 둘째로 부품의 Unit 및 Module화, 셋째로 생산능력 확대를 해야 한다. 마케팅 전략에서는 한국 기업들의 마케팅 전략을 영업력 강화, 소비자 수요 파악의 기능을 강화, 판매망 확대 등을 전략으로 삼고 있다. 하이 사이클로 하기 위한 마케팅 전략은 첫째는 고객만족을 위한 소비자 리드 기능 강화, 둘째는 LAN 구축에 의한 영업력 강화, 셋째는 고객의 Database에 의한 판매 Network 확대를 해야 한다.

경영자 분야에서는 한국 기업들의 경영 전문 분야는 영업 분야, 생산, 경리, 기획 등을 전략으로 하고 있다. 품질혁신을 기하기 위한 경영자 전문 분야는 첫째는 기술생산, 둘째는 기술영업, 셋째는 기술기획 순으로 중요시해야 한다. 그러므로 이러한 모든 분야에 대하여 CIM 개념의 하이 사이클로 구조를 개선해야 한다.

2. 세일즈 파워, 광고와 홍보의 실천 전략 다섯 가지

2-1. 고객만족을 자기의 마음같이 하라

대내적 고객만족과 대외적 고객만족을 시키기란 그리 쉽지 않다. 이를 위해서는 창의적인 사고를 가지고 부단한 노력을 끝없이 해야 한다. 세탁기가 주부들이 손빨래하는 번거로움을 덜어 주는 데 한몫

담당해 온 것은 사실이지만, 편리도모라는 고유의 목적에 충실했는가
하는 점에 대해서는 완전히 만족스럽다고 대답할 수는 없다. 퍼지이
론 역시, 그 하나만으로는 세탁의 효과 측면에서 만족스러운 해결책
이라고 볼 수 없다. 그동안 국내 세탁기 제조업체들에서 해외 수출은
고사하고, 이미 소비자층을 두텁게 확보하고 있는 국내 시장에서조차
도 시장개방에 따라 물밀듯 밀려올 외제 세탁기에 자리를 내주지 않
을 탁월한 제품의 개발은 되지 못하고 있었던 것이 사실이다. 이러한
실정에서 공기방울 원리가 연구된 것은 획기적인 결실이 아닐 수 없
다. 세계 최초로 공기방울의 원리를 세탁에 적용시킨 그 결실은 국내
세탁기 시장에 새로운 바람을 불러일으키기에 충분했다.

　국내 업계에 퍼지가 알려지기 시작한 것은 불과 1년도 못 된다. 물
론 국내 전자제품에 적용하여 소비자에게 널리 홍보하고 있는 퍼지
를 올바르게 이해하고 적용하고 있는가에 대해서는 확신할 수 없지
만 냉장고, 에어컨, 세탁기, 캠코더, 카메라, 선풍기, 전기밥솥에 이르
기까지 거의 모든 전자제품에 퍼지이론이 도입되어 있다. 퍼지이론이
란 인간의 주관적이고, 애매한 판단을 잘 처리하는 이론이다. 퍼지는
숙련된 사람의 경험이나 육감 등, 미묘하고 복잡한 요소를 담는다는
이점이 있어, 보다 완벽한 자동화에 적합한 각종 제품에 앞다투어 응
용되고 있다. 세탁기에 퍼지가 처음으로 이용된 것은 1990년 2월 1일
일본 마쓰시타가 미국의 특허를 사들여 개발한 데이퍼지 세탁기이다.
세탁방식의 역사를 더듬어 볼 때, 퍼지의 도입은 실로 대단하다고 볼
수 있다. 세탁기의 발전은 크게 두 방향으로 분류할 수 있다. 손세탁,
수동식 세탁, 반자동 세탁, 전자동 세탁, 퍼지세탁 등, 세탁기의 작동
방식에 의한 발전 방향과 세탁기의 밑판만 돌아가는 1세대 세탁, 세

탁기 중앙의 봉이 돌아가는 2세대 세탁, 통 전체가 돌아가는 3세대 세탁 등, 세탁하는 방법에 의한 발전사가 그것이다. 그렇다면 세탁하는 방법의 제4세대 세탁은 어떤 원리를, 어떻게 응용한 제품에 대해 일컫게 될 것인가. 그것은 바로 인공지능 퍼지이론과 공기방울 원리를 도입한 공기방울 세탁기이다. 이번에 개발하게 된 제품의 기본원리는 기초과학으로 돌아가는 것이었다. 첨단기술은 항상 기초과학에서 나오기 때문이다. 로마인들이 즐겨 사용한 대형 공중목욕탕의 원리는 무엇일까? 탕 중앙에서 물이 계속 뿜어져 나오기 때문에 물이 넘쳐서 자연스럽게 물이 정화된다는 데에 그 원리가 있었다. 세탁기에도 이와 같은 원리를 적용한다면 좀 더 세정이 용이하겠다고 생각이 되었다. 이때 물을 지속적으로 공급하는 작업은 많은 에너지를 요하는 부문이기 때문에 물에 산소를 계속적으로 공급하여 같은 효과를 내는 방법을 생각하기에 이르렀던 것이다. 즉 산소가 물속에서 용해하여 세정력을 높이는 효과를 기대했던 것이다.

그다음의 원리는 공기방울이었다. 처음에는 공기방울이 너무 크고, 많은 방울을 만들어 낼 수도 없었다. 이것은 세탁 효과와 관련하여 풀리지 않는 숙제 중의 하나였다. 그러니까 어떻게 공기방울을 활성화하느냐 하는 문제가 크게 대두되었던 것이다. 이 문제로 하여 세탁기를 제작하는 데 유체역학, 기체역학, 재료역학, 열역학, 공업수학 등의 모든 원리를 응용해야 한다는 사실을 뼈저리게 느끼게 되었다. 이때 한 가지 깨달은 점은 우리가 노하우라는 개념에 대해 많은 오해를 하고 있다는 사실이었다. 나만이 알고 있는 비법이 아니고, 어떤 전문적인 작업을 수행할 때, 자신의 전공 분야와 관련이 있는 주변의 학문에 대해서 올바르게 이해하여 자신의 것으로 만드는 것이 진정한 노하우이다. 이러한 생각 끝에 주변의 학문에 대해서 올바르게 이해하고 자신의 것으로 만들기 위해 플라스틱 제품설계, 플라스틱 사출가공과 금형, 엔지니어링 플라스틱 고품질 노하우, CAD & CAM & CAE, 프레스 부품설계 등의 저서를 펴내게 되었다. 그만큼 재료에 대한 지식, 설계의 기법, 소재의 선정 등 기계적 물성, 화학적 물성, 전기적 물성 등, 연구개발에 필수적인 학문도 일을 하면서 더불어 공부하게 되었던 것이다. 우리의 기업들이 제품을 개발하는 수준은 아직까지도 외국 제품의 모방이나 단순한 불꽃 아이디어에 불과하다는 느낌이 짙다. 물론 어떻게 응용하는지가 중요하지만, 외국의 경우는 제품을 개발할 때, 주로 컴퓨터에 의존하고 있다. 서구에서는 지난 3년 전부터 이미 제품을 재료, 기능별로 분류하여 자사 및 타사 제품에 대해 경험을 바탕으로 분석한 통계자료로 새로운 변형을 시도해 왔다. 이를 통해서 그들은 현재의 기술 수준을 진단하고 방향을 정하므로 목표가 분명하고 소비자의 반응까지도 분석을 한다. 그러나 우리의 기업들은 외국 통계자료의 결과에 의존하기만 한다. 그러니 문제가 발생할 수밖에 없는 것이다. 이러한 문제점을 개선하기 위해서는 우선 올바른 연구작업을 할 수 있는 시스템을 구축하는 일이 시급하다. 신뢰성 있는 설계로 고장 없는 제품을 만들고, 토탈 코스트 개념을 응용한 시스템 시리즈 제품을 시도하는 등, 신규 응용기술을 개발할 수 있는 능력을 축적해야 한다. 제품의 기능을 다양화시키고 소비자를 리드한다면 국제경쟁력을 강화시킬 수 있는 계기가 마련될 수 있다. 고객 만족을 자기의 마음같이 하기 위하여 세탁기 본연의 목적인 손빨래를 능가하는 세정도, 옷감의 원형을 그대로 유지하는 세탁, 세제 냄새가 나거나 찌꺼기가 없는 위생세탁이 가능한 세탁기가 필요하다.

라이프 사이클 변화에 대처하기 위해서는 직장인 주부의 증가에 따라 야간세탁이 가능한 저소음 세탁기, 독신자율 증가에 대응하는 완전자동의 세탁기가 필요하게 되었다. 부가적으로는 사용이 편리해야 하고 환경 특성의 변화에 적응할 수 있는 내구성, 신뢰성, 내부식성이 확보되어야 한다. 또한 환경보전과 저공해를 위해서는 세제 사용량이 절약되는 세탁기의 개발이 필요한 것이다. 공기방울 세탁기의 고객 만족도는 이런 관점에서 작성되었다. 2조식 세탁기 본연의 목적인 외상 일체형 세탁조로 제조공정 및 제조설비 단순화, 최적의 콤팩트한 구조 및 외형으로 운반, 적재, 보관의 용이, 제조공정의 혁신으로 반제품, 부품 수출을 쉽게 한다. 부식으로 인한 녹 발생 배제, 소음, 진동 및 충격으로 인한 손상방지, 미려한 외관 및 다양한 색상실현으로 용도에 맞고 기능이 완벽하더라도 가격의 메리트가 없으면 고객을 만족시키기는 어렵다. 판매가를 고객 중심으로 정해 놓고 그 판매가에 맞는 원가를 계산하였다. 그리하여 소비자 주도형으로 환경 변화를 시도하였다. 항상 고객을 만족시키기 위해서 고객의 편에 서서 고객을 대변하는 기업의 풍토가 되어야 한다.

세탁할 때, 가장 불편한 점은 크게 두 가지로 이야기할 수 있다. 애벌빨래와 삶는 빨래가 그것이다. 주부들은 이 두 가지 때문에 빨래하기가 귀찮지만 그래도 이 방법을 거치지 않을 수는 없다. 왜냐하면 기존 세탁기로 세탁을 하면 올 사이에 숨어 있는 때가 그대로 남아 있기 때문이다. 그러나 공기방울 세탁기는 올 사이에서 공기방울이 터지면서 숨어 있는 찌든 때까지 모두 빼 주므로 애벌빨래를 할 필요가 없다. 삶는 빨래는 물이 끓으면서 발생되는 수많은 공기방울이 올 사이에서 터지면서 숨어 있는 찌든 때까지 모두 없애 주는데, 공기방울 세탁기는 바로 이 원리를 발전시킨 것이다. 공기방울 세탁기는 공기방울의 충격 에너지가 번거롭고 힘든 빨래 문제를 한꺼번에 해결해 주었던 것이다.

이 세탁기를 써 본 구매자의 의견은 「와이셔츠 깃도 손으로 비벼 빨 필요가 없어요, 옷에 세제 냄새가 안 나니까 기분이 상쾌해요, 양말 바닥의 찌든 때까지도 말끔히 빠져요, 속옷도 삶을 필요가 없으니 참 편해요, 세제를 적게 써도 아주 깨끗해져요, T셔츠를 여러 번 빨아도 꼭 새 옷 같아요, 세제 찌꺼기를 다 빼 주니 아기 옷도 안심이죠, 작업복에 묻은 기름때까지도 쏙쏙 빼 줘요, 스웨터를 빨면 올이 부풀곤 했는데 이젠 걱정 없어요.」 등등, 편리하고 이로운 점이 한두 가지가 아니라고 말한다.

순수한 국내기술로 개발하여 시장에 출시한 이후 세탁성능에 대해 열띤 시비와 논쟁을 불러일으켰던 대우전자 공기방울 세탁기가 조사 결과, 실제로 사용한 소비자의 90%가 만족하고 있는 것으로 나타났다. 사용자 실태조사를 해 본 결과는 공기방울 세탁기의 세탁성능에 대해서는 90%가 만족을 표시했으며, 소비자들의 일반 세탁기 사용기간은 평균 6.9년으로 1년 이상 짧아진 것으로 나타났다. 자체 모니터 팀에서 1991년도 5월 19일부터 23일까지 5일간 전화 인터뷰를 통해 전국 공기방울 세탁기 구입자 5백 명을 대상으로 「공기방울 세탁기의 사용 실태 및 만족도」를 조사한 자료에 따르면, 세탁기의 기본 기능인 세탁성능에 대해서 조사 대상자의 90%가 만족한다고 응답했다. 또 헹굼 성능 및 탈수성능에 대해서는 이보다는 다소 낮은 78.6% 및 85.2%의 응답자가 만족한다고 밝혔으며, 이 밖에 디자인과 색상에 대해서도 각각 76.0%, 82.2%가 만족한 것으로 드러나는 등 공기방울 세탁기에 대한 소비자 만족도가 크게 높은 것으로 나타났다. 특히 응답자가 사용하고 있던 기존 세탁기와 새로 구입한 공기방울 세탁기의 성능을 비교하도록 한 결과 세탁성능에 대해서는 89.2%, 세제 용량은 93.6%, 세제 잔류량은 92.6%의 응답자가 공기방울 세탁기가 우수하다고 대답했으나 세탁물 엉킴 정도와 소음에 대해서는 각각 71.2%, 80.2%만이 공기방울 세탁기가 우수하다고 응답, 이 부분에 대한 지속적인 개선 및 보완이 필요한 것으로 나타났다. 한편 조사에 응한 공기방울 세탁기 사용자의 70.6%가 대체 구입이었는데, 이들의 세탁기 평균 사용기간은 6.9년으로 세탁기 사용기간이 짧아지고 있는 것으로 밝혀졌다. 또 용량별 구입 형태를 보면 응답자의 15.4%만이 5kg급을 구입한 반면, 가장 많은 64.4%가 6kg급, 20.2%가 8kg급을 구입해 전체 응답자의 84.6%가 6kg급 이상의 대형 용량을 구입한 것으로 나타났으며, 구입 이유로는 광고가 52.8%로 가장 많았고 주위 권유도 33.2%를 차지, 세탁기 구입에 사용자의 평가가 큰 영향을 미치는 것으로 분석됐다. 이러한 결과를 분석하면 결국 고객에게 만족감을 주기 위해서는 제품개발을 할 때, 자기 자신의 마음같이 해야 한다는 것을 알 수 있다.

2-2. 적극적으로 홍보에 나서라

1992년 11월 12일에 한국과학기술원의 초청 강의를 의뢰받았다. 한국과학기술원 서울분원 자동차 및 설계공학과 시스템 설계 전공학과의 교수는 나에게 다음과 같은 편지를 보내왔다. 「안녕하십니까? 금번 한국과학기술원 자동화 및 설계공학과 시스템 설계 전공의 「설계공학 및 사례연구」 강의의 세미나 강사로 소장님을 모시고자 합니다. 다망 중에도 불구하시고 어려운 시간을 할애해 주실 수 있다는 말씀에 미리 감사의 말씀을 드릴까 합니다. 세미나 제목은 「공기방울 세탁기의 개발 사례」로 예정하고 있습니다.」 이 초청에 응하여 1시간 30분가량 교수들과 학생들이 참석한 가운데 강연을 하였다. 제품개발 플로우는 일반적인 제품개발 플로우와 특수한 제품개발 플로우가 있는데 우리나라에서는 일반적 제품개발 플로우가 사용된다. 연도와 계획에 의하여 제품을 기획하게 되는데 제품의 개발 기획은 경쟁사의 정보, 외국 제품의 현황 등을 파악하고 난 뒤에 된다. 제품개발 기획에 의거하여 의장설계를 하게 된다. 이것은 산업디자인으로 외관부분의 미적 감각을 주로 한 설계이다. 의장설계 이후에는 부품설계를 하게 되는데 이것은 부품을 제작하기 위한 설계이므로 부품의 신뢰성을 최대한 고려해야 한다. 제작된 부품들의 조합, 결합에 의하여 엔지니어링 샘플을 만들어 신뢰성 시험을 하게 된다. 신뢰성 시험에서 발생한 문제점은 다시 제품설계에서 분석 검토한 후 원인에 의한 대책을 수립하게 된다. 신뢰성 시험에서 결함이 없으면 시험생산을 하게 된다. 시험생산을 거쳐 출하의 목적으로 대량생산 체계로 들어가게 된다. 대량생산 체계로 돌입하여 생산된 제품은 판매하게 된다. 이런 플로우를 일반적 제품개발 플로우라 한다. 특수적인 제품개발 플로우는 임팩트 TV, 공기방울 세탁기, 흡음방 진공청소기 등의 제품개발 플로우가 그 예이다. 공기방울의 천이과정은 캐비테이션 현상이 없어야 되며 자유표면을 가진 회전 유체역학에서 공기방울의 발생−성장−소멸−용해의 토탈 프로세스가 수중에서 뉴트럴하게 이루어지게 하며 공기방울의 폭발이 세탁물 근처에서 이루어지게 했다. 공기방울의 토출방식은 회전 유체역학에 의하여 기존의 워싱 웨이브를 디스토우션시키지 말아야 되고, 성층 유체역학에 의하여 방울의 부력이 뉴트럴하게 유지하였다. 세탁방식에 따른 세제 효과는 세제의 농도 분포에 영향이 없어야 되고, 하이드로폰을 이용한 수압 측정은 높은 주파수를 갖는 압력의 미소한 변화를 가져오게 했다. 발생기의 취부구조 및 고정위치는 구조적 안정성과 수압관계를 고려했고, 소음 측면에서 제한을 시켰다. 수력역학 이론에 의하여 세탁수의 유입에 따른 역류, 잔수가 방지되도록 했으며, 운동하는 바이브레이트로서 유발되는 소음·진동을 최소화하여 본체와의 공명이 방지되도록 하였다. 끝으로, 전장품과의 상관관계에서 유체유입의 가혹 조건에서도 정상적인 전기적 기능을 발휘토록 하였다.

1992년 11월 23일에는 아주대학교 산업대학원의 초청으로 2시간가량 강연을 하였는데, 제목은 「제품개발 플로우와 실제 제품 개발된 사례」였는데 강연 개요는 첫째, 제품개발 플로우, 둘째, 목적과 필요의 인식, 셋째, 문제설정, 넷째, 개념창출, 다섯째, 제품설계, 여섯째, 평가 및 결과의 순으로 하였다. 여기서, 다섯째 내용인 제품설계에 대해서는 레이아웃의 옵티멈 디자인이 되게 하였고, 각 요소들은 극한 설계를 하였다. 편집설계에 의한 CAD화를 하여 엘레멘트에 의한 CAE를 추진했다. 공정별에 따른 CAM을 유도했으며 토탈 코스트 개념의 설계를 부품 및 제품의 책임한계를 제시하여 설계 65%, 조달 15%, 제조 10%, 관리 10%로 한 관리를 목표로 삼았다. 공기방울의 토출, 유량, 크기, 발생시간, 투입방법으로는 넓은 세제 농도대역에서 비누거품 발생에 무관해야 하기 때문에 세제별 차이에 의한 특성을 파악했다. 또한 발생주기 동안 공기방울의 직경변화가 일정수준이어야 하고, 발생기의 출구 노즐 위치가 로테이션 플로우와 하모닉하게 설정되어야 하는 정수 유체역학을 해석했다. 토출주기와 간격이 세탁 성능에 최적으로 하기 위한 기포역학도 고려했다. 마이크로 프로세스로 발생기의 스타트-런-스톱을 자동 컨트롤하는 회로기판 설계와 로직 디자인을 했다. 종래의 방법과는 달리 아이디어에 의한 실용화를 정밀 분석하여 연구소 자체 상품성을 분석한 후, 신뢰성 실험 및 엔지니어링 제품을 만들어 연구 개발된 상품명에 의하여 선정 배경을 말하고 국내시장 동향과 전망, 국내기술 및 제품 동향과 전망, 기술경쟁력, 판매경쟁력, 경쟁사 대비 보유 기술력 비교를 한 시장환경 및 기술개발 동향과 전망을 파악하였다. 개발전략, 연도별 품질, 매출액, 마킷셰어, 제조 원가율, 부품 공용화율을 분석하여 상품개발 전략과 목표를 세웠다. 기술전략의 개요, 기대효과를 분석하고 투자비 내역과 제조원가 변동 내역, 특허출원 관계를 논의하였다. 적용 기종을 최대한 2단계로 하여 고품질화, 소비자의 Needs 부응, 차별화의 목표를 잡게 되었다. 그다음 신뢰성 실험 및 엔지니어링 제품을 만들어 이것을 가지고 제품개발 기획을 하였다. 제품개발은 기획에 의하여 의장설계-제품설계-부품제작-엔지니어링 생산-신뢰성 시험을 순서에 입각하여 하게 되었다. 신뢰성 시험에 합격된 제품이라면 소비자를 위한 홍보용 모니터링 생산을 하여 지식의 분포, 지역의 분포, 연령의 분포를 조사한 후 균등하게 판매하게 하였다. 고객을 만족시키기 위해서는 소비자가 직접 제품을 사용해 보고 좋은 점을 파악하여 숨김없이 스스로 자랑하도록 유도하였다. 소비자를 위한 홍보용 모니터링 제품을 판매한 뒤 1~2개월의 간격을 두어 대리점, 양판점, 백화점 판촉용 제품을 제작하여 공급하게 하였다. 판촉용 제품을 제작하여 공급하고 공급된 제품은 대리점, 양판점, 백화점에 진열되도록 하였는데, 이는 아이디어에 의해 실용화된 부문을 강조하고 가시화하기 위한 것이었다. 백문이 불여일견이라고 하듯이 가시화는 매우 중요한 홍보 수단이다. 대리점 판촉용 제품을 제작하여 대리점에 공급하고 적극적으로 제품 선전을 하도록 하였다. 그다음엔 시험 생산하여 라인의 안정화, 공정 통과율의 향상을 기하는 방안을 세운 뒤 대량생산을 하여 제품을 출하하였다.

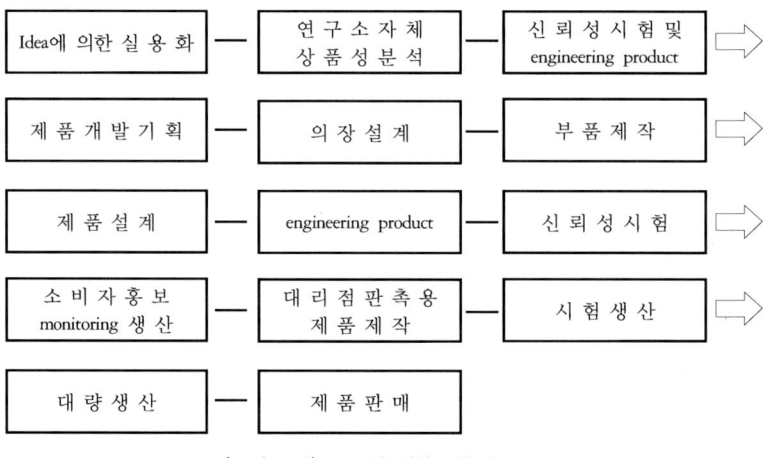

〈그림 3-1〉 Idea에 의한 실용화 Flow

제품에 대해서 본 대로, 느낀 대로, 사실 그대로, 자랑하게 해야 한다. 진실하고 솔직한 소비자 스스로의 자랑이 더욱 참신한 홍보 역할을 한다. 이를 위해서 특수한 제품개발 플로우와 아이디어에 의한 실용화로 소비자 홍보 모니터링 제품을 판매하여 소비자가 제품 자랑을 진솔하고 서슴없이 하도록 하고 백화점, 대리점 등, 판촉용 제품을 특별히 제작 보급하여 가시화할 수 있는 제품 진열을 하여야 한다.

그리고 전문 기관을 통해 공기방울 세탁기의 개발 과정이나 성능을 과학적이고도 합리적으로 알리는 일도 중요하였다.

2-3. 소비자를 리드하라

중앙경제신문은 「가전 후발 대우전자 시장 점유율 맹추격」, 「공기방울 세탁기 등 히트」라는 제목으로, 「약세를 면치 못했던 대우전자가 라이벌 회사를 맹추격」, 상반기 중, 주요 제품의 시장 점유율을 크게 올려놓았다. 올 들어 내수시장의 극심한 불황 가운데서도 라이벌들이 몸을 바짝 움츠리고 있는 사이를 틈타 대우전자가 총력 기습작전을 편 것이다. 품목별로는 공기방울을 간판으로 내건 세탁기의 경우가 가장 좋은 실적을 보였고 컬러 TV, 냉장고, 전자레인지 등도 매출을 올렸다. 총력 기습작전을 펴고 있는 것은 지난 10년 동안 대우의 자존심을 건드려 온 가전 2.5사라는 꼬리표를 떼어 내 버리기에 1992년도가 가장 좋은 기회라고 판단되었기 때문이었다. 또한 적극적인 광고와 애프터서비스 강화도 큰 몫을 했다. 기존 TV 광고의 틀을 깬 드라마식 공기방울 이야기 광고도 좋은 효과를 냈다는 분석이다. 그러나 시장 공략의 최대 무기는 공기방울 세탁기, 임팩트 TV 등의 히트상품들이다. 특히 공기방울 세탁기는 대우 가전제품의 성가를 높이는 데 크게 기여했다.」고 보도하고 있다. 공기방울 세탁기의 발명은 가전제품으로서 한국의 역사상 처음 있는 세계 최초의 발명이다. 이 기회를 놓치면 영원한 꼴찌, 가전 2사가 될지도 모르는 엄청난 위험이 도래한다는 것을 생각하면 아찔했다. 학교 다닐 때나 회사의 사내에서나 꼴찌를 해 보지도 않았고 그것은 생각지도 않았는데도 불구하고 회사는 왜 꼴찌일까? 친구들 모임에서도 꼴찌 회사이기 때문에 기를 펴지 못했다. 이 기회를 잡기까지에는 상사와 부하들 간에 마찰도 많았다. 결론적으로 말하자면 내 견해가 너무 과격하다는 이야기다. 그렇지만 과격하게 밀어붙이지 않을 수 없는 이유가 있다. 꼴찌란 옳게 해도 꼴찌고 뒤집어도 꼴찌이니까 망설일 필요가 없는 것이다. 설령 결과가 잘못된다고 하더라도 어차피 꼴찌이기 때문이다. 라이벌과 동일 패턴의 제품 전략이나 판매 전략으로는 대변신을 하기가 어려웠고, 그것은 오히려 라이벌 회사를 도와주는 꼴이 될 수도 있다. 그래서 모든 부문, 즉 연구개발부문, 생산부문, 품질부문, 홍보부문, 판매부문, 광고부문을 종래의 패턴과는 완전히 달리해야 한다고 주장했다. 연구개발부문은 외제의 모방에서 차별화된 제품개발을 해야 되며, 생산부문은 생산량을 최우선하던 것을 생산량보다 공정품질 최우선 정책으로 해야 하며, 품질부문은 제품 품질관리를 부품 품질관리로 대전환을 해야 하며, 홍보부문은 회사 내의 사원들에게 홍보하는 것을 대외적으로 진솔하게 홍보하여야 하며, 판매부문은 밀어내기 판매보다 이미 판매된 제품의 애프터서비스 강화가 더욱 절실하며, 광고부문은 스쳐 지나가는 자랑보다 진실한 과학기술이 강조되어야 한다고 공식석상에서 항상 강조했다. 그리하여 연구개발부문은 외제의 모방에서 탈피하고 종전의 개념을 완전히 탈피한 차별화된 제품개발을 하게 되었던 것이다. 우리의 이 쾌거에 대하여 전자신문은 「대우 공기방울 세탁기, 대만서 내달 특허등록, 완제품, 기술수출 등 청신호」라는 제목 아래 다음과 같은 기사를 썼다.

대우전자가 지난해 개발에 성공, 내수공급과 함께 수출에 나서고 있는 공기방울 세탁기를 미·일 등 세계 20여 개국에 특허 출원해 놓고 있는 가운데 최근 대만이 동 특허를 공고한 것으로 대우전자 측에 통보해 왔다. 대우전자가 지난해 8월 대만에 출원한 공기방울 세탁기의 특허는 그동안 이의신청이 없었던 것으로 보아 정식 등록되는 데는 별문제가 없을 것으로 보인다. 공기방울 세탁기의 특허 내용은 공기방울 발생장치 및 제어시스템에 관한 것으로서 국산 세탁기 특허가 해외에 등록되는 것은 이번이 처음으로 앞으로 제품수출은 물론 기술수출 등에 큰 효과가 있을 것으로 기대되고 있다. 공기방울 세탁기는 최근 동남아 지역으로부터 수출 주문이 늘고 있으며 특히 대만과는 1만 5천 대의 수출계약을 체결, 지난달 말 1차로 8.5kg급 대형 제품을 선적한 바 있다. 한편 대우전자와 유사한 방식의 공기방울 세탁기를 개발한 일본 샤프도 지난해 대만에 특허출원을 했으나 개인 발명가로부터 특허 침해 클레임을 제기당한 것으로 알려졌다.

종래의 외국 제품을 모방하여 설계·제작·생산·판매하게 되었을 때는 어떻게 해서라도 외국 제품과 동등한 수준으로 모방하느냐가 항상 문제가 되었다. 이 문제를 해결하기 위하여 우리나라 사람들은 너무나 많이 외국엘 갔었다. 설계부문의 기술제휴라든지, 생산기술 부문의 컨설팅이라든지, 품질관리 부문의 매니지먼트라든지, 판매방식 등을 알아보기 위해 해마다 높은 사람, 낮은 사람 할 것 없이 외국에 가는 것을 정례 행사화하다시피 했고 그해의 경영전략으로 삼은 게 사실이다. 단적으로 말하면 돈 들이지 않고 거저먹겠다는 것, 힘 안 들이고 일을 잘 처리하겠다는 우리나라 사람들의 의식 구조가 이런 사태를 낳았다. 10여 년간 그런 일을 했으니 이제는 후회 없이 그런 수법을 과감히 버릴 때도 되었다. 이런 생각에서 생산부문은 생산량을 최우선하던 것을 생산량보다 공정품질 최우선 정책으로 하여 종래의 공정품질, 출하품질의 수준을 50% 상향시켜 관리하게 하고 생산목표 달성보다는 공정품질 향상 측면을 최우선적으로 처리하게 하였다. 생산현장 라인에서 공정이 어렵고 까다로운 부분과 품질에 영향을 미치는 부품을 개선, 수정, 신규제작 등의 조치로 처리해 나갔다.

출하품질 검사자의 눈높이를 높일 수 있도록 유대관계를 가졌다. 생산 라인의 어려운 공정은 현장 작업자와 직접 협의하고 까다로운 부분은 작업 방법을 변화시켜 새로운 방법으로 유도하였다. 따라서 공정품질이 목표치에 도달하면, 그 다음에 생산 라인을 늘린다는 전략을 세웠다. 라인을 늘릴 때는 기존 라인에 따른 공정품질을 50% 이상 향상시킨 후에 생산라인 1~2개를 증설해야 증설 라인으로 인한 품질이 한없이 올라간다. 그렇게 하지 않고 반대로 하면 엎친 데 덮친 격으로 공정품질은 더 떨어진다. 그러므로 폭넓은 사고를 가져 10년 앞을 내다볼 수 있는 정책이 절실히 요구된다 하겠다. 이런 노력을 경주한 결과로 한 걸음 앞서 나갈 수 있었고, 이에 대해 전자신문은 「세탁기 생산 확대, 내수 수출 호조 1개 라인 증설」이라는 제목으로 다음과 같이 기사를 썼다.

대우전자가 광주 공장의 세탁기 생산 라인을 증설한다. 3일 대우전자는 최근 들어 공기방울 세탁기의 내수 및 수출 호조로 공급이 수요를 따라가지 못함에 따라 하반기 중 생산 라인 1개(월산 1만 5천 대 규모)를 증설키로 하고 착공 시기를 조정 중이라고 밝혔다. 이 라인 증설이 완료되면 대우전자 광주 공장의 세탁기 생산 능력은 수출물량을 생산하고 있는 2조식 세탁기 생산 1개 라인과 내수 2개 라인을 포함, 총 4개 라인 월간 6만 5천 대 규모로 늘어나게 된다. 대우의 이 같은 세탁기 생산 라인 확충은 올 들어 5월 말 현재 9만 5천 대의 세탁기가 판매돼 지난해 판매량의 2배에 달하는 호조를 보이고 있는 가운데 적정 재고 유지가 어려울 만큼 생산이 딸려 현재의 월간 생산 능력 5만 대로는 공급을 맞추기 어렵다는 분석 때문이다. 특히 내수 라인에서 생산, 공급하고 있는 공기방울 세탁기의 대일본·홍콩 등지 수출이 본격화될 경우 별도의 생산 라인을 확충해야만 공급이 가능한 것으로 알려졌다.

품질부문은 제품 품질관리를 부품 품질관리로 대전환을 시도했다. 부품별 신뢰성을 요하는 요소를 조사하여 부분적으로 시뮬레이션하고 시뮬레이션한 요소의 수정, 개조 사항을 중소기업체와 면담하면서 과거에 잘못한 부분과 관리적 사항을 솔직히 털어놓으면서 도와달라고 애원하다시피 했다. 따라서 부품의 사양승인원을 계획에 따라 중소업체에 재사양승인원을 제출토록 요구했다. 부품의 사양승인원 내용은 제품규격 및 검사규격, 부품 구성표, QC 공정도, 자체 검사성적서, 조립도면, 공인 검사성적서, 규격획득 자료, 기능설명서, 재질증명서, Catalogue, 부품도면, 불량품에 대한 처리, 포장 사양서 등이다. 이에 대해 각 항목별 양식은 규정하지 않고 실질적으로 양식보다 내용을 충실히 하도록 협조를 요청하였다. 금형 사양승인원의 내용은 금형발주 사양서, 부품 구성표, 금형도면, 스페어 파트 리스트, 최종인정 검사성적서, 설계변경 리스트, 제품도면, 금형제작 계약서를 포함해야 하며 금형도면의 내용은 조립도, 상코어, 하코어, 슬라이드 코어, 냉각수로 및 전기회로도를 포함해야 한다. 신뢰성의 한계치를 추출하고 업체의 전문화를 유도했다. 품질경영 시스템의 체계화는 여기서부터 시작되었다. 미리 준비하여 부품과 함께 재 사양승인원을 제출하는 중소기업체가 있는가 하면 독촉을 해도 잘 해 오지 않는 중소기업체도 있었다. 그러나 한 업체도 한 번에 합격되지 않고 2~5번 불합격되어야 그 다음에 합격이 가능하였다. 중소기업체를 방문하면서 도와 달라고 사정도 해 보고 세미나가 필요하다고 여겨지는 업체는 세미나도 했다. 애프터서비스율이 높은 부품을 제조하는 중소기업체는 발주 물량을 조정하여 줄이고 서비스율이 낮은 부품업체는 발주 물량을 신장시켰다. 중소기업체마다 방문하면서 바닥을 제일 깨끗이 해 달라고 요청했다. 바닥을 깨끗이 하는 이유는 의식개혁을 강조하는 의미에서였다. 진리는 평범함 속에 있다. 「기초과학으로 돌아가라」는 말은 이와 맥을 같이한다. 또한 사람도 머리카락, 허리띠, 구두가 깨끗해야 그 사람이 깔끔하게 보인다. 바닥이 지저분한 상태에서 고품질을 기할 수 없다. 사람의 의식 자체가 바닥을 깨끗하게만 하면 모든 것의 정리, 정돈, 청결 상태가 잘되는 법이기 때문에 중소기업체의 바닥이나 공장 바닥을 깨끗이 해 달라고 부탁하였다. 부품의 품질 향상은 공기방울 세탁기 출하 이전에 고품질의 부품으로 선행 조치하고 공기방울 세탁기가 출시되어 구매자, 소비자 등의 반응이 고품질의 극치에 달하도록 품질전략을 세웠다. 홍보부문은 회사 내의 사원들을 비롯해서 대외적으로도 진솔하게 홍보되도록 노력을 했다. 이를 위해 전자신문의 「월요논단」에 배순훈 사장은 「일등상품을 만들자」라는 내용으로 다음과 같이 기고를 하였다.

바르셀로나 올림픽 기간 동안 밤잠을 설친 사람들이 많았을 것이다. 스페인과 우리나라의 시차 때문인지 우리 선수들이 출전하는 중요한 게임이 주로 자정을 넘긴 한밤중에 열린 까닭이다. 그 가운데서도 올림픽의 꽃이라는 마라톤 경기만큼 우리 국민들의 가슴을 시원하게 해 준 것이 또 있을까? 마지막까지 경합을 벌인 일본의 모리시타를 제치고 황영조 선수가 금메달을 차지한 순간의 환희와 감동은 오랫동안 잊히지 않을 것이다. 56년 전 베를린 올림픽에서 일장기를 가슴에 달고 우승했던 손기정 씨의 한은 물론 그동안 쌓였던 우리 국민들의 묵은 체증까지 말끔히 씻어 낸 쾌거라고 아니 할 수 없다. 황영조 선수의 마라톤 우승으로 우리나라는 이번 바르셀로나 올림픽에서 첫 금메달과 마지막 금메달을 모두 따내는 영예를 안는 등 모두 12개의 금메달을 따내며 종합 순위 7위에 올랐다. 당초 목표했던 종합 순위 4위에는 미치지 못했지만 그래도 올림픽에서만큼은 세계에서 7번째, 즉 G7 대열에 당당히 올라 코리아의 성가를 전 세계에 다시 한 번 떨쳤다. 그러나 올림픽 G7의 의미도 우리 경제, 우리 산업의 현실에 대비해 보면 착잡한 마음을 금할 수 없다. 과거 아시아의 떠오르는 네 마리 용으로 세계인이 경이적으로 바라보던 우리 경제의 힘과 활력은 점점 빛을 잃고 있는 것처럼 보인다. 우리 상품의 수출 경쟁력이 떨어지고 무역수지가 적자로 돌아서자 첨단기술개발을 통해 제조업의 경쟁력을 강화해야 한다고 여러 가지 정책이 제시되기도 했지만 별다른 효과를 보지 못한 듯하다. 시장 경쟁도 올림픽 게임과 크게 다를 것이 없다. 올림픽에서 금메달을 딴 자만이 모든 영예를 독차지하듯 시장에서도 1등 상품만이 살아남는다. 소비자는 여러 가지 경쟁 상품 중에서 오직 한 가지만을 선택하기 때문이다. 첨단기술의 중요성을 아무리 강조해도 지나침이 없지만 그러한 기술도 결국에는 시장에서 잘 팔리는 기술이 되어야 한다. 흔히들 우리나라에서 섬유와 신발 산업을 사양산업이라고들 한다. 과거 우리나라의 수출을 주도했던 이러한 제품들이 인건비의 비중이 높고 우리나라에 비해 상대적으로 인건비가 싼 후발개도국에서 많이 만들어지고 있기 때문이다. 그렇다면 의류를 포함한 섬유 제품을 가장 많이 수출하는 나라는 여전히 독일이고, 황영조 선수가 이번 올림픽에서 신고 뛴 신발이 일본 제품이라는 것은 어떻게 설명해야 되는 것일까? 섬유와 신발 공장을 모두 없애고 그 자리에 자동차나 항공우주산업과 같은 첨단제품 제조공장을 만들면 경쟁력이 생기는 것일까?

우리나라가 올림픽에서 7위를 한 배경을 자세히 살펴보면 현재 우리의 실력이나 수준, 우리 선수들의 체험과 특성 등을 분석해 메달 획득이 가능한 종목을 집중 육성, 투자를 강화했고 또한 선수들이 그만큼 노력을 많이 했기에 가능했다고 본다. 메달 확보를 위해 상대적으로 메달이 많이 걸려 있는 육상이나 수영 종목에 집중 투자했다면 기대했던 만큼 성과를 거두지는 못했을 것이다. 미국의 칼 루이스나 영국의 크리스티와 경쟁해 1백 미터 트랙 경기에서 금메달을 기대한다는 것은 현재 여건상 불가능하다는 것을 부인할 수 없을 것이다. 가전 산업도 더 이상의 성장에는 한계가 있는 사양산업이라는 말을 듣지만 소니나 마쓰시타보다 더 좋은 제품을 만들면 시장여건에 관계없이 얼마든지 판매를 늘릴 수 있다. 국내 세탁기 시장이 지난해에 비해 30% 이상 줄어든 상황에서 공기방울 세탁기가 전년에 비해 2배 이상 판매가 늘어난 것이 그 좋은 예가 될 것이다. 팔리는 데는 그 무엇이 있다. 그것이 기능이든, 품질이든, 가격이든, 또는 디자인이든 간에 소비자 기호에 맞아야 하며 그런 제품을 만드는 것이 바로 기술이고 경쟁력이다. 첨단 분야에만 금메달이 있는 것이 아니다. 오히려 첨단 분야일수록 금메달 획득 가능성이 더 희박할 수도 있다. 문제는 한 분야에서 세계 최고가 되겠다는 의지와 노력이다. 독창적인 아이디어의 개발과 한 우물을 파는 장(匠)의 기질만이 일등 상품을 만드는 지름길이 될 것이다. 사양산업이든, 유망산업이든 우리 기업들이 금메달 상품을 많이 만들어 하루라도 빨리 올림픽에서만이 아니라 산업 경쟁력에서도 G7 대열에 들어서야 할 것이다.

판매 부문은 기존의 밀어내기 판매방식에서 이미 판매된 제품의 애프터서비스 강화로의 방식 전환이 더욱 절실하였다. 판매를 늘리려면 우선 이미 판매된 제품의 서비스가 좋아야 판매를 늘려 나갈 수 있다. 고객 만족을 시켜야 판매가 지속된다. 그래서 5~6년 전의 제품에서부터 최근에 판매한 제품에 이르기까지 불량이 없어질 때까지 지속적으로 서비스에 매달렸다. 매월 실시되는 서비스 회의에서 창피도 당해 보고 자신에 찬 약속도 하였다. 서비스 요원이 전화를 걸어오면 직접 소비자 댁을 방문하기도 하였고 서비스 센터에 수집된 부품을 분석하며 기술적 고민도 하였다. 누구를 탓하거나 어느 부서에 미루는 일이 없이 불만 사항도 철저히 수용하여 모든 아이디어는 다 내다시피 하여 추진되었다. 2/3가량은 한두 번의 대책으로 해결되었지만 1/3은 두세 번 대책을 세워도 잘 해결이 나질 않는다. 해결 방안을 연구하면서도 지칠 줄 몰랐고, 오직 명예를 걸고 해결한다는 마음가짐으로 밤이 늦도록 동료들과 씨름을 하였다. 대책을 세우는 데 시간이 너무 걸리는 부품도 있어 열심히 하다 보면 시간 가는 줄 모른다. 1년 반 동안은 밤 12시 이전에 퇴근을 하지 못하였다. 일요일도 매주 나와 대책을 세우고 시험을 하여 완전한지, 완전하지 않은지, 확인하여 완전하지 않으면 다시 대책을 세우고 고민하고 곰곰이 생각하다 보면 항상 매일 밤 11시가 넘는다. 누가 시켜서 하는 것도 아니고, 인기를 끌려고 한 것도 아니며 진급을 목적으로 한 것은 더욱 아니다. 일하는 게 재미가 있다. 이는 아마도 부모님의 유산인 것 같다. 세상에서 제일 위대한 사람은 부모님이라고 생각한다. 외로움이나, 슬픈 일이나 즐거운 일이나, 괴로운 일이 생길 때마다 돌아가신 아버지, 어머니께 눈을 감고 도움을 요청한다. 필요할 때마다 마음속으로 부모님께 무엇을 요청하기도 한다. 누구보다도 마음의 위로를 주는 분이 부모님이다. 광고 부문은 스쳐 지나가는 자랑보다 진실한 과학기술이 강조되어야 한다. 세탁기 광고는 통상 겨울철에 집중적으로 내보내고 4~8월에는 거의 광고를 하지 않았던 게 가전 회사들의 광고 관행이었다. 그런데 공기방울의 전략은 연중무휴로 계절에 관계없이 지속적으로 하기로 했다. 광고란 성수기만 해서도 안 되기에 비수기철에도 지속적으로 하여 고객이 잊지 않고 기억하는 데 초점을 두었다. 그리고 광고 내용을 특징 있게 하기로 의견의 일치를 보아 과거와 달리 제품의 기능을 크게 강조하고 세계 최초임을 내세웠다. 그리하여 공기방울 세탁기는 소비자에게 크게 어필하였다. 그저 스쳐 지나가는 자랑보다 공기방울 세탁기가 지닌 장점을 최대한으로 홍보하는 데 초점을 맞추었다. 즉 세탁력, 옷감 손상도, 세제 잔류량, 용존 산소량, 세제 사용량 등 과학적이고 합리적인 광고를 하였다. 이를 통해 소비자가 구입하도록 유도하고 또 자연스럽게 광고로 인하여 과학적인 지식을 얻을 수 있도록 배려하였다. 이것이 주효하여 보다 큰 광고 효과를 거둘 수 있었던 것이다.

2-4. 동일 방식을 동시에 전환시켜라

공기방울 세탁기 등이 인기를 끌면서 점포수도 늘고 점포의 규모
도 확대되었다. 어떤 회사는 대리점 체제를 강화하기 위해 소매가격
을 안정화시켜 대리점의 판매마진을 높여 주는 등, 대리점 지원을 강
화하는가 하면 어느 회사는 밀어내기식 판매 전략을 지양하고 신규
대리점 설립 시, 일정액의 보증금을 지원하여 대리점을 늘리는 전략
도 있었다. 어느 주부사원은 고객을 만나「요즘 소비자들이 얼마나
지혜롭고 경제적인 줄 아세요? 장안에 화제가 된 공기방울 세탁기가
때 잘 빠지고 경제적인 줄 다 알고 있어요.」라고 권하기도 했다고 한
다. 어느 소비자는 세탁할 때 세제를 넣지 않고 세탁을 해도 빨래가
잘된다고 하였다. 국내 가전시장의 환경 변화가 일어나 업체 간의 경
쟁이 너무 치열해 일반적인 종래의 패턴에 의한 전략으로는 성공의
가능성을 점치기 어려운 게 사실이다. 종래의 패턴과 달리 동일 방식
을 동시에 전환시켰다. 동일 방식이란 전제품을 동시에 공기방울화한
세탁기를 말하며, 판매 측면이나 광고의 힘도 커진다. 종래에는 대개
국한된 제품으로만 과거의 제품보다 월등하다고 광고를 했는데, 이것
은 고객을 기만하는 꼴이 된다. 그리고 자기 회사가 자기 회사 제품
에 물을 먹이는 꼴이 된다. 왜냐하면 특출한 기능 없이 새것만 좋다
고 광고하는 것은 과거 제품이 나쁘다는 얘기가 되기 때문이다. 한
번 팔고 그만둘 제품도 아니고 그렇다고 해서 보따리 장사는 더욱 아
니지 않느냐! 그때 그 당시 매출액을 높이기 위하여 광고도 하고 영

업을 하게 되면 브랜드를 불식시키는 결과를 초래하기 때문에 항상 깊은 생각으로 앞과 뒤를 살펴보면서 영업, 판매 전략을 세워야 된다고 여겨진다.

고객은 두 번 다시 속지 않는다. 자기 마음같이 착해야 한다는 진리를 우리는 너무 자주 망각한다. 고객을 자기 마음같이 하기 위하여 용량에 관계없이 생산하는 전제품을 거의 동시 시점에 공기방울화한 세탁기인 공기방울 세탁기를 시장에 내놓게 되었다. 이것이 토탈 코스트에 의한 방식 시리즈 제품 전략이다. 설계의 기간 단축, 엘리먼트(Element)의 표준화, 부품의 공용화, 신규 제작 부품 종류 수의 감소화, 신규 전장 부품의 감소화, 신규 전자부품의 감소화, 부품 생산의 하이 사이클화, 조립공정의 고품질화, 애프터서비스의 용이화, 구매조달의 단순화, 필드의 고품질화가 방식 시리즈 연구개발 전략이다. 각 제품의 출시 형태는 5.2kg급 세탁기, 6.6kg급 세탁기, 8.0kg급 세탁기 중에서 런칭 계획의 일정에 의하여 6.6kg급 세탁기를 맨 먼저 시장에 내놓기로 했다. 그 다음에 한 달간의 틈을 두고 8.0kg급 세탁기가 출시되고 한 달 이후에 5.2kg급 세탁기를 출시하였다. 그래서 약 3개월 내로 동일 방식인 공기방울 세탁기로 동시에 전환시켜 방식시리즈화하였다. 우리가 실행한 판매 전략의 몇 가지 유형을 들어 보면 다음과 같다.

▲ 1등 상품을 2배 더 판매한다

「공기방울 세탁기 있어요?」하며 매장을 들어서는 고객들이 부쩍 늘었다. 세계 최초 공기방울 세탁방식의 파워 세탁기가 세탁기 시장에 「파워」 돌풍을 불러일으키고 있는 것을 실감할 수 있다.

▲ 고객 자료를 정리한다

현재까지 작성해 온 고객카드를 바탕으로 고객을 분류, 정리한다. 정리할 때는 보유하고 있는 세탁기의 기종, 구입 연도, 모델 유형(수동/반자동/전자동), 용량, 가족 수, 주거형태 등을 고려하여 비슷한 고객을 분류한다. 그 후 판매 가능성에 따라 A급, B급, C급 등으로 세분화하여 등급별로 판매계획을 세운다.

▲ 카탈로그를 발송한다

고객카드의 분류가 끝나면 가망고객을 대상으로 카탈로그를 발송한다. 이때 전화 문의처를 정확히 명기한다. 그리고 고객으로부터 전화 문의가 들어오면 친절하게 상담해 주고 한 번 대리점에 들르도록 권유한다.

▲ 매장에는 시연 제품을 전시한다

백문(百聞)이 불여일견(不如一見). 「공기방울이 세탁을 한다구?」 하면서 「파워」의 세탁방식의 원리에 대해 궁금해 하는 사람들이 직접 눈으로 파워의 세탁 원리를 확인해 보는 것은 구입을 결정할 수 있는 결정적인 동기를 부여해 줄 수 있다. 지나가는 고객들도 쉽게 볼 수 있도록 파워 시연용 제품을 쇼윈도 오른쪽에 진열하고 항상 작동되도록 해 놓는다.

▲ 파워 세탁기 실연회를 연다

고객들이 파워의 작동 원리를 직접 눈으로 확인하고 작동해 볼 수 있도록 파워 세탁기 실연회를 연다. 인근 주부들을 매장으로 초청하여 파워 세탁기를 직접 작동시켜 파워의 특장점을 설명한다. 이때 초청고객을 현재 사용하고 있는 세탁기의 구입 시기나 모델 유형이 같은 가정으로 묶으면 더욱 효과적일 것이다.

▲ 대리점 합동으로 고객 초청 행사를 연다

연말연시 모임이 많아지는데 이때 지역 내, 대리점이 합동으로 이벤트를 열어 고객을 초청한다. 행사 이름은 「파워」 사랑의 부부 초청 잔치 등으로 정해 부부를 초청하여 흥겨운 오락시간을 마련하고 간단한 음식물을 제공한다. 이때 행사장에는 파워 세탁기는 물론 TV, VTR, 오디오 등을 전시하여 제품 홍보와 판매를 유도한다. 이번 행사의 초점은 역시 파워 세탁기와 슈퍼비전 임팩트. 각종 첨단기능은 물론 다양한 용량, 다양한 크기의 모델이 선보여 소비자의 선택 폭이 넓어졌다는 점도 특징이다. 고객이 직접 제품을 작동해 보는 것은 가장 확실하고 효과적인 판촉활동이다. 광고를 통해 보았던 제품을 소비자 스스로 확인해 볼 수 있는 기회를 마련한다는 것이 이번 행사의 취지였다. 첨단제품들이 한자리에 모였다. 9월 21일부터 30일까지 롯데백화점 잠실점에서 열린 첨단상품 초대전이 바로 그 행사이었다. 기술이 생명이라고 할 수 있는 전자 분야에서 우리의 독자적인 기술로 개발된 첨단제품들은 그만큼 더 큰 의미를 갖는다. 최근 출시된 공기방울 세탁방식의 파워 세탁기, 돔 스피커의 박력 음향과 수평해상도 800라인의 고화질을 자랑하는 슈퍼비전 임팩트, 리모컨으로 화면 속도를 조절하며 원하는 화면을 빠른 속도로 찾을 수 있는 디지털 셔틀 VTR 등의 첨단제품들은 우리의 기술 고집이 낳은 최대의 쾌거이다. 이미 TV, 신문, 잡지 등을 통해 광고가 대대적으로 전개되고 있고 신문지상의 보도자료를 통해 소개되고 있는 이 첨단제품들은 소비자들로부터 큰 관심을 불러 모으고 있다. 이번 행사는 이러한 소비자들의 관심을 보다 구체화하기 위한 장(場)을 마련하여 소비자들이 제품을 직접 만져 보고 작동해 보며 첨단기능을 확인해 볼 수 있도록 한 것이다. 추석 연휴가 끼어 평소보다 내방객이 부쩍 늘어나 기대 이상의 큰 성과를 올린 이번 행사에는 내방객들의 흥미를 돋우기 위해 디지털피아노 합주회, 각종 판촉물 증정 등의 다채로운 이벤트가 함께 마련되어 이채를 띠었다. 또한 송파 서비스센터에서 출장지원을 나와 내방객들을 위한 즉석 애프터서비스를 실시하여 큰 호응을 얻었다. 첨단기술력을 상품화하는 데 성공하였다. 경기침체의 여파로 경쟁사들이 불황을 겪고 있음에도 불구하고 회사의 국내 영업이 오히려 급신장 추세를 보이고 있고 제품에 대한 소비자들의 반응도 호전되고 있기 때문에 연구 개발 부문에서는 히트상품 개발전략을 펴고 영업에서는 시장 점유율 1위 목표를 전개하여 공동보조를 취해 나가기로 하였다. 말초감각만 자극하는 광고가 아니라 논리적이고 과학적이며 설득력 있게 소비자에게 접근하는 광고를 폈고 개발과정을 진솔하게 보여 줌으로써 성능을 확실하게 공개하여 제품 판매에 큰 몫을 담당한 것으로 평가됐다는 언론계의 평가와 같이 동일 방식인 공기방울 세탁기를 전제품에 걸쳐 동시에 전환시켰기 때문에 급신장 추세를 보였고 한국의 역사 이래 전자, 전기제품에서 처음 있는 발명 제품이라는 점이 더욱 큰 영향을 미친 것이다.

2-5. 히트 상품을 팔아라

1991년도에 소비자들로부터 인기를 모은 가전제품의 특징으로는 기능의 복합화, 소비자 세분화, 새로운 아이디어, 창조적 아이디어에 바탕을 둔 한국형 제품의 정착 등으로 요약할 수 있다. 여러 가지 기능을 한꺼번에 즐길 수 있으면서도 조작이 간편한 제품과 새로운 디자인을 채택한 상품들이 소비자들로부터 큰 호응을 얻었다. 「올해는 국내 시장이 활발함에 따라 가전업체들이 이에 대응, 우리 실정에 맞는 한국형 제품 등, 아이디어 상품을 잇달아 내놓아 큰 성과를 거둔 해이기도 하다」는 언급과 함께 내외경제 신문사가 올해의 히트 아이디어 가전상품 선정에서 최고 히트 상품으로 공기방울 세탁기를 선정하였다. 공기방울 세탁기는 공기방울이 옷감에 부딪히면서 터질 때 발생하는 에너지를 빨래에 이용한 세계 최초의 제품으로 최고의 히트 상품으로 기록될 만하였다. 8월부터 본격 출하되어 9월 한 달 동안 3만 대가 팔리는 등, 인기를 끌었다. 매일경제신문사 편집자는 새로 개발된 신제품 가운데 소비자들로부터 선풍적인 인기를 모은 상품과 시판 초기부터 폭발적인 판매량을 기록한 제품이나 새로운 시장 영역을 확보한 신제품은 물론, 수입품보다 우수한 제품력으로 시장을 석권한 상품은 헤아릴 수 없이 많다고 하였다. 또한 그 신문에서는 새로운 개념을 도입해 잇단 신제품개발을 유도한 상품도 있다고 소개하고 그 가운데 새로운 아이디어로 소비사들로부터 인기를 얻었거나 수출 시장에서 경쟁력을 확보한 상품을 엄선해 10대 히트 상품으로 뽑았다. 10대 히트 상품 중에서 공기방울 세탁기에 대해서는 다음과 같이 설명을 하였다.

▲ 공기방울 세탁기 「파워」

물속에서 떠오르는 공기방울이 옷감에 부딪혀 터질 때, 발생하는 에너지가 빨래를 두드리는 효과를 내고 물속의 산소농도를 높여 세제의 용해 속도를 빠르게 해 세탁효과를 극대화한다는 원리를 적용한 제품이다. 대우 공기방울 세탁기 「파워」는 세제 사용량을 기존 세탁기보다 25% 정도 줄일 수 있어 합성세제의 사용을 줄이거나 저공해 세제로의 대체를 유도할 수 있는 공해 방지용 세탁기이다. 또 섭씨 10도 정도의 찬물에서도 공기 속의 산소가 세제의 용해를 도와 더운물에서 세탁한 것과 같은 효과를 낼 수 있는 에너지 절약형이다. 공기방울이 회전날개와 세탁물 사이에서 완충작용을 해내기 때문에 빨래의 손상을 줄이고 세제 잔류량은 50% 이상 감소시켜 준다. 공기방울 세탁기에는 이 밖에 다양한 소음방지 기능을 적용하는 등, 12건의 실용신안 특허가 가미되었다. 8월 말에 본격 시판돼 연말까지 18만 대가 팔린 일류 상품. 한편 중앙경제신문사의 91 히트 상품 지상 퍼레이드에서도 공기방울 세탁기가 선정됐다. 「공기방울로 빨래를 두들기는 효과」라는 제목으로, 「지난 8월 선보인 공기방울 세탁기는 좌우로 도는 회전판 날개에서 뿜어 나오는 공기방울이 옷감에 부딪히면서 터질 때 발생하는 에너지가 빨래를 두들기는 효과를 내어 기존 세탁기보다 세탁력이 55% 정도 향상됐다.」고 보도했다. 중앙일보사 선정 올해의 히트 상품에도 공기방울 세탁기가 선정됐다. 「공기방울 큰 성공 거둬」라는 제목으로, 「1991년도 히트 상품의 요건은 경기 변동이나 불황도 견뎌 내는 「대구재」여야 한다는 것이다. 올해 대부분의 기업들이 실속 없는 장사를 하고 내년부터 닥칠 불황에 대비하여 감량 경영에 착수하는 속에서도 히트 상품을 내놓아 시장 공략에 성공한 기업들은 여럿 있다. 올해 히트한 상품들은 아이디어와 기술력이라는 일반적 특성 외에도 고유한 몇 가지 특성들을 갖고 있다. 구매에 부담을 안 주는 중가품, 개방에 대비한 한국형 제품, 개방의 물결을 탄 외국형 서비스, 공해방지, 건강과 관련된 제품이라는 특성들이 그것이다. 본사가 선정한 92년의 히트 상품들을 소개한다」고 했다.

아래는 공기방울 세탁기에 대한 기사이다.

▲「공기방울」, 큰 성과 거둬

지난 7월부터의 2단계 유통시장 개방에 따라 예상되는 외제품 홍수 사태에 대비, 주요 가전업체들이 눈 돌리기 시작한 제품개발 전략. 흐르는 물에서 빨래하는 효과(공기방울 세탁기) 등 한국인의 정서와 생활 관습에 맞는 기능을 크게 강조한 제품들이 큰 인기를 끌었다. 8월에 내놓은 공기방울 세탁기는 출시 4개월 만에 13만 대가 팔려 나가는 성공을 거두었다. 조선일보사가 실시한 10대 히트 상품에서도 공기방울 세탁기가 선정됐다. 기사 내용은 「수출부진에 따른 경기침체가 계속돼 한국 상품이 수출 시장에서 밀려나면서 상대적으로 내수시장에서는 치열한 상전(商戰)이 펼쳐졌다. 올 한 해 국내 시장에서는 소득 수준의 향상으로 대형 고급제품의 수요가 늘어났고 환경에 대한 관심으로 저공해형 제품도 히트를 치며 높은 판매 신장률을 기록했다. 가전시장에서는 이와 함께 한국문화에 적합한 상품으로 한국형 상품들이 잇달아 개발됐고, 개발한 아이디어를 이용한 제품개발로 소비자들의 관심을 끌었다. 20억 원의 연구비를 들여 개발한 공기방울 세탁기는 새로운 아이디어와 기존 제품에 비해 세제 사용량을 줄일 수 있다는 장점으로 인기를 모았다.」고 되어 있다.

중앙일보사 자매지인 이코노미스트에서 「이것이 불황을 이긴 히트 상품의 비결이다」라는 제목으로 1991년도의 상품연구에 대한 기사를 다음과 같이 기술하고 있다.

▲ 공기방울 세탁기 불티나게 팔려 ······89% 높은 신장률

공기방울 세탁기는 지난해 8월 말부터 본격 출시된 이래 9월 한 달 동안에만 3만 대(6개 모델)를 돌파했다. 기존 신제품이 출시 후, 1개월 간 2,000~3,000대 정도 팔린 데 비해, 이 정도면 모델별로 3배 이상 잘 팔렸다는 계산이다. 또 지난 연말까지는 약 15만 대가 팔리는가 하면 올 5월 말까지 또다시 15만 3천4백 대가 팔려 총 30만 대를 넘어 섰다. 지난 분기 동안 가전 3사의 실적만 놓고 보면 세탁기 시장에서 대우의 마킷셰어는 27%로 전년 동기의 12%보다 크게 높아졌다. 또 금성이나 삼성이 전년 동기 대비 30% 이상의 마이너스 성장을 한 데 비해 대우는 89%의 높은 신장률을 보인 데서도 공기방울 세탁기의 인기도를 측정할 수 있다. 대우는 지역별 특성에 맞게 수출용 18개 모델의 개발을 끝낸 상태인데 지난 4월 대만에 총 1만 5천 대를 공급 하기로 계약한 데 이어 금년 중으로 일본 및 홍콩, 싱가포르 등 동남 아 지역에만 약 10만 대를 수출할 계획도 세워 놓고 있다. 공기방울 세탁기는 공기방울이 옷감에 부딪히면서 터질 때 발생하는 에너지가 빨래를 두드리는 효과와 삶아 빠는 효과를 내도록 했다. 이 제품은 기존 세탁기보다 세탁력을 55% 향상시킨 제4세대 세탁기로 세제 사 용량을 25% 감소시켰고 옷감 손상도 40%나 개선시킨 획기적인 상품 으로 평가받고 있다. 공기방울 세탁기가 결정적으로 인기를 끌 수 있 었던 것은 앞서 말한 세정력과 저공해 등 성능 면에서 소비자에게 크

게 어필하였고, 공기방울의 삶아 빠는 효과 등, 한국적 요인으로 관심을 끌었기 때문이다. 여기에다 광고 및 세계 최초 논쟁 등으로 소비자의 관심 및 인지도가 확대된 덕도 톡톡히 보았다. 공기방울 세탁기는 대우가 세계 일등상품개발 전략의 일환으로 상품화한 첫 번째 작품이다. 1984년경부터 공기방울 세탁원리의 상품화 가능성이 검토됐으며 1990년 8월 이후 50여 명의 연구 인력과 20여억 원의 개발비가 투입돼 비로소 탄생했다. 이렇게 각 신문사에서 공기방울 세탁기에 대하여 좋은 반응을 보여 주었던 것이다. 이것은 결국 제품의 우수성을 인정하는 것이라 할 수 있다. 그러므로 무엇보다 제품만 우수하다면 누구나 다 인정을 하게 마련이고 그것은 곧 인기 상품으로 떠오를 수 있는 가장 좋은 방법이 된다는 것을 증명하고 있는 것이다.

▲ 공기방울 세탁기

작년 8월 대우전자가 공기방울을 이용해 개발한 「파워」가 지난 6월 2만 2천 대나 팔리는 등, 상반기 동안 11만 3천 대가 팔려 나갔는데 이는 이 회사의 작년 동기 세탁기 매출액의 배 이상에 달하는 것이다. 대우전자는 이 제품을 둘러싸고 금성사와 특허 분쟁에 휘말리기도 했는데 현재 대만에서 특허를 얻었을 뿐 아니라 일본, 홍콩 등에 수출키로 돼 있어 생산 라인을 증설하고 있는데 연말까지 모두 24만 대를 판매할 계획이다. 또 이를 계기로 삼성전자에서 삶는 세탁기를 개발하는 등, 경쟁업체들의 신제품 개발을 자극하는 촉매 역할을 하기도 했다는 평이다. 히트 상품은 자주 탄생하는 것도 아니고 힘들이지 않고 태어나는 것도 아니다. 수많은 밤을 새우고 심혈을 기울일 때, 비로소 히트 상품은 탄생될 수 있다. 이처럼 수많은 시행착오와 각고 끝에 탄생된 것이라야 히트되지만, 그렇다고 모두가 히트하는 것은 아니다. 연구를 하다 보면 히트가 되는 경우도 있고, 되지 않는 경우도 있는 것이다. 다만 히트가 되는 것의 공통점이 있다면 참신한 아이디어에 혁신적인 과학기술이 포함되어 있다는 점을 알 수 있다.

불황을 모르는 튼튼한 기업, 제품 하나로 세계를 지배하는 기업, 이런 기업엔 경쟁사들이 모방할 수 없는 독창적이고 차별적인 상품 서비스가 있다. 특히 성숙화된 산업일수록 고객의 욕구에 부응하는 고품질의 상품개발을 하고 있다. 이것이야말로 기업의 사활을 좌우하게 하는 중요한 요소이다. 그래서 미국과 일본을 따라잡고 불황을 돌파하기 위해서는 빨리 소비자의 가슴을 파고들고 고객의 마음을 사로잡을 수 있는 소비자 만족형의 히트 상품을 개발해야 한다. 이제 우리의 기술은 대변신을 꾀해야 한다. 히트된 상품의 제품도 팔고 기술도 파는 방향으로 전환하여야 된다.

업체들 간의 모방제품을 가지고, 소아병적 경쟁에 매달릴 것이 아니라 세계를 상대로 히트 상품의 제품과 기술을 함께 팔아야 하는 시대가 된 것이다.

나는 1,000번 실패한 것이 아니다.
단지 실패할 수 있는 1,000가지 방법을 알아낸 것이다.
-THOMAS EDISON-

성공을 위한 3가지 필수 조건
a. 남보다 많은 지식을 갖고 있을 것
b. 남보다 더 열심히 일할 것
c. 남보다 큰 기대를 갖지 말 것

-WILLIAM SHAKESPHERE-

IV.

연구개발과 광고전략

왜 방망이로 두들기면 빨래가 깨끗해질까? 무엇이 빨래에 묻어 있던 먼지와 때를 없애 버렸을까? 이것을 곰곰이 생각하던 끝에 필자는 공기방울의 원리를 별견했고 마침내 세계 최초로 공기방울 세탁기를 발명할 수 있었다.

공기방울로 빨래를 빤다는 발상은 외국의 과학서적 속에 있었던 것이 아니라 이미 우리 어머니의 방망이질 속에 깃들어 있었던 것이다. 아직은 몇 안 되지만 우리나라에서 세계적인 것으로 호평받은 사례들을 보면 거의 한국적 전통의 슬기를 이어받은 것들이다. 우리의 소리에서 이제 세계의 소리가 된 판소리나 사물놀이, 현대예술의 새로운 지평을 연 백남준의 비디오 아트, 음악의 고장 독일에서 서양 음률의 틀을 깬 윤이상의 오페라 「예악」, 미술의 메카 파리 평단을 뒤흔든 이응로 화백의 연작 그림, 심지어 국제 영화제에서 최우수작품상을 수상한 「달마가 동쪽으로 간 까닭은」이라는 영화에 이르기까지 세계를 놀라게 한 한국의 예술은 거의가 민족적인 것을 현대적으로 계승한 것들이다.

필자 또한 필자의 어머니가 빨랫방망이로 빨래를 빨던 것을 다시 떠올려 과학적 대상으로 삼았기에 세계 최초로 공기방울 세탁기를 발명할 수 있었다. 여기 공기방울 세탁기의 개발이 이루어지기까지의 과정과 프로파간다 작전을 공개한다.

1. 연구개발의 비밀을 고백한다

1-1. 빗물로 바위를 뚫는다는 심정으로 하다

불경기든, 호경기든 간에 기술개발에 대한 투자는 게을리해서는 안 된다. 그리고 연구도 빗물로 바위를 뚫는다는 신념을 가지고 적극적으로 해야 한다. 그러한 결과가 공기방울 세탁기를 만들어 내게 했던 것이다. 공기방울 세탁기는 종전의 세탁기 개념을 완전히 바꾸어 놓았다. 이 신제품은 탁월한 세척력으로 하여 세계 일류상품으로 손색이 없는 우수한 제품으로 평가받고 있다. 다른 가전제품과 마찬가지로 세탁기도 그 성능과 품질 면에 있어 눈부신 발전을 거듭하였다. 요즘에는 한 번만 버튼을 누름으로써 세탁기가 세탁 조건을 스스로 찾아내어 동작하는 퍼지(fuzzy) 제어 기능을 가지게 되었는가 하면, 더 나아가서 거기에 학습제어 기능을 부가한 뉴로 퍼지(neuro fuzzy) 제어 기능을 갖춘 세탁기까지 등장하고 있다. 이렇게 기술이 날로 발전하고 있지만, 결국 세탁기의 회전수류판이 일으키는 복잡한 수류에 의하여 세탁물에 물리력을 가한다는 과정 자체에는 변화가 없다. 의류 오염의 경우에 인체에서 나오는 기름때가 75%, 단백질 오염 10%, 무기질 오염이 15% 정도 차지한다. 옷에 묻은 얼룩이나 더러움을 제거하여 새 옷이나 다름없는 깨끗함을 유지하고 섬유의 피로와 변형을 막아 옷의 아름다움과 내구성을 유지해야 한다. 옷과 피부 사이의 온도가 35도 내외이고, 습도가 50% 내외일 때에 춥지도 덥지도 않은 알맞은 상태가 된다. 가장 좋은 세탁기는 항상 이러한 상태로 옷을 유지시키게 할 수 있어야 한다. 세탁의 기본적인 목적은 세탁물에 붙어 있는 오염물을 분리하여 의류 본연의 기능을 회복하는 데 있으나, 오염을 분리하는 과정은 매우 복잡하고, 그 과정에 영향을 줄 수 있는 요인들이 너무 많기 때문에 한마디로 설명하기는 쉽지 않다. 그럼에도 불구하고 한 가지 분명한 사실은 세탁이 되는 원리는 다 같다는 점이다. 즉 세탁물과 세제를 물속에 넣었을 때, 세탁물에 붙어 있는 큰 덩어리의 때는 점점 작게 분리되어 세제 용액으로 흡수되는 것이다.

그러나 물과 세제만으로는 언제나 기름때가 완전히 빠지지 않으므로 세탁이 반복될수록 의류가 누렇거나 검게 변하고 쉽게 낡아지는 원인이 되는 것이다. 이때에 손으로 비비거나 주무르면 세제가 다시 작용하여 세제의 거품이 일면서 때가 쉽게 빠지는 것이다. 이 작용은 세제의 친유기가 때의 표면에 모여 세제 분자가 때를 감싸서 섬유에 다시는 달라붙지 않게 하며, 세제 분자의 작용으로 큰 때를 적게 만드는 것이다. 따라서 비비거나 주무르거나 문지르는 등의 물리적 조작을 연속적으로 가해야 하는 것이다. 세탁기를 개발하는 동안 내내 풀리지 않는 궁금증이 있었다. 그것은 어머니가 빨래를 할 때, 방망이질을 하던 어린 시절의 기억과, 그때 보았던 빨래터는 호수나 물웅덩이 근처가 아니라 항상 흐르는 시냇물가였다는 점이 그것이다. 또 하나는 어느 날 공기방울 발생 장치가 있는 어항을 바라보다가 공기방울이 닿는 곳에는 이끼가 끼지 않는다는 점을 발견하고 그 공기방울이 물속에서 어떤 힘을 작용하는 것이 아닐까 생각하였던 것이다. 그리고 공기방울 발생 장치가 있는 어항 속의 물은 그렇지 않은 물보다 훨씬 깨끗하다는 것을 발견하고는 일말의 의문이 머릿속에 자리하기 시작했던 것이다. 공기방울이 세탁에 어떤 좋은 영향을 미칠 수도 있겠다는 아이디어는 바로 여기서 얻은 것이다. 수년의 실험을 통해서 알게 된 사실이지만, 확실한 사실은 방망이로 물에 흠뻑 젖은 빨래를 두드릴 때는 섬유에 직각 방향으로 속도가 큰물의 흐름이 발생되므로 옷감의 손상이 크다는 점만을 제외하고는 가장 효과적인 세탁방법이라 할 수 있고, 공기방울이 세탁물 사이에서 터질 때, 발생하는 압력파, 또는 초음파가 공기방울과 함께 세탁물 사이에서 골고루 분포하여 세탁 효과를 향상시키며 균일한 세탁을 해 주는 것이었다. 또한 일반 세탁기에서는 세탁 후에 세탁물 사이에서 세제의 가루가 녹지 않고 옷 사이에 하얗게 남아 있는 것을 볼 수 있는데 이것은 세제가 물속에서 완전히 녹지 않기 때문이었다.

표준 사용량이라고 정해진 세제를 넣고 세탁을 하면 세제가 완전히 녹지 않아 깨끗한 세탁을 할 수 없었고, 따라서 소비자는 더 많은 세제를 사용하게 되었다. 이것은 우리의 하천을 오염시키는 데 있어서도 큰 원인의 하나였던 것이다. 공기방울 발생 장치가 있는 어항 속의 물이 깨끗한 것처럼 공기방울의 각종 에너지는 세제의 용해도에 영향을 미쳐 세제를 물속에서 빨리, 완전하게 용해시킴으로써 환경오염을 줄여 줄 뿐 아니라, 옷감의 손상도를 줄이고, 피부의 건강에도 바람직한 결과를 가져오는 것이었다. 1984년부터 1990년 7월까지 나는 직책이 TV 개발부장이었기에 공기방울이 어항에 미치는 효과를 분석하고 세탁기에 적용할 수 있는 아이디어를 도출하기 위하여 주로 집에서 실험하였다. 2조식 구형 세탁기에 어항의 기포 발생기를 장착하여 모형으로 실제의 세탁실험을 했던 것이다. 그러다가 1990년 8월에 가전개발부로 이동하게 되어 세탁기 개발을 직접 담당하면서 체계적인 실험에 들어갈 수 있었다.

1-2. 치밀한 계획부터 짜다

새로운 세탁기를 개발하는 작업에 본격적으로 돌입하게 되면서 우리는 공기방울 세탁기를 성수기에 알맞게 생산하여 소비자에게 신제품을 홍보하고 판매하기 위한 론칭 플랜(Launching Plan)을 수립하였다. 제품개발에 관련되는 상품 기획부, 광고부, 광고회사, 개발부 관련 요원이 합심하여 공기방울 세탁기를 적기에 출시하기 위한 사전 준비를 철저하게 한 것이 공기방울 세탁기가 소비자에게 크게 호응을 받게 된 요인으로 판단되는데, 세계 최초의 공기방울 세탁기를 양산 개발하기 위한 사전 준비로 우리는 3단계 전략을 구성하여 시행하였다. 제1단계는 기존 세탁기의 문제점 중 찌든 때가 묻은 세탁물을 빨 때는 세탁이 잘되지 않아 애벌빨래를 하던 것을 개선하는 것이었다. 수류에 의하여 빨래가 이동할 때, 발생되는 압력변동이 세척력을 극대화할 수 있도록 공기방울의 발생량을 적절히 설정하였다. 세탁과 탈수를 할 때, 옷감이 쉽게 상하며 수축이 심하고 올이 쉽게 풀어지는 것은 빨래판과 직접적인 마찰로 발생되는 손상이었으므로 공기방울이 옷감에 완충작용을 일으켜 옷감의 손상 및 수축을 방지할 수 있는 공기방울의 크기 설정을 하였다. 또한 세제를 많이 사용하여 세탁 후, 옷감에 세제가 묻어 나오는 것을 막기 위하여 공기방울을 공급하여 공기 속에 있는 산소를 물속에 용해시켜 세제를 빨리 녹아들도록 최적의 용존산소량을 설정하였다. 빨래판에 의한 수류만으로는 빨래의 구석구석까지 세탁이 되지 않는 것에 대해서는 공기방울이 부상할 때 옷감을 감싸는 형태의 부력을 주어 구겨진 곳을 펴 주고 오염된 부위를 밖으로 뒤집도록 하였다. 이상과 같은 효과를 위해 최적시간의 설정을 비롯해서 세탁기 구조에서 공기방울의 효과를 극대화할 수 있는 분사장치, 분사각도 등을 실용화하는 방안을 정립하였다. 제2단계는 공기방울 세탁기의 방향 정립을 구체화한 것으로, 구조설계와 공기방울 제어 방법 및 투입 위치, 공기방울 발생량 결정과 확인 실험을 통한 이론적 근거의 도출과 함께 실용화에 적용할 수 있도록 개선하는 것이었다. 공기방울 크기에 따라 세척력 효과에 차이가 있었으며 공기방울이 커지면 수류의 압력변동이 적어 세탁 효과는 반감되었다. 그래서 공기방울의 크기를 작게 하기 위하여 빨래판(교반익)과 세탁조의 틈새를 줄여 크기를 작게 하였다. 공기방울이 세탁 중 옷감에 부딪히는 것을 최대로 하기 위하여 분사장치(Nozzle)의 위치를 세탁조 바닥에 설치하고 분사장치 출구 형상을 30도 기울여 빨래판 속으로 공기를 집결시키며 빨래판이 회전할 때, 원심력에 의하여 공기방울의 알갱이를 작게 하고 공기방울을 분산시키는 구조설계로 공기방울의 손실을 최소화하였다. 옷감의 양에 따라 수위를 저·중·고로 사용하고 물속의 용존산소량 설정에 의한 산소 발생량을 2,250~2,700 cc로 구분하여 적용하였다. 공기방울이 빨래를 부상 및 회전시켜 충격을 주는 효과를 발생할 수 있도록 1분간 통전과 단전을 반복하는 제어회로를 설정하였다.

제3단계는 공기방울 세탁기의 소비자 광고를 위한 판매 전략의 설정으로서, 이는 크게 소비자 입장에서 본 욕구충족 및 사회적으로 필요한 동기부여를 위하여 주 기능 및 부가기능으로 나누었다. 주 기능은 깨끗하고 강력한 세탁이라는 슬로건 아래 시험의 결과 데이터에 의거한 세탁 세정도 55% 상승, 포 손상도를 40% 개선하였으며, 부가기능으로서 사회적 분위기에 호응하여 환경보호에 기여하는 공기방울 세탁기의 이미지 상승효과를 부여하도록 세제 절약 25% 감소, 옷감의 세제 잔류량 50% 감소라는 제품개념을 도입하였다. 그리고 세탁기의 닉네임(Nick Name)은 기존에 사용하던 「예예」를 공기방울 세탁기에 사용하기에는 소비자 인지도가 낮고, 강력한 세탁 효과를 가진 세탁기를 표현하는 데에는 한계가 있다는 판단에 따라 바꾸기로 하였다. 이를 위해 소비자 설문조사 결과를 토대로 하여, 그동안 제안된 11건의 닉 네임 중에서 공기방울 세탁기의 기능 연계성과 발음의 용이성, 세탁기 이미지의 잔존성 등을 잘 나타낼 수 있다고 판정된 「파워(power)」로 결정하였다. 그리하여 「파워」를 대우 공기방울 세탁기를 대표하는 닉네임으로 제작·사용하고 본격적인 출시를 준비하였다. 또한 공기방울 세탁기 「파워」를 출시 후 공기방울 세탁에 대한 홍보를 위하여 실제 세탁조 안에서 공기방울이 생성되는 것을 직접 볼 수 있도록 투명하게 교육용 세탁기를 제작하여 전국 대리점에 진열 전시하고 소비자가 직접 작동 및 체험을 해 보도록 하였다. 이를 통해서 공기방울 세탁에 대한 인식을 확산시키는 데 성공하게 되었다. 이와 함께 초기에 공기방울 세탁기의 판매 저변 확대를 위하여 시제품을 생산한 후, 모니터링을 실시하여 실제 소비자가 세탁기를 사용하고 비교 평가하여 공기방울 세탁기의 우수성을 직접 체험하는 기회를 부여한 것이 공기방울 세탁기의 우수성을 소비자의 입과 입을 통하여 널리 알리게 하는 결정적인 계기가 되었다. 공기방울 세탁기를 1991년 8월 말에 본격적으로 출시하여 판매함과 동시에 대대적인 광고를 TV 및 신문지상에 실시하기 위하여 제품 판매 전략 설정과 동시에 광고의 인물로서는 공기방울 세탁기와 같이 파워풀한 인물을 선정한 결과, 소비자가 매사에 자신 있고 추진력 있는 파워풀 맨으로 인지하고 있는 탤런트 유인촌 씨로 결정하여 광고 제작 단계에서 코래드(KORAD) 제작진과 여러 차례의 협의를 거친 후 투명 세탁기의 내부에서 공기방울이 생성되어 세탁이 되는 과정을 TV 및 신문지상에 발표하였다. 이것은 앞서 모니터링 단계에서 소비자의 입에서 입으로 전파되고 있던 관심을 더욱 집중시키도록 하는 효과를 얻음으로써 소비자를 비롯한 학계의 관심이 집중되게 하였다. 그리하여 시장개방에 대처하는 제품개발이라는 평가가 연일 신문지상에 대서특필되고 제품 자체에 대한 각계의 조언과 격려가 수없이 쇄도하였다. 학계 및 소비자의 격려와 조언에 따라서 공기방울 세탁기의 개연성을 체계화하고자 기술원을 비롯해서 기타 연구기관 및 산학연과 협동 연구를 실시하여 공기방울이 세탁에 미치는 작용에 대하여 연구와 시험을 하였다. 이를 통하여 첫째, 공기방울에 의한 압력변동이 증대되어 세탁물을 수직으로 진동시켜 세척력을 55% 증가시키는 원동력이 되었고, 둘째, 공기방울에 의하여 세제의 용해도 향상을 통하여 기존 세탁기의 문제점이었던 세제가 옷감에 남아 있어서 생기던 냄새와 위생적인 문제들을 해결하고, 셋째, 세제 사용량을 25%나 줄임으로써 저공해 세탁기의 표본이 되었으며, 공기방울의 지속적 공급을 통하여 용존산소량이 증가되어, 세탁시간 동안 계속 신선한 세탁수를 유지하여 상쾌한 세탁으로 오염을 방지하게 되었고, 넷째, 공기방울과 기존 세탁수류의 조합을 통하여 옷감 손상도를 40%나 감소한다는 이론적 토대를 구축하여 국내 기계학회지에 제출하여 큰 반응을 일으키게 하였다.

1-3. 공기방울 세탁의 원리를 말한다

연구원들과 함께 실험에 실험을 거듭한 끝에 우리는 공기방울이 세탁에 놀라운 효과를 준다는 것을 데이터로써 확인할 수 있었다. 그리하여 1990년 12월부터는 본격적으로 상품화 개발에 착수하게 되었다. 이때의 목표는 단순히 공기방울을 발생시켜 빨래에 주입시키는 것이 아니라, 세탁물의 양에 따라 공기방울 크기 인자, 공기량, 공급 시간 등을 최적으로 설정하여 공급하는 공기방울 이용 세탁방법을 개발하여 세계 제일의 상품을 만들자는 것이었다. 이것은 세탁기의 본질적인 기능이라고 할 수 있는 세탁력을 55%나 향상시키기 위한 노력이기도 했다. 개발이 어느 정도 완료되는 단계에서 제품의 신뢰성을 확보하기 위한 제품의 Test에서는, 시중에서 유통되고 있는 전체 세제에 대한 공기방울 세탁기에서의 세탁 효과를 분석하여 세제별로 올바른 세제 사용량에 대한 설명 및 세제 사용 계량컵을 삽입하여 소비자들에게 올바른 세제량의 사용을 유도하여 세제 절감 효과를 갖도록 했다. 또한 한국화학시험 검사소와 1991년 5월에 실시한 환경에 미치는 영향을 고려하기 위한 세탁세제의 생분해도 시험, 음이온 계면활성제 순도시험에서 음이온 계면활성제(세제 잔류량)는 기존 세탁기 대비 50%나 감소된다는 사실을 입증했다. 세탁물의 손상도를 파악하기 위하여 한국과학기술원과 세탁오염포 조직을 전자현미경으로 300배 확대한 세탁 전후의 전자현미경 촬영의 결과는 옷감 손상도가 적어지는 효과를 눈으로 직접 확인할 수 있었다. 공기방울 세탁기 수류의 압력 변화 및 초음파 세탁 세제 점도 변화, 용존 산소량 측정을 위한 한국기계연구소 부설 해사기술연구소 등과 시험하여 공기방울 세탁의 물리적 작용에 의한 초음파 발생, 압력변동, 세탁물의 상승과 하강, 충격량의 작용에 대해서, 그리고 화학적 작용에 의한 세탁수점도의 변화, 용존 산소량의 변화를 시험했다. 이 시험의 결과는 이미「대한기계학회지」(1992. 1월호)에 발표되었다. 이 시험을 통하여 세탁력 55% 향상, 옷감 손상도 40% 감소, 세제 잔류량 50% 감소, 세제 사용량 25% 감소라는 효과에 대한 이론적 토대를 구축한 것이다. 공기방울 세탁기는 종전의 세탁기의 개념을 바꾸어 놓으면서 탁월한 세척력을 발휘하여 세계 일류상품으로 손색이 없는 우수한 제품으로 평가받고 있다. 다른 가전제품과 마찬가지로 세탁기도 그 성능과 품질에 있어 눈부신 발전을 거듭하여 요즈음에는 세탁 조건을 스스로 찾아내어 동작하는 소위 「인공지능 세탁기」까지 등장하고 있으나 결국은 펄세이터(Pulsator)가 일으키는 복잡한 수류에 의하여 세탁물에 물리력을 가한다는 과정 자체에는 변화가 없었다.

세탁의 기본적인 목적은 세탁물에 붙어 있는 오염물을 분리하여 의복 본연의 기능을 회복하는 데 있으나, 오염물을 세탁물에서 분리하는 과정은 매우 복잡하고 그 과정에 영향을 줄 수 있는 요인들이 너무 많기 때문에 한마디로 설명하기는 쉽지 않다. 오염이 세탁물에 부착하고자 하는 힘을 「계면장력」이라고 하는데 계면장력은 반데르발스 결합, 섬유내로의 확산 등과 같은 여러 가지의 원인으로 인하여 발생하는 「인력(引力)」이라고 할 수 있다. 결국 세탁이란 <그림 4-1>과 같이 외부로부터 이 계면장력을 능가하는 에너지를 주어 오염물을 세탁물로부터 떼어 내는 과정인데 세제를 투입하여 계면장력의 크기를 감소시킨다든가, 주무르고, 비비고, 두드리고 하여 직접적인 힘을 가하는 것 등과 같은 행위는 바로 외부로부터 주어지는 에너지의 종류라고 할 수 있다. 사람이나 환경에 따라 섬유에 부착하는 오염의 종류와 정도가 크게 다르고 같은 종류의 오염이라도 경과한 시간에 따라 다른 성질을 갖게 되므로 가장 효과적인 세탁방법은 경우에 따라 달라질 수밖에 없다. 일반적으로 세탁에 있어서 세제에 의한 작용을 제외한다면 기계적인 힘의 작용은 <그림 4-2>와 같이 대부분 수류의 형식으로 오염에 작용하게 되는데 이 수류는 오염에 대한 상대속도가 크고 섬유에 직각 방향으로 작용할 때, 세탁 효과가 커진다. 이것은 수류가 섬유에 평행할 때에는 물이 갖는 점성으로 인해 섬유 표면에 가까울수록 속도가 떨어지는 구배(勾配)가 생겨 섬유 표면에 부착되어 있는 오염에 효과적으로 작용할 수 없기 때문이다. 방망이로 물에 흠뻑 젖은 세탁물을 두드릴 때에는 섬유에 직각 방향으로 속도가 큰 물의 흐름이 발생되므로 옷감의 손상이 크다는 점만 빼고는 가장 효과적인 세탁방법이라고 하겠다. 이러한 세탁의 원리에 비추어 볼 때, 기존 세탁기의 방식으로는 세척력에 한계가 있기 마련이고 세탁물의 꼬임과 같은 바람직하지 못한 현상으로 옷감의 손상도가 크고, 위치에 따라 세탁 정도에도 차이가 나는 등으로 인해 대부분의 주부들이 부분적인 손빨래를 한 다음에야 세탁기를 사용하고 있는 실정이다. 이러한 상황에서 볼 때, 공기방울 세탁기는 물속에 존재하는 공기방울의 오묘한 작용을 이용하여 기존 세탁기의 결정적인 단점을 보완한 혁신적인 제품이라고 할 것이다. 공기방울의 세탁에 대한 작용을 보다 과학적이고 체계적으로 설명하기 위하여 공기방울의 세탁현상에서 나타나는 특징들을 분석하고 정밀측정을 통하여 공기방울 세탁방식의 우수성을 증명하고자 한다. 이러한 자료들을 바탕으로 향후 개발될 공기방울 세탁기의 성능을 한층 더 향상시키는 데 기여하고자 한다.

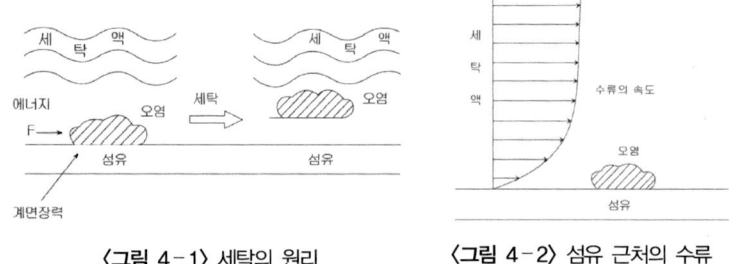

<그림 4-1> 세탁의 원리   <그림 4-2> 섬유 근처의 수류

먼저, 펄세이터에 의한 수류와 잘게 쪼개진 공기방울이 혼합된 상
태에서 세탁이 될 때와 공기방울이 없는 상태에서 세탁이 될 때를 비
교해 보면 다음과 같이 몇 가지 특징에서 차이점이 있다. 첫째, 섬유
의 빛 반사율로서 세탁의 정도를 측정하는 세정도가 최대 55% 향상
된다. 특히 공기방울 세탁 때는 40℃ 이상의 수온에서보다 일반 수돗
물의 수온인 10~30℃의 수온에서 세정도의 향상이 두드러진다. 둘
째, 세탁기 어느 부분이나 골고루 된다. 세탁성능 시험에는 15개의 오
염된 시험포를 세탁물의 각 부분에 골고루 부착하여 시험하게 되는
데 시험 결과 각 시험포의 세정도 편차가 공기방울 세탁에서 2배 정
도 작다. 셋째, 펄세이터와의 마찰, 격렬한 수류 등에 의해 세탁물에
발생하는 옷감 손상도가 40% 정도 향상된다. 넷째, 세탁 후 세탁물에
잔존하는 세제 잔류량이 50% 감소한다. 위와 같은 특징에서 관찰할
수 있는 것은 펄세이터에 의한 수류는 많은 세탁물 사이를 원만하게
흐르지 못하므로 세탁이 골고루 될 수 없으나, 공기방울에 의한 세탁
은 수류에 의한 세탁과 공기방울에 의한 압력파 혹은 음파 등에 의해
공기방울과 함께 세탁물 사이에 골고루 분포하여 세탁 효과를 향상
시키며 균일한 세탁이 될 수 있게 해 줌을 알 수 있다. 골고루 세탁이

되는 것은 세탁 후의 얼룩 현상이 없어지므로 육안 식별로 훨씬 깨끗해졌음을 알 수 있다. 또한 펄세이터의 가장자리에서 집중적으로 발생하는 공기방울은 가장 회전속도가 빠른 펄세이터 가장자리로부터 부력에 의해 세탁물을 상승시키므로 세탁물의 손상을 줄이는 효과도 같이 나타난다. 최근 개발된 공기방울 세탁기의 공기방울 입자는 지름이 평균 2.1㎜로서 세탁 중, 총 500여만 개가 발생하며 이 작은 공기방울이 수중에 고루 분포했을 때는 세탁물을 전체적으로 상승시키지 못하며 오히려 수류에 의해 세탁물과 같이 움직인다. 그러나 공기방울이 집중적으로 발생하는 펄세이터의 가장자리에서는 큰 부력으로 세탁물을 상승시키므로 옷감의 손상을 줄인다. 이와 같이 공기방울은 세탁에 많은 영향을 미치고 있는데, 이제 그 효과에 대하여 한 가지씩 분석하기로 하겠다.

소리, 즉 음의 전달이란 공기, 물(액체), 고체를 통해서 전달되는 종파인 소밀파의 일종이라고 할 수 있다. 즉 음은 파동으로 전달되는 음파이다. 음의 높낮이는 1초 동안에 진동하는 횟수, 즉 주파수의 고·저에 따라 다르며 음의 강약은 진동과 진폭의 대소에 따라 다르다. 초음파는 이러한 음파의 일종으로 예전에는 단순히 인간의 귀로 들을 수 없는 높은 주파수의 음을 초음파라고 정의하였었다. 인간이 들을 수 있는 한계라고 하는 것은 사람에 따라 또는 연령에 따라 달라질 수 있으나 보통 16Hz에서 20㎑ 정도라고 한다. 그러므로 20㎑ 이상의 주파수를 갖는 음을 초음파라고 부르고 있다. 들을 수 있는 음의 강약에도 한계가 있어 0.0002ubar에서 약 200ubar 정도이며 200ubar에서는 귀에 통증을 느끼며 그 이상에서는 고막이 파열된다. 음파를 단순히 듣는 기능에만 사용한다면, 그 측정 기준을 사람의 귀로 하여도 문제가 없겠으나 사람이 듣는 소리는 그 매질이 보통 공기로 한정되어 있다. 특히 근래 들어서처럼 음파를 동력적, 통신적 목적으로 사용하기 위해서는 보다 일반적인 측정 기준을 필요로 한다. 소리는 결국 우리 귀가 감지하는 공기의 압력 변화이므로 이 압력의 크기로 정의하면 될 것이다. 그러나 사람이 들을 수 있는 소리의 크기는 최저 $2 \times 10 - 5N/\text{㎡}$에서 $200N/\text{㎡}$에 이를 만큼 광범위하여 압력 자체로 소리의 크기를 나타내기는 불편하므로 그 양의 Log 값을 이용한다. 이 단위를 dB(decibel)이라고 하는데 아래와 같이 정의한다.

$$dB = 20 \cdot \text{Log} 10 \frac{\text{측정 값}}{\text{기준 lever 값}}$$

이 기준 lever 값은 최저 가청 값인 $2 \times 10 - 5N/\text{㎡}$를 사용한다. 따라서 $2 \times 10 - 5N/\text{㎡}$ 이하의 작은 압력 값을 가지는 음파는 우리가 들을 수 없다. 초음파의 가장 대표적인 동력적인 이용 분야는 「세척」 분야이다. 액체 내에 강력한 초음파를 발사하면 초음파는 소밀파이므로 액체 내에 순간적인 압력의 증감 현상이 일어난다. 순간적인 감압에 의하여 액체 내에 공동이 생기는 현상을 캐비테이션(Cavitation) 현상이라고 하는데 이 공기방울이 부서질 때 액체 중에 커다란 힘을 주게 된다. 또 온도도 국부적으로 상승한다고 알려져 있다. 초음파의 주파수가 지나치게 높으면 이러한 캐비테이션 현상이 오히려 일어나기 어려운데 이것은 공기방울이 팽창, 수축하는 데는 일정한 시간이 소요되고 주파수가 높으면 그만큼 팽창, 수축의 폭이 작아지기 때문이다.

공기방울 세탁기에서 발생하는 공기방울은 캐비테이션 현상에서처럼 국부적인 감압에 의한 것이 아니고 별도의 공기방울 발생 장치에서 공급되는 것이기 때문에 엄밀한 의미에서는 캐비테이션이 아니지만, 공기방울이 옷감에 부딪혀 터지거나 분리되는 과정은 캐비테이션의 현상과 유사하다. 공기방울이 발생, 소멸되는 과정에서 발생하는 초음파는 그 강도가 어느 정도이며, 그 강도를 압력 값으로 계산해 봄으로써 세탁물에 대해 어느 정도의 세척 효과를 가지는지를 알 수 있다. 세탁기에는 모터의 회전이나 기타 부속물의 작동, 수류에서 일어나는 소리 등 많은 소음원이 존재한다. 우리가 듣는 「세탁기의 소리」라는 것은 물론 우리가 들을 수 있는 가청 범위 내에 들어오는 주파수를 갖는 소리이며 그 범위 밖의 소리, 즉 우리가 귀로 들을 수 없는 초음파도 발생할 것이다. 그러므로 공기방울 세탁기와 기존의 일반 세탁기에 대해 초음파 측정 실험을 행하여 그 차이를 비교하여 공기방울의 효과를 알아보는 것이 바람직할 것이다. <그림 4-3>은 초음파 발생 측정 실험을 위한 실험 장치의 개요이다. 하이드로폰 (Hydrophone)은 물속에서 음파를 측정하는 장치이며 여기서 포착한 전기적 신호를 증폭하고 디지털 신호로 전환하여 컴퓨터로 보내서 우리가 알기 쉬운 형상으로 처리하게 된다. 펄세이터 아래에 위치하고 있는 공기 발생 장치로부터 나온 공기는 펄세이터 아래의 공간에 일시적으로 고였다가 펄세이터의 회전에 따라 작은 공기방울로 부서지면서 펄세이터와 세탁조의 틈새로 분출된다. 발생된 공기는 자체의 부력과 수류에 의하여 세탁조 내의 전 영역에 공기방울이 발생할 때가 발생하지 않을 때보다 골고루 분포되고 옷감에 부딪히거나 갑자기 압력이 낮은 곳으로 이동하는 등의 원인으로 터지거나 더 작은 것으로 분리된다. <그림 4-3>에 나타난 바와 같이 공기방울이 발생하는 틈새로부터 5㎜ 떨어진 곳에 Hydrophone을 설치하여 공기방울이 발생할 때와 같은 위치에서 발생하지 않을 때로 나누어 측정하였다. <그림 4-4>에 나타난 바와 같이 20㎑를 기준으로 가청 영역과 초음파 영역으로 나누어 보면 더 많은 초음파가 발생하고 있음을 알 수 있다. 초음파 영역에서 두 그래프 간의 차는 바로 공기방울에 의한 초음파 발생 효과인데 이를 압력 단위로 환산해 보면 <표 4-1>과 같다.

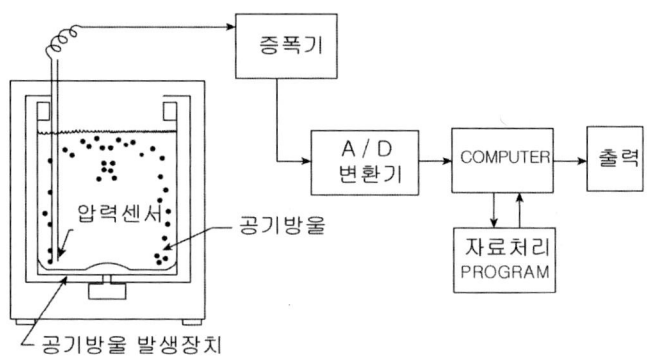

〈그림 4-3〉 초음파 측정 실험 장치

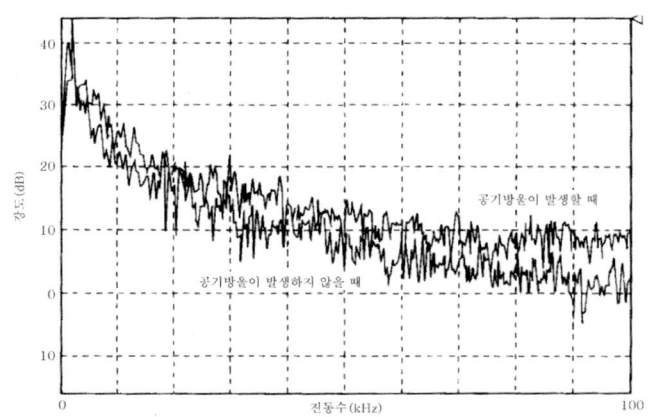

〈그림 4-4〉 공기방울이 발생할 때와 하지 않을 때의 초음파의 발생

〈표 4-1〉 공기방울에 의한 초음파의 발생

주파수 (KHz)	초음파의 강도(dB)		압력 값(KPa)	
	공기방울 무	공기방울 유	공기방울 무	공기방울 유
20	16	19	$13.1 \times 10-8$	$18.5 \times 10-8$
30	13	17	$9.2 \times 10-8$	$14.6 \times 10-8$
40	10	15	$6.5 \times 10-8$	$11.6 \times 10-8$
50	9	13	$5.8 \times 10-8$	$9.2 \times 10-8$
60	6	11	$4.1 \times 10-8$	$7.3 \times 10-8$
70	5	10	$3.7 \times 10-8$	$6.5 \times 10-8$
80	4	10	$3.3 \times 10-8$	$6.5 \times 10-8$
90	2	10	$2.6 \times 10-8$	$6.5 \times 10-8$
100	1	10	$2.3 \times 10-8$	$6.5 \times 10-8$
평 균	7.3	12.8	$4.8 \times 10-8$	$9.7 \times 10-8$

공기방울에 의하여 발생하는 초음파는 그 분포 주파수대가 매우 넓으며 강도는 일반 세탁기와 비교하여 상당히 크게 작용하고 있으나 그 강도의 크기로 보아 작은 값을 가지므로 세탁에 직접적으로 큰 효과를 준다고 볼 수 없다. 그러나 이러한 미세한 떨림 현상은 물의 떨림 현상으로 나타나 세탁 효과를 높이는 데 기여하게 된다. 세탁기의 펄세이터는 세탁 중에 일정한 시간 간격을 가지고 좌우 회전을 반복하는데 이때 세탁조 내의 수류와 세탁물의 움직임을 살펴보면 다음과 같은 것을 알 수 있다. 초기에 정지 상태로부터 펄세이터가 한쪽 방향으로 회전을 시작하면 수위나 세탁물의 양에 따라 차이는 있으나 세탁물은 어느 정도 시간이 지난 후에야 그 방향으로 움직이기 시작한다. 그리하여 펄세이터가 반대 방향으로 회전하게 되면 그전 수류의 방향에 거스르는 수류가 발생하게 되는데 이때 매우 복잡한 유동이 발생하게 되고 세탁물도 그에 따라 복잡한 운동을 하게 된다. 앞에서 설명한 세탁의 원리에 비추어 볼 때 만약 세탁물이 물과 같은

속도로 운동한다면 세탁 효과는 미미할 것이나 수류의 방향이 바뀔 때 생기는 복잡한 유동 중에서나 또는 수류의 방향과 거꾸로 세탁물을 움직일 수 있다면 세탁 효과는 우수해진다. 또 옷감 전체에는 큰 운동을 주지 않더라도 국부적으로 격심한 진동을 줄 수 있다면 이것은 마치 우리가 옷에 묻은 이물질을 손가락으로 퉁겨서 세척력을 발휘하는 것과 동일한 효과를 주게 될 것이다. 세탁 과정 중 <그림 4-5>에서와 같은 측정점에서 압력을 측정해 보면 시간에 대한 압력의 변동이 매우 극심함을 알 수 있다. 이것은 펄세이터의 회전에 의해서 유도되는 수류에 기인한 것인데 이 압력변동 값의 크기가 클수록, 또 단위 시간당의 변동 횟수가 많을수록 옷감에 전달되는 에너지가 많은 것이므로 오물을 떼어 내는 데는 효과적이다. 이 실험은 물속의 공기방울이 압력변동에 어떤 영향을 미치는가를 알아보기 위한 것이다.

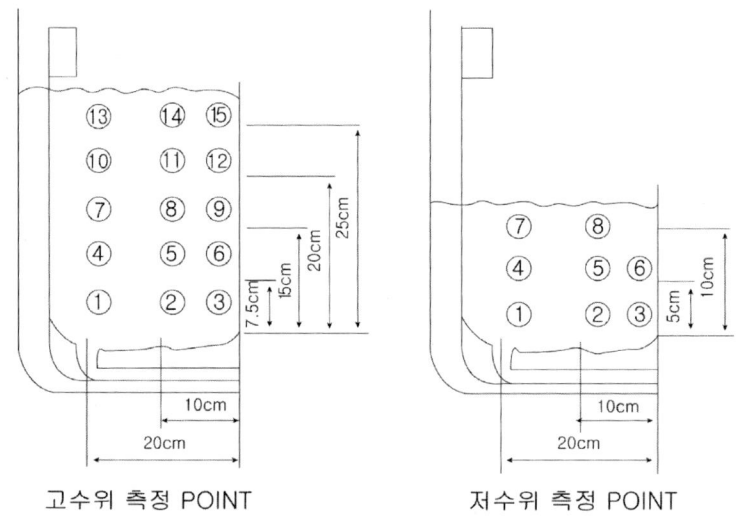

고수위 측정 POINT   저수위 측정 POINT

〈그림 4-5〉 압력 센서의 위치

이 실험에서 데이터를 취하는 방법은 앞에서 설명한 초음파 측정 실험과 같다. 다만 하이드로폰 대신에 압력 센서를 사용하였으며 위치에 따른 압력변동치의 차를 알아보기 위하여 <그림 4-5>와 같이 여러 개의 위치에 대해 실험을 행하였다. 또 수위별로 어떤 차이가 있는가를 알아보기 위하여 저수위와 고수위로 나누어 같은 실험을 행하였으며 위와 같은 조작을 같은 조건에서 공기방울이 발생할 때와 하지 않을 때로 나누어 행하여 공기방울만의 효과를 알 수 있도록 하였다. 이 실험에 사용된 압력 센서는 한 점의 압력을 초당 20,000번 측정한다. <그림 4-6>은 저수위 ①번 위치에 압력 센서를 설치했을 때 얻을 수 있는 압력변동 그래프이다. 가로축의 5,000은 5,000번째 데이터를 의미하는데 초당 20,000개의 데이터를 획득하였으므로 이것은 압력 센서가 작동을 시작한 후 0.25초의 시간이 경과하였음을 의미한다.

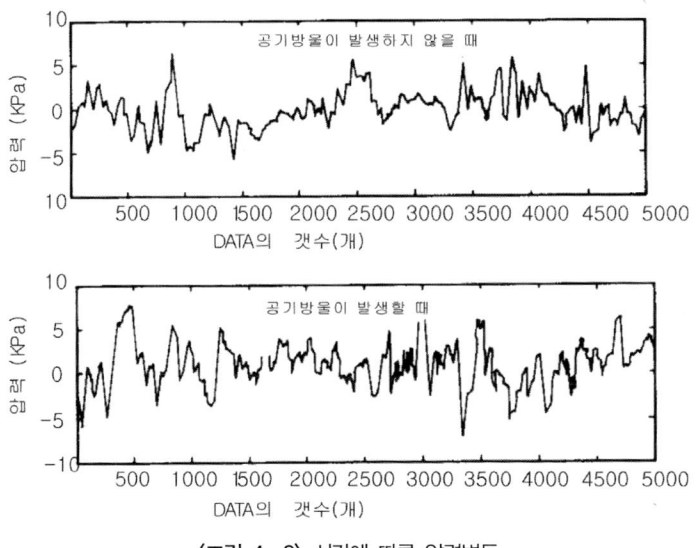

〈그림 4-6〉 시간에 따른 압력변동

<그림 4-6>의 두 그래프를 비교해 보면 공기방울이 발생할 때의 경우에 훨씬 많은 고주파 성분이 나타나고 있음을 알 수 있다. <그림 4-7>은 <그림 4-6>에서 보인 시간에 따른 압력변동 값을 Fourier transform에 의해 주파수 영역으로 변환하여 Power spectral density를 나타낸 그래프이다. 여기서 PSD(power spectral density)=Y×conj(Y)/512로 정의되며 이때 Y는 512개의 데이터를 취한 fast fourier transform이다.

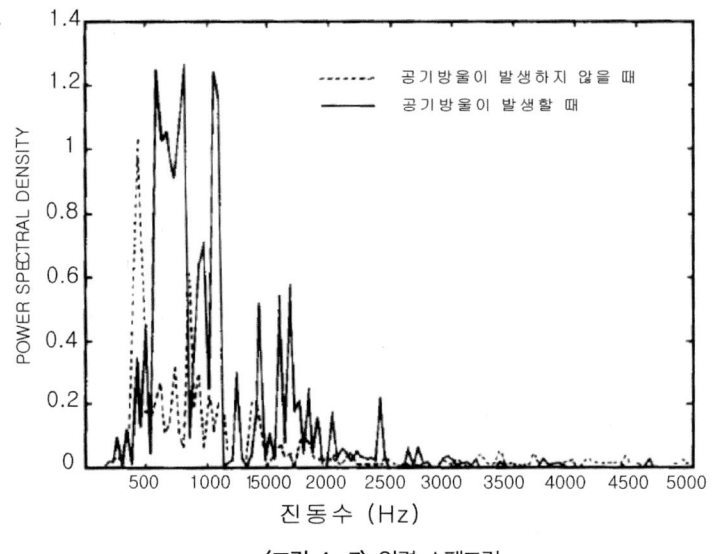

〈그림 4-7〉 압력 스펙트럼

그래프에서 500Hz부터 1,000Hz 사이에서 공기방울에 의한 에너지의 증가가 두드러진 것을 볼 수 있는데 이로부터 공기방울이 물속에서 센서에 부딪혀 터질 때 발생하는 압력변동은 주로 이 범위의 주파수를 갖는다는 것을 알 수 있다. 이것을 좀 더 명확히 관찰하기 위하여 위의 결과 그래프를 500Hz 이상의 고주파 성분만 찾아내어 결과를 비교하였다.

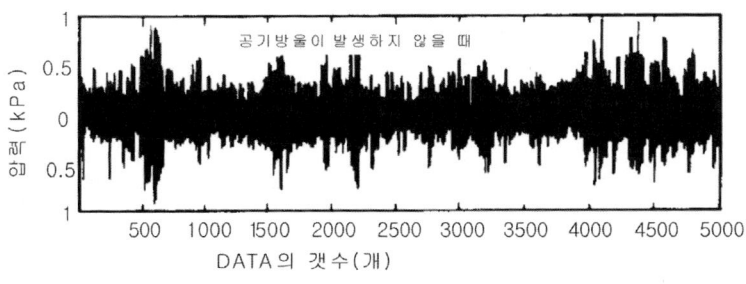

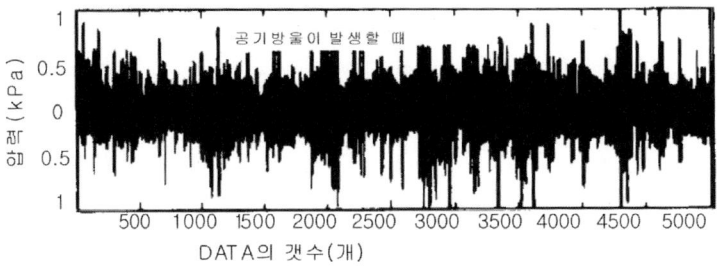

〈그림 4-8〉 HIGH PASS FILTER를 거친 저수위 ① 위치에서의 압력변동

<그림 4-8>의 그래프에서 볼 수 있는 변동 폭이 큰 저주파는 수류에 의한 압력변동인데 이 수류는 공기방울의 발생 유무와 관계없이 같으므로 High pass filter를 사용하여 이들을 제거하면 공기방울에만 의한 압력변동 효과를 보다 확실하게 볼 수 있다. <그림 4-9>에서 보는 바와 같이 공기방울이 발생할 때, 고주파의 압력변동이 발생하지 않을 때에 비하여 큰 것을 볼 수 있는데 이들의 값을 정리하면 <표 4-2>와 같다.

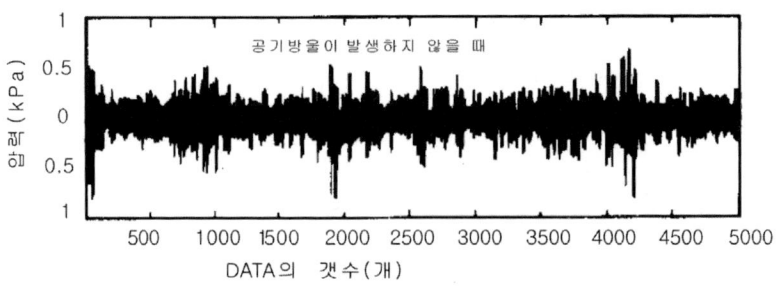

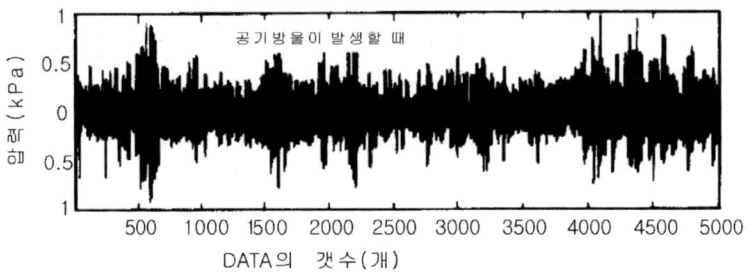

〈그림 4-9〉 HIGH PASS FILTER를 거친 고수위 ① 위치에서의 압력변동

<표 4-2>에서 나타난 바와 같이 공기방울에 의한 압력변동의 값은 공기방울이 대량 발생하는 ①번 위치에 가까울수록 크다는 것을 알 수 있다. 이 실험에서는 세탁물이 포함되지 않은 상태이므로 공기방울이 터지거나 분리되는 것은 주로 센서에 부딪혀서 일어나며 이럴 경우 센서는 공기방울의 효과를 가장 효율적으로 포착할 수 있을 것이다. ①번 위치에서 멀어질수록 공기방울의 수효는 점점 감소하여 압력변동 값의 증가도 작아진다. 그러나 이것은 센서의 위치에 따른 결과이며 <그림 4-10>과 같이 실제 세탁 과정에서는 발생한 공기방울이 자체의 부력과 수류에 의하여 전체 세탁 시간에 비하여 극히 짧은 시간 내에 세탁조 전 영역에 골고루 분포되고, 세탁물 역시 수류와 공기방울의 영향으로 상승과 하강을 반복하게 됨으로써 세탁물이 공기방울에 노출될

수 있는 기회는 세탁물의 전 부분에 걸쳐 균일하다고 할 수 있다.

〈표 4-2〉 위치에 따른 압력변동

측 정 위 치		평균 압력변동 값(㎪)	
		공기방울이 발생할 때	공기방울이 발생하지 않을 때
고 수 위	①	0.419	0.292
	②	0.362	0.311
	③	0.588	0.455
	④	0.221	0.199
	⑤	0.379	0.225
	⑥	0.289	0.251
	⑦	0.226	0.195
	⑧	0.254	0.213
	⑨	0.253	0.227
	⑩	0.204	0.191
	⑪	0.223	0.214
	⑫	0.231	0.210
	⑬	0.205	0.181
	⑭	0.243	0.222
	⑮	0.292	0.215
저 수 위	①	0.509	0.226
	②	0.362	0.332
	③	0.473	0.414
	④	0.334	0.259
	⑤	0.410	0.346
	⑥	0.428	0.265
	⑦	0.306	0.211
	⑧	0.659	0.304

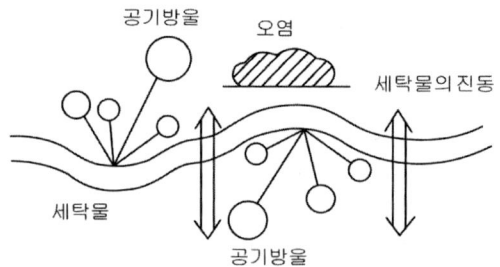

〈그림 4 - 10〉 공기방울에 의한 압력변동의 효과

　결국 <표 4-2>의 결과에서와 같이 (1~2)×10 - 3kgf/㎠ 정도의 압력
변동이 500Hz 이상의 주파수를 가지고 세탁물에 직각방향의 진동을 일
으키면서 전 영역에 골고루 작용하므로 세탁효과가 향상되는 것과 아
울러 기존 세탁기의 결점 중의 하나로 지적되던 위치에 따른 세정도의
편차를 개선하는 효과도 얻을 수 있다. 일반 세탁기에서 세탁 후에 세
탁물 사이의 세제 가루가 녹지 않고 잔류하는 것을 볼 수 있는데 이것
은 세제가 완전히 용해되지 않았기 때문이다. 표준 사용량의 세제를
넣고 세탁을 하면 세제가 완전히 용해되지 않는 알갱이가 있기 때문에
그만큼 세탁의 효과를 떨어뜨리게 된다. 따라서 소비자는 더 많은 세
제를 사용하게 되어 환경오염 문제 등을 일으키게 된다. 그리고 세제
의 농도가 과해지면 오히려 세탁 효과가 떨어지는 것으로 나타나므로
표준 세제량 이상을 넣는 것은 사실상 무의미하다. 세제가 용해되면
세제 중의 계면활성제의 작용으로 오염과 섬유 사이의 계면장력을 저
하시켜 작은 힘으로도 쉽게 오염을 분리해 내도록 하는 기능이 있으므
로 세탁기간 중에 세제가 완전히 물에 녹을 수 있도록 해야 한다. 세제
를 빨리 녹게 하기 위하여 물의 온도를 높여 물의 분자 운동을 활발하
게 하여 빨리 녹게 할 수 있으나 폴리에스텔 등과 같은 합성 섬유는 물

의 온도에 민감한 세탁물이므로 세탁물이 변형될 수 있다. 앞에서 확인된 공기방울의 각종 에너지는 세제의 용해도에도 영향을 미쳐 세제가 물속에서 빨리 용해되게 하여 세탁물에 잔존하는 세제를 줄이고 또한 배수되는 세탁수도 세제가 완전 용해된 것이므로 환경오염 측면에서도 유리하게 작용한다. 세제는 작은 알갱이로 된 고형 입자 형태를 주로 사용하고 물속에 들어 있는 세제의 알갱이는 물의 점도에 큰 변화를 주게 되므로 세제가 용해되는 정도를 물의 점도 변화로 측정하였다. 측정방법은 20℃의 수돗물에 표준 사용량의 일반 세제를 넣고 표준 세탁코스로 세탁을 하면서 1분 간격으로 세탁수를 채취하여 측정하였다.

측정기기는 점도계 60rpm으로 회전하는 스핀들의 회전저항에 의해 점도가 측정된다. <그림 4-11>에서 볼 수 있는 것은 세제의 알갱이가 측정기의 스핀들에 부딪혀서 저항을 줌으로써 세제 투입 시 점도가 급격히 커진다. 그러나 세탁이 계속 진행됨으로써 세제 알갱이가 용해되므로 점도는 점점 떨어진다.

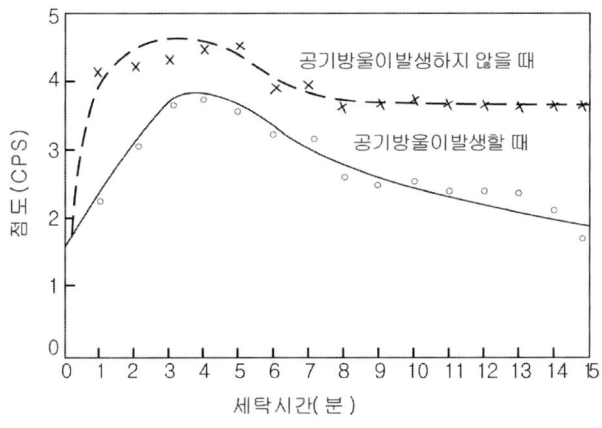

〈그림 4-11〉 세탁 시간에 대한 세탁수 점도의 변화

공기방울이 발생하지 않을 때는 세탁 15분이 종료되어도 3.71cps 이하로 내려가지 않음을 볼 수 있는데 이것은 세제가 완전히 녹지 않아 세제 알갱이가 존재한다는 것을 의미한다. 반면에 공기방울이 발생할 때에는 초기 물의 상태만큼 확연히 떨어지므로 세탁이 끝나는 시점에서는 세제가 완전히 용해됨을 알 수 있다. 공기방울이 발생하지 않을 때의 최소 점도인 3.71cps까지 도달하는 데 걸리는 시간이 공기방울이 발생할 때에는 5분, 공기방울이 발생하지 않을 때에는 8분으로 이 시간을 비교하면 60% 정도 세제가 잘 녹는 것을 알 수 있다. 일반적으로 소비자가 표준 세제량보다 많은 세제를 넣는 이유가 세탁기에서 세제를 완전히 용해시켜 주지 못하기 때문이므로 공기방울 세탁기는 세제를 아낄 수 있으며 완전 용해된 세제를 배출함으로써 환경오염을 줄여 줄 뿐 아니라, 세탁이 끝난 후 세탁물에 남아 있는 미용해된 세제를 제거함으로써 옷감의 손상을 줄이고 피부건강의 측면에서도 바람직한 결과를 가져오는 것이다.

이상에서 물속의 공기방울이 세탁에 미치는 효과에 대해 논하였다. 공기방울에 의하여 세척력이 향상되는 것은 주로 공기방울이 세탁물에 부딪혀 터질 때 발생하는 500Hz 이상의 고주파 압력변동에 의한 것으로 확인되었다. 이 외에 공기방울에 의하여 발생되는 초음파와 세제를 빨리 용해시켜 세탁수 점도를 신속하게 낮추어 주고 또한 공기가 공급됨으로 세탁수의 용존산소량이 계속적으로 포화상태에 이르게 함으로써 세탁에 도움이 되는 것으로 판명되었다. 첫머리에서 언급한 바와 같이 수류와의 마찰에 의한 세탁은 세척력 향상을 위해 세탁물의 손상을 불가피하게 증가시키고 세탁물의 꼬임으로 수류에 노출되는 빈도의 불균일로 위치에 따른 세정도의 차이가 큰 것이 주요 단점 중의 하나이다. 공기방울 세탁기는 수류와의 마찰에 의한 효과 외에 복잡한 수류 속에서 얻은 공기방울에 의한 부가적인 에너지의 공급이 가능하여 세탁물의 손상을 경감시키며 세척력을 향상시키고 세제의 용해를 촉진시켜 잔류 세제량을 줄일 수 있어 세제 사용량을 감소시켜 준다. 또 공기방울이 가지는 부력과 세탁수 중에 고루 분포하는 공기방울은 펄세이터와의 마찰을 줄여 주고 세탁물의 꼬임을 방지하여 수류에 노출되는 빈도를 균등하게 하여 세탁물의 전 영역이 골고루 세탁되게 한다. 이러한 측면들을 고려할 때 공기방울 세탁방식은 기존 세탁기의 개념을 혁신한 새로운 방식으로 평가될 수 있으며 향후 공기방울의 거동에 대한 더욱 깊이 있는 연구를 통해 우수한 세탁기의 개발이 이루어질 것으로 기대한다.

1-4. 흡음방 진공청소의 원리를 말한다

다음은 흡음방이 진공청소기의 소음에 미치는 효과 분석에 관한 것이다. 가정용 진공청소기는 약 30,000rpm 정도로 고속 구동되는 진공펌프를 장착하여 펌프 전후의 공기에 압력차를 유발하고, 이 압력차를 이용하여 각종 분진을 흡입한 다음 진공청소기 내부에 설치되어 있는 다수의 여과기(filter)를 통해 이 분진들을 여과하도록 되어 있다. 근래에 들어 생활수준이 향상함에 따라 전기·전자제품에는 그 기능상의 성능과 더불어 사용에 있어서의 편리함과 쾌적함 등이 절실히 요구되는 추세인데, 현재 시판되는 진공청소기들의 경우 사용 중 발생하는 극심한 소음·진동이 소비자들에게 가장 불만스럽게 느껴지고 있어 개선이 시급한 부분이다.

진공청소기에서 발생하는 소음과 진동은, 고속 회전하는 진공펌프와 기타 부품들의 기계적 진동에 의한 것과 복잡한 내부 유로 및 흡·배기구 주위에서 발생한 유체소음들로, 이들의 소음치는 비슷하다고 알려져 있는데 진공청소기에 있어서 효과적인 저소음화 대책을 세우기 위해서는 이 세 가지 음원 모두에 대한 고려가 필요하다고 하겠다. 그러나 진공청소기의 원리상 현재로서는 고속 회전하는 진공펌프의 채용이 불가피하므로 이 펌프로부터의 소음발생 자체를 피할 수는 없으며, 흡기구와 배기구는 대기 중에 노출되어 있고 흡입 및 여과 성능과의 상관관계로 인하여 형상 변경에는 많은 제약이 따르므로 이들로부터 발생하는 유체소음 또한 불가피하다고 하겠다. 진공펌프와 흡·배기구를 포함하는 진공청소기 내부의 유로를 개선하여 발생소음을 줄이는 것이 최적의 방법이라고 할 수 있으나, 펌프의 진동특성과 성능은 작동조건에 따라 매우 민감하게 변화하며, 진공청소기 내부의 유로 또한 매우 길고 복잡하기 때문에 이들을 정확히 해석한다는 것은 거의 불가능하다. 이러한 배경에서 진공청소기의 내부에서 발생하는 소음에 대한 차음(遮音)에 중점을 두어 진공청소기 내부에 설치된 흡음방(吸音房, muffler chamber system)에 대해 고찰하였다. 흡음방은 앞 케이스(front case)와 뒤 케이스(rear case) 및 내부에 부착된 모든 흡음장치들로 구성되어 있다.

원래 소음기(muffler)는 음의 전달감소를 목적으로 형성시킨 파이프 또는 덕트(duct)의 어떤 부분을 말하는데 기체의 흐름을 허용하면서 일종의 음향적 여과기의 역할을 하며 그 성능은 주파수에 따라 변한다. 여기에는 분산소모형(dissipative muffler)과 반응형(reactive muffler)의 두 가지가 있는데, 분산소모형은 그 성능의 대부분이 흡음제에 의하여 얻어지게 되며 비교적 넓은 주파수 대역에서 소음감소 특징이 있고, 반응형은 기하학적 형상에 의해 성능의 대부분이 얻어지는 것으로 한 개 이상의 체임버(chamber), 레조네이터(resonator) 또는 한정된 단면의 파이프를 통해 음을 반사시켜 음원으로 돌려보내거나 체임버 내에서 왔다 갔다 하게 하여 음의 통과를 방지하는 방법이다.

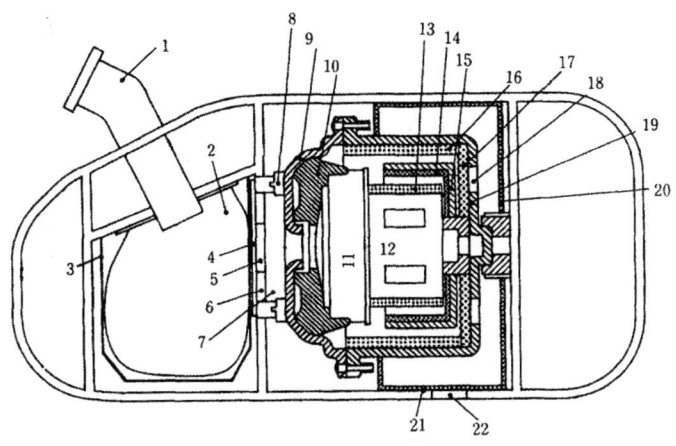

1.Elbow, 2.Dust bag, 3.Rib, 4.Front filter, 5.Partition disk, 6.Partition Grill, 7.Suction room, 8.Packing, 9.Front Case, 10.Cap(Rubber), 11.Pump, 12.Motor, 13.Sound Absorbing Material(Motor), 14.Sound Absorbing Material(Guide), 15.Guide, 16.Sound Absorbing Material, 17.Exhaust Filter, 18.Exhaust Hole, 19.Back Case, 20.Sound Absorbing Material, 21.Exhaust Filter, 22.Exhaust Grill.

〈그림 4-12〉 Each Parts of Vacuum Cleaner and Mufflerchamber System

흡음방은 이 두 가지 방식의 소음기의 원리를 혼합, 발전시킨 것으로 음원이 되는 펌프와 모터를 철판이 인서트(insert) 성형된 케이스로 둘러싸 체임버를 만들어 준 것은 반응형 소음기의 원리이며, 모터펌프 주위와 케이스 내부에 다수의 흡음제를 부착한 것은 분산소모형 소음기의 원리이다. 흡음방이 없는 진공청소기에서는 플라스틱제 분체만이 내부에서 발생한 소음이 외부로 전파되어 나가는 데 대한 차단벽 역할을 하였으나 흡음방이 있는 경우는 Muffler의 기능에 의한 차음의 효과와 함께 기계적 진동에 대한 방진(放振)의 효과도 거둘 수 있는 것이다. 여기서는 흡음방의 소음·진동적 측면에서의 효과를 소개하며, 흡음방의 설치에 따른 흡입일률 변화 및 진공청소기 내부의 온도, 압력 분포를 측정하여 흡음방의 효과에 대한 정량적인 자료들로 아울러 소개하고자 한다. 여기서 주로 다루는 소음원인 진공펌프(펌프·모터)의 소음·진동 특성을 알아보기 위하여 펌프·모터 어셈블리에 대한 소음·진동실험을 행하였으며, 흡음방에 의한 소음감소효과를 알아보기 위하여 흡음방의 유·무에 따른 소음·진동 특성에 대해서도 시험하였다. 또한 흡음방이 있는 경우 진공청소기 전체에서의 소음감소효과를 알아보기 위하여 흡음방이 있는 진공청소기와 흡음방이 없는 진공청소기의 소음 특성도 비교하였다. 흡입일률이란 정격전압, 정격주파수하에서 진공청소기를 표준 측정상태로 운전하였을 때 선단 흡입구에서의 공기역학적 동력의 최대치를 말하며 이는 공기유량과 진공도의 곱에 비례하고 단위로는 Watt를 사용한다. 흡음방을 설치함으로써 진공청소기 내부의 유로는 좀 더 복잡하고 길어질 수밖에 없는데, 이것은 결국 유동저항으로 나타나므로 유량을 감소시켜 흡입일률의 감소를 초래할 우려가 크다. 본 실험은 흡음방의 설치가 어느 정도 흡입일률의 감소를 가져오는지 알아보기 위한 것으로 펌프모터만의 흡입일률과 펌프모터와 흡음방이 있는 경우의 흡입일률을 비교하도록 한다. 진공 펌프에 의해 공기에 주어지는 전압력(total pressure)은 유체마찰, 유동박리, 확산 등의 공기역학적 현상에 의해 손실되어 열에너지로 변화한다. 분진을 흡입하는 기능은 공기의 운동에너지가 갖고 있으므로 진공청소기에서 열에너지는 아무런 소용이 없을 뿐 아니라, 펌프의 동작에 따라 발생되는 열과 더불어 과열에 의한 고장 및 사고의 원인이 된다. 특히 흡음방이 있는 경우 진공청소기 내부에는 종래의 경우보다 더한 국부적 온도상승이 우려되므로 온도분포는 반드시 검토하여야 할 항목이다. 유동변수의 산출을 위해서는 진공청소기의 흡기구에서 배기구까지 16점의 온도와 22channel의 압력을 측정하였으며 진공청소기 내부의 중요 위치에서 온도, 압력을 측정하여 압력손실이나 온도가 크게 나타나는 문제의 부위를 찾아 설계를 최적화할 수 있게 하였다. 최대 온도가 51.5℃이므로, 허용치 60℃보다는 크게 낮기 때문에 온도상승으로 인한 과열은 없을 것으로 판단된다. 흡음방이 부착된 진공청소기의 성능을 소개하기 위해 흡입일률 및 소음을 측정하였다. 흡입일률은 ASTM 방법에 의하여 3회 반복 측정 후 그 평균값을 취했으며, 진동특성은 설명한 것과 동일한 방법으로 행하였고, 소음치는 KS 표시법에 따랐다.

실험의 결과에 의하여 흡음방이 없는 진공청소기는 진동·소음의 수치가 각각 61.3~68.8dB, 70.5~75.5dB이었던 것이 55.8dB과 65.3dB로 크게 개선되었으며, 소비전력 절감효과의 측면에서도 899~989Watt로 에너지 절감이 실현되었다. 또한 진공청소기의 가장 핵심 성능인 흡입일률도 흡음방이 없는 경우의 제품(223.4~241.8Watt)에 비해 상당히 향상된 252.6Watt를 나타내어 진공청소기의 모순되던 두 과제가 동시에 해결되는 결과들이 나타났다. 실제로 효율의 향상도 정량적으로 측정되어 흡음방이 없는 제품 대비 21%의 효율 향상을 이룩하였다.

고속 회전하는 펌프, 모터의 채용이 불가피하고 흡·배기구가 노출되는 현재의 진공청소기의 최대 양립 과제인 고효율, 저소음의 동시 만족을 위해 흡음방을 채택하여 그 효과를 고찰해 보았다. 이 글에서 소개된 흡음방이란 일반적인 소음기의 원리를 응용한 장치로서 차음의 장비로 가전기기에 얼마든지 적용할 수 있음이 확인되었다. 반면에 흡음방이 있는 경우에 우려되던 밀폐 공간 내부의 온도상승이나 유동저항의 증가 등은 나타나지 않았는데, 이는 주로 흡음방 내에 설치된 가이드 등에 의한 배기유로의 적절한 설계로 이루어졌으리라 판단된다. 앞으로 진행될 과제로는 흡기구에서 배기구에 이르는 진공청소기 본체 내부의 긴 유로에 대한 개선과 흡음방 내에 부착되는 보다 우수한 흡음제의 개발, 진공청소기의 전 부분에 대한 기밀유지 등이 있을 수 있으며, 위의 분야에 대한 추가적인 지식들이 보강된다면 흡음방의 효과를 보다 높일 수 있는 전체 시스템이 형성될 수 있을 것이다.

1-4-1. 신뢰성 향상에 기반을 둔 전기전자기기의 저진동 저소음 기술

기기의 중요한 소음의 발생원이 유체소음, 전자기소음, 기계적 소음, 연소소음 등 소음원의 종류에 따라 저소음 기술을 해석, 쾌적음 기술을 해석하는 데 상당한 차이가 있다. 소음이나 진동을 저감시키는 대책으로는 소음원을 고립(Isolation)시키는 차음기술, 부품의 제작공차를 엄밀히 유지하여 작동 시의 진동이나 소음을 최소화하는 기술, 소음원으로부터 외부로의 전달과정에서 소음을 다른 형태의 열에너지로 바꾸는 기술, 재료의 최적한 선택으로 부품의 소음원에서 발생하는 소음이나 진동의 전달이 잘 이루어지지 않게 하는 기술이다. 그러나 진공청소기의 저소음화를 위해서는 진공펌프와 흡·배기구를 포함하는 진공청소기 내부의 유로를 개선하여 발생소음을 줄이는 것이 최적의 방법이라고 할 수 있으나, 펌프의 진동특성과 성능은 작동조건에 따라 매우 민감하게 변화하며, 진공청소 내부의 유로 또한 매우 길고 복잡하기 때문에 이들을 정확히 해석한다는 것은 거의 불가능하다. 이 글에서는 이러한 배경에서 진공청소기의 내부에서 발생하는 소음에 대한 차음(遮音)에 중점을 두어 진공청소기 내부에 흡음방(吸音房)을 설치하여 그 진동·소음 저감효과를 소개하고자 한다. 흡음방은 앞 케이스와 뒤 케이스 및 이 내부에 부착되는 제 흡음장치들로 구성되어 있다. 원래 소음기는 음의 전달감소를 목적으로 형성시킨 파이프 또는 덕트의 어떤 부분을 말하는데 기체의 흐름을 허용하면서 일종의 음향적 여과기의 역할을 하며 그 성능은 주파수에 따라 변한다. 여기에는 분산소모형(dissipative muffler)과 반응형(reactive muffler)의 두 가지가 있는데, 분산소모형은 그 성능의 대부분이 흡음제에 의하여 얻어지게 되며 비교적 넓은 주파수 대역에서 소음감소 특징이 있고, 반응형은 기하학적 형상에 의해 성능의 대부분이 얻어지는 것으로 한 개 이상의 체임버(chamber), 레조네이터(resonator) 또는 한정된 단면의 파이프를 통해 음을 반사시켜 음원으로 돌려보내거나 체임버 내에서 왔다 갔다 하게 하여 음의 통과를 방지하는 방법이다. 흡음방은 이 두 가지 방식의 소음기 원리를 혼합·발전시킨 것으로 음원이 되는 펌프·모터를 철판이 인서트(insert) 성형된 케이스로 둘러싸 체임버를 만들어 준 것은 반응형 소음기의 원리이며, 모터·펌프 주위와 케이스 내부에 다수의 흡음제를 부착한 것은 분산소모형 소음기의 원리이다. 흡음방이 없는 진공청소기에서는 플라스틱제 본체만이 내부에서 발생한 소음이 외부로 전파되어 나가는 데 대한 차단벽 역할을 하였으니 흡음방이 있는 경우는 소음기의 기능에 의한 차음의 효과와 함께 기계적 진동에 대한 방진(防振)의 효과도 거둘 수 있는 것이다.

○ 연구개발 전략

(1) Back to the Basic: ① 이중벽을 이용한 소음 감쇄기술: 이중벽이란 두 개의 벽 사이의 거리를 두고 그 사이에 공기를 남겨 두면 음파가 이중벽을 통과하면서 energy를 감소시키게 하는 소음저감장치, ② 차음의 기술: 소음원을 소비자로부터 차단시켜 소음 전달통로를 인위적으로 차단하는 기법, ③ 유체유발 소음의 감소기술: 대부분 팬 등에서 나타나는데 팬 자신의 설계변수에 의해 개선여지가 있는 것도 있고 팬과 주변장치(housing형상, 와류실 구조, 출구형상)의 기술, ④ 재진 재료의 선택에 의한 저소음 기술: 일반적으로 강철의 흡음률이 가장 나쁘고 특수재질인 MPM, PMP재질이 흡음률이 우수하다. 재질이 진동을 흡수하여 내부 재료 간의 분자이동 energy로 전환시키는 메커니즘, 재료의 재진 정도는 loss factor로 표시하는데 이 계수는 구조진동음(structure borne sound)의 전달 정도를 나타낸다. 이 계수의 측정은 어떤 재료에 인위적인 진동을 발생시켜 그것이 소멸될 때까지의 시간을 측정하여 나타냄. 강철은 0.001, MPM는 1.00, 나무는 0.01, undamped는 0.04~0.0001, damped는 0.04~, ⑤ 흡음재료 선택 시의 주의점: 벽면에 사용 시, 귀퉁이, 흡음고무, 다공질재료, ⑥ 반음형(reactive) muffler theory, ⑦ 분산소모형(dissipative) muffler theory

(2) 2가지 이상의 Theory의 접목: ① MCS(muffler chamber system): 앞 케이스와 뒤 케이스, 이 내부에 부착되는 제 흡음장치들로 구성되어 있다. 원래 소음기(muffler)는 음의 전달감소 목적으로 형성시킨 pipe 또는 duct의 어떤 부분을 말하는데 기체의 흐름을 허용하면서 일종의 음향적 여과기의 역할을 하며 그 성능은 주파수에 따라 변한다. 여기에는 분산소모형(dissipative muffler)과 반응형(reactive muffler)의 두 가지가 있는데 분산소모형은 그 성능의 대부분이 흡음재에 의하여 얻어지게 되며 비교적 넓은 주파수 대역에서 소음감소 특징이 있고 반응형은 기하학적 형상에 의해 성능의 대부분이 얻어지는 것으로 한 개 이상의 chamber, resomate 또는 한정된 단면의 파이프를 통해 음을 반사시켜 음원으로 돌려보내거나 체임버 내에서 왔다 갔다 하게 하여 음의 통과를 방지하게 하는 방법이다. 흡음방(MCS)은 이 두 가지 방식의 muffler원리를 혼합 발전시킨 것으로 음원이 되는 pump motor를 철판에 insert 성형된 case로 둘러싸 chamber를 만들어 준 것은 reactive muffler theory이다. pump motor 주위와 case 내부에 다수의 흡음재를 부착한 것은 dissipative muffler theory이다. muffler theory의 기능에 의한 차음의 효과와 함께 기계적 진동에 의한 방진의 효과도 있다. ㉠ 소음 주파수 특성 분석에 의한 metal + plastic의 muffler chamber system, ㉡ 기존 배기유로 3배 길이의 u-turn 분산배기 유로구성의 소음 energy 감소기술, ㉢ 수밀 및 방진 해석에 의한 sealing 기술, ㉣ 5단계 filtering에 의한 청결배기 기술

● 제품개발 전략

○ Muffler Chamber System 유로기술

〈표 4-3〉 MCS의 유로기술

항 목	기존 제품	MCS 제품
기본설계방식	모터 및 코드릴 등 주요기능부를 우선 배치하고 남은 공간을 이용해 유로구성	-소음감소를 위한 기술적 대책인 차음, 흡음, 방진밀폐, 머플러 유로를 먼저 구성하고, 그에 따른 내부 크기 결정 및 기능부 배치
모터 케이스	없음	-흡음성 좋은 발포 플라스틱에 차음성 향상을 목적으로 철판을 삽입하여 성형시킨 케이스로 모터를 covering -모터의 최대 풍량이 흡입될 수 있는 최소크기의 흡입구와 동력손실이 최소화되는 크기의 배기구가 형성되어 구멍에 의한 차음효과의 감소를 최적화
유로 가이드	없음	-모터와 케이스 사이에 공기의 흐름방향을 5번 전환시키는 기구물을 설치하여 고주파수 소음을 내부에서 상쇄
체임버	없음	-케이스 외부에 차음 및 공기 흐름의 방향전환을 위한 일정크기의 체임버를 본체와 일체로 성형
모터로부터 배기구까지 유로길이	15cm	-52cm -충돌횟수 증가로 소음에너지가 열로 치환되는 양을 증가
배기구	본체 후면 1개소	-본체 바닥과 후면 2개소 분산 설치하여 배기구를 통과하는 공기속도의 감소로 공기흐름에 의한 소음발생 최적화

○ 다중 흡음재 기술

〈표 4-4〉 다중흡음재 기술

항 목	기존 제품	해당 제품
배치방식	본체외곽 내부에 일부 배치	-모터로부터 배기구까지 유로상의 소음 주파수 분석을 통하여 최적한 흡음재 배치 FILT류: 3-4㎑ PU-FORM류: 1-2㎑

○ 진동 흡수 기술

〈표 4-5〉 진동흡수 기술

항 목	기존 제품	해당 제품
모터취부	일반고무로 취부	-방진고무 및 발포고무로 취부
본체설계	일반 설계	-강성설계로 진동발생 감소
바퀴부	플라스틱	-연질 PVC타이어로 진동이 바닥으로 전달되는 것을 감소

○ 연구의 결과 평가:

① muffler는 음의 전달감소를 목적으로 형성시킨 pipe, duct의 어느 부분, 기체의 흐름을 허용하면서 음향적 filter역할을 하며 성능은 주파수에 따라 변한다. ② MCS는 muffler theory 기능에 의한 차음의 효과와 함께 기계적 진동에 대한 방진 효과도 거둘 수 있다. ③ 효율을 향상시킴과 동시에 소음, 진동을 감소시킨다. ④ 효과분석.

〈표 4-6〉 MCS제품 특성

항 목	기존 제품	MCS 제품	비 고
전체 소음도(dB)	68	56	−음압을 1/4로 감소 −12dB 감소
고주파수(3㎑ 이상) 소음도(dB)	53 이하	40 이하	−13dB 감소
진동	75.7	65.3	−1/3로 감소 −10dB 감소
흡입일률(W)	215	279	−30% 향상 −64W 향상
효율(%)	23.8	32.9	−38% 향상
최대흡입면적(㎠)	126.8	278.0	−219% 향상
소비전력(w)	989	880	−109W 감소

1-5. 가열초음파 가습의 원리를 말한다

사람이 생활하기 위해선 온도, 습도, 풍토 등 여러 가지 환경조건이 알맞아야 한다. 우리나라 환경은 여름에 습도가 높고 후텁지근하며 겨울에는 춥고 습도가 낮다. 따라서 추울 때 난방을 하는 것과 마찬가지로 습기가 모자라 건조할 때엔 가습하여 적당한 습도를 유지시켜 주어야 쾌적한 생활을 할 수 있다. 일반적으로 상대습도가 60% 정도일 때 가장 생활하기 좋다. 여름 장마철의 경우 상대습도가 70~90% 까지 올라가 실내가 덥고 누기가 차서 불편함을 느끼고 불쾌지수가 올라간다. 반대로 겨울철에는 대기온도가 떨어지고 습기도 내려가 감기의 원인이 되는 등 생활에 불편함을 느끼게 된다. 이때 생활공간에 습기를 보충하여 주는 것이 가습기이다.

1970년대 이전 가습기는 주로 히터 가열방식이었다. 히터 가열방식은 물을 주전자에 넣어 끓이면 수증기가 발생해 습기가 배출되는 것과 같이 전기 히터를 설치하여 물을 끓여 실내의 습기를 보충해 주는 것이다. 히터 가열방식에서 분무되는 습기는 눈에 보이지 않을 정도이고 습기가 뜨겁기 때문에 습기 분출구에 인체가 닿으면 화상의 우려가 있다. 뿐만 아니라 가습기는 주로 습도가 낮은 겨울철에는 하루 종일 동작시키기 때문에 물을 전기적 히터로 완전히 끓여서 분무하는 히터 가열방식은 운영비가 매우 높다. 초음파식이 보급되면서 요즘 가정용으로 판매되고 있는 가습기가 초음파 가습기다. 최근 유통되고 있는 가습기의 대부분은 초음파식과 히터 가열방식이 주류를 이루고 있다. 음파는 크게 가청음파, 초음파, 초저주파 등 세 가지로 구분된다. 가청 음파는 사람이 들을 수 있는 음으로 주파수 20Hz~2만Hz사이의 음이다. 2만보다 높아 사람의 귀에 들리지 않는 음을 초음파(Ultrasonic)라고 부른다. 최근 산업의 다방면에서 초음파 기술이 활용되고 있는데 초음파 가습기는 초음파를 이용해 물을 진동시켜 발생한 작은 습기 알갱이를 송풍기로 불어 배출하는 장치이다.

초음파 가습방식은 약 45W로 동작되기 때문에 운영비가 낮고 여러 가지 장점이 있으나 가장 큰 단점은 살균력이 없어 감기 등을 유발하는 미생물이 습기 알갱이와 함께 실내로 분무되어 병실이나 노약자의 생활공간에는 적합하지 않다. 특히 수중의 불순물, 성분이 침전되지 않고 배출되어 가구나 오디오 등 전자제품, 벽 등을 더럽히는 백화현상을 일으키기도 한다. 또 습기가 배출되어 실내에서 기화되기 때문에 기화열에 의한 주변 온도 강화현상이 나타난다. 최근 초음파 가습기의 장점을 살리면서 히터를 이용하여 살균력을 보강한 초음파 히터 가습방식을 채용한 가습기가 등장했다. 초음파 히터 가습방식은 히터 가열방식의 장점인 살균기능과 초음파식의 여러 장점을 골고루 수용한 방식이다. 무엇보다 수온이 증가함에 따라 가습량이 증가하는 원리를 이용해 기존의 가습기보다 최소 50%에서 최대 1백% 이상의 가습량 향상을 얻을 수 있어 단시간 내 실내를 희망하는 습도로 유지할 수 있는 게 특징이다. 또 분사되는 습기 온도가 섭씨 35도 정도로 체온과 비슷하기 때문에 화상의 위험이 없을 뿐 아니라 실내의 온도를 따뜻하게 유지시켜 준다. 이와 함께 물을 섭씨 75~80도로 데운 후 초음파로 가습하도록 설계돼 미생물 및 중저온성 세균을 없애 주며 가습기 내부의 불순물 침전이 적다.

가습기는 습기를 만들어 내는 방식에 따라 여러 가지로 분류된다. 우리가 일상생활에서 가장 쉽게 생각할 수 있는 것이 히터 가열 가습 방식이다. 이것은 물을 끓여서 기화시키는 방식이다. 또 물을 흡입한 후 원심력으로 날려 스크린에 부딪히게 하여 안개 크기 정도로 세분시켜 내보내는 원심 분리방식이 있다. 요사이 가정에 크게 보급된 것은 초음파식은 압전 현상을 이용한 것이다. 압전 현상이란 어떤 물질에 전압을 가하면 그것에 뒤틀리는 현상을 말한다. 따라서 교류전압을 가하면 그 주파수만큼 반복 뒤틀림 현상이 생긴다. 초음파 발생 진동자는 1.63㎒으로 진동한다. 즉 1초 동안에 163만 번 상하 진동하기 때문에 물이 조그마한 미립자로 분해되고 분해된 물 미립자가 서로 부딪히면서 뽀얀 안개 모양이 되어 공중으로 뿜어 나오게 된다. 초음파 히터 가습기는 초음파 가습기와 히터 가습기의 장점만을 결합시킨 형태로 이 가습기의 핵심기술은 물의 표면 장력이 물의 온도가 상승함에 따라 낮아지는 원리를 이용한 것이다. 다시 말해 데워진 물은 표면장력 감소로 물 입자들이 분리될 때 상온의 물이 분해되는 것보다 훨씬 쉽게 쪼개질 수 있다. 따라서 기존 초음파 가습기보다 더 많은 습기를 외부로 배출시킬 수 있으므로 빠른 시간 내에 실내의 습도를 희망하고자 하는 습도로 유지가 가능할 뿐 아니라 부수적으로 물을 가열함으로써 살균효과를 동시에 얻을 수 있는 가습기이다. 초음파 히터 가습기의 동작 원리를 보면 물통의 물이 열려진 밸브와 물 유입구를 통과하여 유로를 지나 살균조로 유입된다. 살균조에 유입된 물은 히터에 의해 섭씨 75도 정도로 가열되어 살균과정을 거친다. 물에 함유되어 있는 세균은 호냉성균, 저온성균, 중온성균, 고온성균 등 4가지로 구분된다. 이들 미생물은 최적 증식 온도를 벗어남에 따라 증식 속도는 저하되고 특히 고온도 측에서는 그 저하가 급격히 일어나는 경향이 있다. 중온성 세균과 저온성 세균은 각각 30℃와 50℃ 이상에서는 증식 시간이 거의 무한대에 가깝기 때문에 증식이 불가능하다. 따라서 초음파 히터 방식에서 물이 살균조 내로 유입되면서 호냉성균, 저온성균, 중온성균은 모두 살균된다.

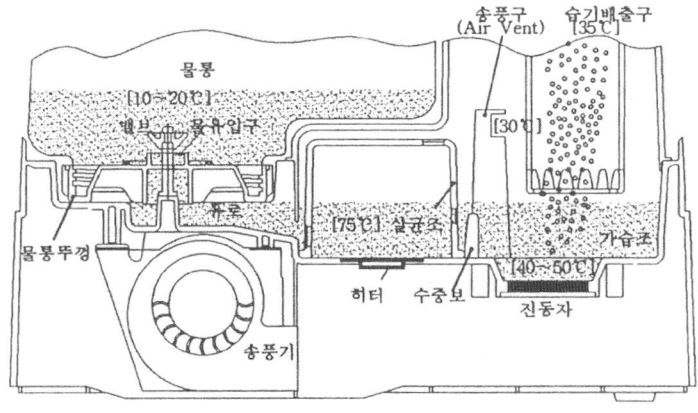

〈그림 4-13〉 초음파 히터가습기의 가습방식

살균조에 의해 살균된 물은 초음파 가습조로 공급되어 초음파 진동자에 의해 분무된다. 이때 송풍기를 통해 송풍구에서 나오는 30℃의 바람과 분무되는 40℃~50℃의 물입자가 혼합되는 35℃ 정도의 습기 알갱이들이 바람에 의해 강제적으로 습기 배출구로 빠져나간다. 초음파 히터 가습기는 가습조 물의 온도가 초음파 가습기의 가습조 물의 온도보다 20℃ 이상 높기 때문에 물의 표면장력 감소에 의해 가습량이 초음파 가습기에 비해 50% 이상 증가하여 시간당 600cc의 습기를 실내로 배출할 수 있다.

초음파 히터 가습기에서 높은 가습량은 실내의 습도를 빠른 시간 내에 조절할 수 있을 뿐 아니라 여러 단계의 가습 조절모드(Mode)를 채용할 수 있어 사용자들이 매우 편리하게 생활공간을 원하는 습도로 맞추어 쾌적한 생활을 할 수 있다. 가습기의 가장 핵심이 되는 부분은 가습부로 콜피츠 발진 회로를 구성하여 진동자를 1.63㎒ 진동시켜 가습한다. 따라서 여기에 부과되는 요소들은 대부분 부수 장치이다. 살균 목적인 히터 구동부와 자동 제어수단의 기능을 갖추도록 하는 습도 센서부와 가습부에서 무화된 작은 물방울을 공기 중으로 배출하도록 하는 모터 구동부로 구성되고, 모든 현상을 볼 수 있도록 하는 표시부로 구성된다.

AC 전원 220V/60를 인가하게 되면 제어부는 이때부터 활동(Active) 상태로 존재하게 된다. 이때 전원을 켜면 제어부는 갈수 상태, 즉 가습시킬 물이 존재하는지 파악하여 가습을 할 것인지를 결정하게 된다. 갈수 상태 확인 후 제어부는 현재 습도와 희망 습도(설정 습도)를 비교하여 현재습도<희망습도인 상태를 인식, 다시 말해 주변의 습도가 낮은 상태가 되면 비로소 가습을 실시하게 된다. 현재 시중에 판

매되고 있는 가습기들이 대부분 퍼지형이라고 하지만 기본 원리는 현재 습도와 희망 습도를 단순히 비교하여 가습하는 방식을 취하는 것이 대부분이다. 따라서 엄밀히 말해 퍼지 방식이라기보다는 자동 제어 쪽이 가까울 것이다.

일반적으로 퍼지라 함은 주변환경에 스스로 반응하여 가습 방식을 선택하여야 진정한 퍼지라고 할 수 있다. 즉 가습하는 장소의 크기(평수)와 주변 습도 상태 등에 따라 스스로 반응하여 가습의 강·약을 조절하는 것이 되어야 퍼지 가습이라 할 수 있다. 최근 초음파 히터 가습기는 실내의 주거 평수를 2~6평까지 가습 공간을 설정하고 그 면적에 따라 습도를 고정밀 IC회로가 자동으로 감지하여 최적의 습도를 유지시켜 주는 퍼지형 가습방식이다. 또한 취침 시 과다한 가습량과 실내의 온도 저하를 방지해 주는 취침 가습기능과 가습량이 크기 때문에 최대로 6단계 가습량 제어 기능(약, 중, 강, 터보, 퍼지, 취침)이 있다. 현재의 가습기는 송풍기의 소음뿐 아니라 히터 가습기에서는 물이 끓는 소리, 초음파 가습기에서는 초음파 진동자에 의해 물 알갱이들이 튀는 소리와 무거운 물 입자가 다시 떨어지는 낙수음 때문에 거의 25dB~30dB 정도의 소음이 발생해 신경이 예민한 사람은 숙면에 방해가 될 수 있다. 소리 없는 가습기를 만들기 위해서는 소음 방지 대책을 더 연구하여 적용해야 할 것이다.

무엇보다도 가습기는 습기를 실내에 보충시켜 주는 기기이므로 위생적이어야 한다. 이를 위해서는 정수기 물이나 증류수로 가습하는 것이 가장 이상적이지만 정수된 물이나 증류수를 사용하기 위해서는 매우 번거롭고 불편하여 대부분 사용자들은 수돗물을 이용하거나 지하수를 이용한다. 따라서 가습기 내의 물을 가습시키지 않은 상태에서 오랫동안 방치하였을 경우 가습기 내에서 미생물이 번식하거나 물속의 불순물들이 침전하여 가습기 내부를 오염시킬 우려가 있다. 오염된 물에서 발생된 습기 알갱이가 실내로 배출되어 사람의 호흡기로 들어가면 인체에 유해한 영향을 미칠 수 있으므로 사용자들은 항상 청결하게 가습기를 사용할 수 있도록 주기적인 청소를 할 필요가 있다. 가습기 연구 분야에서는 스케일 방지 기술과 미생물 번식 억제 기술뿐 아니라 진동자 불량 등 기본적인 연구를 계속적으로 추진해야 할 것이다.

출처: http://www.etnews.co.kr/news/detail.html?id=199612240068

1-6. 팀워크가 중요하다

공기방울 세탁기 개발 중 실패라기보다 어려웠던 점과 에피소드가 있다면 내가 TV개발부에 근무하던 시절부터 있었던 것이다. 지금은 조그마한 아파트에 살고 있지만 흑석동에서 살고 있을 때 일요일, 공휴일이면 집안 세탁은 내가 다 했다. 그 바람에 집사람은 이웃 아낙네들로부터 자상한 남편이라며 부러움을 받았지만 실제로는 세탁을 하기 위한 것이 아니고 세탁실험을 한 것이었다. 그 당시 어항 속에 산소를 공급하는 산소공급기를 플라스틱 통에다 부착하여 간이실험을 하였으니 결과가 신통하게 나올 리 없었다. 실험이 잘 안 되어 벽에 부딪힐 때면 며칠이고 어항 속의 물고기를 바라보며 생각에 잠기곤 했는데, 집사람은 회사에서 내가 뭔가 잘못한 일이 있어서 질책이나 문책을 당하고는 말 못 하고 혼자 고민하는 줄 알고 불안해했다고 말해서 서로 웃은 일도 있었다.

2년 반 동안은 모형실험으로 공기방울의 원리를 찾는 데 시간을 다 보냈다. 그다음은 세탁기에 산소공급기를 장착하여 공급주기에 따라 산소가 나오는 것을 콩을 맷돌에 갈 듯이 산소를 맷돌로 갈아 일정한 크기의 방울로 나오도록 하는 데 3년 반을 보냈다. 그러다 90년 8월 TV개발부에서 가전개발부로 전출명령을 받게 되었다. 이것은 나에게 그동안 업무 이외의 시간에만 하던 공기방울과 세탁 효과에 대한 세탁기 용량별 시험 연구를 보다 더 구체적으로 수행할 수 있는 기회를 주었으니 행운이 아닐 수 없었다. 가전개발부에 부임한 뒤에 내가 제일 먼저 한 것은 부서원들의 성격 및 전공과 부서원들 간의 대인관계를 파악하고 부서 내의 조직을 개편하는 일이었다. 10~12명으로 하여 3개 그룹으로 되어 있던 것을 3~4명의 팀으로 재구성하고 그중 1개 팀을 공기방울 세탁기 개발팀으로 선정하여 본격적으로 연구를 시작하였다.

연구에 착수하여 나는 먼저 공기방울 세탁기의 개발 동기를 설명하고 개발일정 계획을 수립하라고 하였다. 그러나 연구원들은 1개월이 지나도록 계획은 수립하지 않고 불만만 높아지는 것이었다. 한마디로 TV만 연구하던 사람이 세탁기에 대하여 무엇을 알겠느냐는 것이었다. 이때 나는 참으로 어려운 순간에 봉착했다. 내 직급으로 강행할 수도 있었지만 나는 그들을 설득하는 방향으로 일을 추진하였다. 나의 업무방식은 상하 직급의 벽을 없애고 서로 일체가 되어 신뢰를 쌓아 가는 것을 제일 중요하게 생각하기 때문이다. 나는 공기방울 세탁기 개발팀원 중에 술도 잘하고 놀기도 잘하는 것으로 소문난 S연구원의 하루 일과를 관심 있게 체크하기로 하였다. 그 결과, 오후 6시에 퇴근을 하지만 동료와 술을 마시고 집에는 밤 12시가 되어서야 귀가를 하는 바람에 아파트 내에서 ○○ 아빠는 땡돌이라는 소문까지 나 있다는 사실을 알았다. 그래서 술집에 있는 시간 대신에 회사에서 연구만 열심히 하도록 하기 위해서 업무방식을 개선하기로 마음먹고 직접 개발일정 관리와 업무 내용 확인 및 조언을 해 주기로 하였다.

그렇게 약 1개월이 지난 뒤 어느 날, 연구원들의 고생과 피로를 풀어 주기 위하여 회식 자리를 마련하고 건의 사항을 들어 보기로 하였다. 그러자 그동안 쌓였던 불만들이 터져 나왔다. 그중 땡돌이 연구원은 나보고 「내가 국가니 짐을 따르라.」라는 식의 독재를 한다고 강력한 항의로 나를 난처하게 만든 일도 있었으나 그 자리는 공기방울 세탁기를 개발할 수 있도록 팀원이 일체가 되는 계기가 되었으며 상하 직급의 벽을 없애고 신뢰로 연구에 매진할 수 있었다. 연구 진행 중 어느 날 땡돌이 연구원 부인이 전화를 해서는 애기 아빠가 이상해졌다는 것이었다. 그 말을 듣고 나는 내가 너무 일에 부담을 주어서 잘못된 것으로 판단하고 걱정스러운 마음에 대답도 못 하고 있는데 그쪽에서 뜻하지 않게 고맙다는 말을 하는 것이었다. 이야기인즉, 그동안 술을 너무 좋아해서 걱정하던 차에 술도 안 마시고 집에 컴퓨터를 구입하여 일만 열심히 한다는 것이다. 그것은 내가 미처 생각도 못한 일이었으며 그것이 바로 일석이조가 아닌 일석삼조라고 생각되었다. 술 마셔 없어질 돈으로 컴퓨터를 사고, 술을 안 마셔서 건강에 좋고, 회사 업무에 도움이 되는 것이었기 때문이다.

연구 중에는 일요일, 공휴일도 없는 생활이었으며 평일은 11시가 넘어서야 퇴근하였으니 나도 피곤했지만 연구팀원들 역시 피곤하였을 것이다. 어느 일요일로 생각되는데, 출근을 했을 것으로 알고 회사에 갔더니 아무도 없는 것이 아닌가. 각 집으로 연락해 보니 한결같이 출근을 했다는 것이다. 다음 날 안 일이지만 그들은 회사가 아닌 야외로 출근하여 나를 안주 삼아 술을 마셨다고 한다. 그렇다고 화를 내면 나는 너구리 같은 연구원들에게 완전한 패배가 되는 것 같아 미운 놈 떡 하나 더 준다고 피로할 텐데 오늘은 일찍 퇴근하여 간단하게 저녁이나 하자고 했다. 그러자 그 너구리들이 웬 떡이냐 하며 1차, 2차, 3차를 거치며 때를 만난 듯이 초저녁부터 밤새도록 술을 마셨다. 그 덕분에 나는 한 달간 용돈도 없이 허덕여야 했지만. 공기방울 세탁기가 장안에 화제가 되어 히트할 것이라고는 생각도 못 하였으며 좀 더 향상된 세탁기를 개발하여 사용의 편리와 세탁력을 높이고자 한 일이었다. 그것이 연구소에서 하는 일이 아닌가. 아무리 좋은 공기방울 세탁기라고 하여도 판단은 소비자가 하는 것이므로 소비자의 평가를 기다리고 있던 중 경쟁사에서 악선전을 하였다. 무척 마음이 아팠다. 기술경쟁이 아닌 비방하는 것에 대해, 고소하기보다는 그동안 고생하여 얻은 공인기관 및 자체 시험결과 자료를 자세하게 신문지상에 소개하는 공방전이 계속되었고 그사이에 소비자의 평가로써 증명되어 매출이 급신장되었으며 경쟁사의 악선전이 비방으로 끝나는 에피소드도 있었다. 많은 어려움이 있었지만 개발에 성공한 또 하나의 비결이 있다면, 조직의 상하 수직적인 명령계통보다는 수평적 사고에서 상호 신뢰의 바탕으로 일을 한 것이었다. 고참의 경험과 신입사원의 새로운 지식이 접목되어 이루어진 결과이기에 나는 공기방울 세탁기가 성공한 것이라고 생각한다.

1-7. 히트와 시샘은 공존한다

소비자들에게 크게 히트한 공기방울 세탁기에 대한 시비는 곡절 끝에 법정으로까지 비화될 조짐을 보였다. 문제의 발단은 1992년 5월 중순에 S대 의류학과에서 공기방울 세탁기를 비방하는 내용의 논문을 발표하면서부터 시작되었다. 그 대학 의류학과 학생은 「기포가 세탁기의 세척 효과에 미치는 영향」이라는 논문에서 「공기방울 세탁은 오히려 세척률을 저하시킨다.」고 밝혔다. 이것은 학술 논문이라기보다는 경쟁사의 입김이 작용한 광고 반박성 리포트라고 할 수밖에 없었다. 왜냐하면 그 논문 내용이 철저하게 공기방울 세탁기의 광고 문구를 반박하는 것이기 때문이었다. 즉 그 논문은 대우에서 개발한 공기방울 세탁기가 기존 세탁기에 비해 55% 이상 세정도 향상 효과가 있으며, 25% 세제감량 효과와 함께 40%의 옷감 손상도 감소 효과가 있다고 광고한 것에 대하여 정면으로 문제를 제기했던 것이다. 우리는 S대 의류학과를 상대로 손해배상 청구를 하지 않을 수 없었다. 특히 이번 논문은 S사에서 S대 의류학과 교수팀에 용역을 준 것으로 확인되어, 연구 결과에 왜곡 의혹이 짙다고 하였다. 이에 대해 S사 측은 해당 교수팀에 기포 세탁에 관한 연구를 의뢰한 것은 사실이나 연구 결과에 대해서는 전혀 개입한 바 없다고 말했다. S사 측은 논문 결과가 일부 언론에 크게 보도되고 내가 이에 반발, 제소를 고려하는 등, 문제가 확대되자 또 다른 경쟁사인 K사를 원망하는 눈치였다. S사는 자기네뿐만 아니라 K사도 비슷한 프로젝트를 S대에 의뢰했는데 이번 발표된 논문이 S사 측에서 의뢰한 것이라 K사가 고의적으로 언론에 흘려 사건화됐다고 하였다. 이러한 문제에도 불구하고 공기방울 세탁기는 기술의 참신성으로 인해 소비자들로부터 여전히 좋은 반응을 얻고 있었다. 나는 공기방울이 부딪쳐 터질 때, 발생하는 압력파와 부력, 공기방울 속의 산소가 세제 용해도를 향상시키는 화학작용 등이 공기방울 세탁 기술의 핵심이라고 설명하고, 이러한 작용은 해사기술 연구소, 한국화학시험검사소, KIST 등, 공인기관의 검증을 받은 바 있다는 점을 강조하였다.

이번 논문과 관련한 파문은 경쟁사들이 공기방울 세탁기의 성공을 시샘한 데서 비롯되었다는 것은 객관적으로도 증명이 되고 있다. 한 예로 시사정경은 1992년 6월호에서 긴급진단으로 「세탁기 싸움에서 K사와 S사는 왜 참패했는가?」, 「부단한 기술개발만이 우리 상품의 살길이다」라는 제목으로 그 사건을 다룬 바 있는데, 그 기사내용은 다음과 같다.

> 우리가 세상을 살아가기 위해서는 여러 경쟁에 시달려야 한다. 기업이나 개인이나 선의의 경쟁을 함으로써 더욱 발전이 있는 것이다. 기업은 경쟁에서 이기기 위해 남보다 먼저 개발, 상품화하여 소비자들에게 호응을 얻어야만 그 제품은 성공한 것이다. 가전제품 시장에서도 그 열기는 뜨거워 하루가 다르게 새로운 신상품들이 쏟아져 나오고 있다. 그중 대우전자에서 나온 공기방울 세탁기는 세계 최초 개발로 소비자들에게 많은 호응을 얻고 있다. 공기방울 세탁기가 국내에서 판매호조를 보이기 시작한 것은 작년 6월로, 소비자들에게 선보이기 시작한 이후 연말까지 15만 대의 내수 판매실적을 올렸으며 올 들어서도 지난 3월 말까지 8만 4천 대를 팔아, 대우전자의 세탁기시장 점유율을 전년도 10%에서 30%까지 올리는 등 빅히트를 치고 있다. 또한 국내 판매호조에 힘입어 대만, 홍콩을 비롯한 동남아지역 약 5만 대를 비롯하여 10만 대 이상의 공기방울 세탁기를 수출할 계획이다. 이처럼 대우 측이 계속 좋은 반응을 보이자 경쟁사들에게 꽤 신경에 거슬릴 것은 당연한 이치다. 허나 타사 제품의 반응이 좋다 하여 그 제품의 역홍보를 하는 것은

점잖은 방법이 아닐 뿐 아니라 자기 회사에서도 그러한 일을 당할 수도 있어, 서로 악순환의 연속일 것이다.

사실이 아니기를 바라지만 공기방울 세탁기의 성능이 선전내용과 다르다는 결론을 얻어 내기 위해 연구원에게 과제를 주어 연구 의뢰한 사실이 밝혀졌다. 바로 경쟁사인 S사이다. S사는 S대 의류학과 모 교수와 학생에게 「기포가 세탁의 세척 효과에 미치는 영향」이라는 제목으로 공동연구를 해 달라고 부탁했다. 이들은 4월 18일 S대 교수회관에서 열린 한국 의류학회의 학술발표회에서 그 연구 결과를 발표하였다. 학생은 기포를 넣었을 때 옷감 마모율은 약 6.1% 떨어졌으나 세탁 효과는 8% 정도 떨어졌고 헹굼 성능은 약간 떨어졌으나 무시할 만한 수치였고 기포를 넣고 세제농도를 75%로 떨어뜨렸을 때는 세탁 효과를 토대로 「세탁기에서 인위적으로 발생시키는 기포는 옷감의 손상을 막는 효과는 있으나 헹굼 성능에서는 별 차이를 보이지 않으며 세탁 효과와 세제감량 효과는 오히려 떨어진다는 학설이 옳음을 확인했다」고 결론 내렸다. 물과 기계의 물리적 힘을 이용한 세탁기 빨래에서는 세인세제를 개발함으로써 가능할 뿐 물리적 방법으로는 일정한 한계가 있다는 것이다. 종래의 세탁기에서 기포가 발생할 때 옷감의 손상을 다소 막아 주는 효과는 있어도 세탁 효과는 떨어진다는 입장이었고 가전업체들도 세탁기를 사용할 때 자연 발생하는 기포를 가급적 줄일 수 있는 수류방식 개발을 앞다투어 왔다는 것이다. 따라서 이 논문은 공기방울 세탁기의 성능과 관련, 기포는 기계적 힘을 방해할 뿐 아니라 세제농도를 약화시켜 세척력이 기존 세탁기보다 떨어진다는 결론을 내렸다.

이 같은 논문이 발표되자 대우 측에서는 즉각 해명자료를 마련, 반박에 나섰다. 대우 측은 우선 KS규격에 따라 세탁기의 세정도 최소치 측정결과 자사의 공기방울 세탁기가 기존 제품에 비해 세척력이 55%(8kg 기준) 향상됐다고 밝혔다. 대우 측은 이 같은 결과가 자체 실험뿐 아니라 해사기술연구소, 한국화학시험검사소 등 공인기관의 실험에도 나타났다고 주장했다. 대우는 또 자사 실험실을 통해 KS기준에 따라 세제감량 실험을 한 결과 공기방울이 생길 때 약 25% 정도의 세제를 줄일 수 있다는 결론도 얻었다면서 그 학생의 주장을 무시했다. 이와 함께 공기방울을 이용할 경우 최종 헹굼 시 배출되는 오수에 대해 음이온 계면활성제 농도를 측정한 결과 공기방울이 없을 때보다 잔류 세제량이 절반 정도 줄어들었다는 점도 대우 측은 들었다. 이 밖에 가제 손수건을 사용, 시험 전후 중량 비교를 통해 기포 유입 시 포 마모율을 살펴본 결과 공기방울 세탁기의 경우 40% 정도 옷감 손상이 줄었다고 밝히고 있다. 대우 측 주장이 사실이라면 공기방울 세탁기는 학술적으로뿐만 아니라 소비자들로부터도 인정받아 객관적으로 그 성능을 인정받은 셈이다.

한편 대우 측은 학생의 발표 논문에 많은 의문점을 제시하고 있다. 첫째, 현재 판매 호조를 보이고 있는 파워 세탁기에 대해 대우가 주장하는 세탁 성능은 허위 과장이라고 매도하면서 대우 측의 시험 데이터 및 관련 논문에 대한 검증이 전혀 없었다. 둘째, 소비자들의 세탁기 기종 선택의 혼선 때문에 연구에 착수했다고 하나, 국내 다른 제품과의 비교가 없었다. 셋째, 기포가 기계적 작용을 저해하고 계면활성제의 농도를 감소시킨다는 결론 부분도 기포의 물리적 화학적인 작용의 구체적인 검증 없이 대부분 추론에 의존했다. 넷째, 실험 방법 및 실험 결과에 대한 구체적인 데이터를 밝히지 않아 정확도 및 신뢰도에서 신빙성이 없다 등의 여러 가지 문제점을 제시했다.

본 기자가 모 교수와 학생에게 대우 측이 제시한 의문점에 해답을 요구했으나 학생은 개인적인 일로 연락이 안 됐고 모 교수는 이 논문에 대해 「이제 관여하지 않으며 S사에 전화를 하라」며 일방적으로 전화를 끊었다. 이렇듯 모 교수와 학생은 대우 측의 의문점 제시에 관해 답변을 회피하고 있다. 따라서 대우 측은 결국 이번 논쟁의 발단이 된 학생의 논문이 공기방울 세탁기의 인기를 못마땅하게 여기고 있는 S사의 사주에 의한 것이라고 주장했다.

한편, 학생이 주장하는 공기방울 세탁기의 성능이 부정되거나 또는 과장된 것으로 고쳐지려면 그 방법이 공개리에 떳떳한 명분 아래 국가 공인기관에서 소비자 보호 측면에서 할 수 있는 일인지는 모르지만 경쟁사에 의해 뒷전에서 추진되어서는 안 될 것이라 본다. 상대 경쟁사의 신제품이 발표되면 일단은 신제품을 입수하여 새로운 성능에 대한 분석작업을 하는 것이 관례화돼 있으며 이번 공기방울 세탁기에 대해서도 그 같은 성능 분석결과가 일부 언론에 유출된 것이지 전혀 고의적인 역선전은 아니었다고 S사는 주장하고 있다.

또한, 역공하기 위해 연구를 의뢰했다는 설에 대해서도 전혀 사실과 다르다며 그 같은 연구가 있다는 사실을 알고 논문을 입수하여 검토했을 뿐이라고 했다. 또한 S사뿐만 아니라 K사도 대우 측 공기방울 세탁기의 인기에 대한 공격을 하고 있다는 의혹을 사고 있다. 5월 2일 K사가 대우전자를 상대로 「세탁기 클러치」 특허침해 중지 및 손해배상을 요구하는 민사소송을 제기했다.

K사가 이번에 소송을 낸 것은 이 회사가 지난 86년 6월 실용신안 제31140호로 등록한 「전자동 세탁기 역회전 방지장치」에 관한 것으로 현재 이 장치는 세탁기 용량 6㎏ 이상의 대형 세탁기 대부분에 사용되고 있다. K사도 대우전자가 지난 89년 4월부터 시장에 내놓은 6㎏ 전자동 세탁기를 비롯하여, 총 11개 모델에 금성사 특허를 무단 사용하고 있다고 주장하고 있다. K사는 특허 사용료를 요구했으나 대우 측이 사용료의 지불을 거부해 소송을 제기하게 됐다는 것이다.

대우전자는 이에 대해 자사 제품은 K사 것과 물품의 형상, 구조, 조항 중 어느 것도 같거나 비슷하지 않다며 특허 침해가 아니라고 주장했다. 대우는 세탁기 클러치에 적용되는 이 장치가 K사 것과 차이가 날 뿐만 아니라 자사 제품이 더 진보적인 기술로 만들어진 것이라고 주장, 이 같은 의견을 K사 측에 보내 사용료를 지불하지 않겠다는 의사를 분명히 했다. 하여튼 우리의 전자업계도 경쟁 대상이 국내 동종업체가 아니라는 사실을 잊지 말아야 한다. 세계 속에서의 경쟁에서 견디려면 국내업체 간에 긴밀한 협조와 공동대응을 해도 쉽지가 않은 상황임은 누구보다 업체 스스로 판단해야 할 것이다. 또한 S사가 S대에 의뢰한 「기포가 세탁기의 세척 효과에 미치는 영향」의 발표와 대우 측 주장의 진위는 무엇보다 소비자들의 현명한 판단에 의해서만 가려질 수 있을 것이다.

대우전자 가전연구소장 임무생 씨는 공기방울 세탁기를 세계 최초로 개발하여 공적을 인정받아 4월 21일 과학의 날을 맞아 독창적인 세탁기술을 창안한 연구원으로 기술 분야에서 처음으로 석탑산업훈장을 받았다. 그는 공기방울 세탁기가 인공지능을 갖춘 퍼지형 세탁기에 이어 「제4세대 세탁기」라는 자신감을 갖고 있다. 그가 TV개발부에 근무하고 있으면서도 자신의 일이 아닌 세탁기 분야에 뛰어든 것은 투철한 직업의식과 끊임없는 노력일 것이다. 그는 우연히 어항 속에 기포가 발생하는 원리를 관찰하던 중 어항 속의 산소가 물을 맑게 한다는 사실을 발견, 이것을 시발점으로 3~4년 연구한 끝에 새로운 사실을 알게 되었다. 공기방울로 세탁을 했을 경우 공기방울이 세탁물 사이에서 완충작용을 해 세정도는 훨씬 높아지고 반면 세탁물의 손상도는 오히려 감소하는 장점이 있다는 것을 알아냈다. 그는 가전연구소로 자리를 옮겼고, 회사 측에서 투자한 20억 원의 연구개발비와 50여 명의 연구원들과 함께 연구한 끝에 지난해 6월 드디어 공기방울 세탁기가 탄생한 것이다. 「이때

까지 우리 가전제품은 선진국의 기술모방에만 그쳤지만 이제 우리
도 우리의 기술로 개발하여 세계로 눈을 돌릴 때입니다.」 회사에서
도 그의 공적을 인정하여 지난 3월 대우창립 25주년 기념식에서 처
음으로 제정된 대우기술상을 수여했다. 임 소장은 S대 의류학과에
서 발표한 「기포가 세탁기의 세척에 미치는 영향」에 대해서 「공기
방울 세탁기의 성능에 대한 의문점은 일고의 가치도 없는 애기이
며 이 제품이 일본 등 선진국에서 사용하는 드럼식보다 성능이 우
수하다는 것은 모든 시험 결과에서 완벽하다.」고 주장했다.

공기방울 세탁기에 대한 시비는 경쟁사의 시샘이 불러일으킨 것이
라고 생각한다. 여러 가지 자료에서도 검증되듯이 공기방울 세탁기는
우수한 성능을 지니고 있기 때문에 그런 문제로 타격을 입지는 않았
다. 오히려 그것은 무관심하던 사람들에게까지 관심을 갖게 하여 홍
보효과를 얻는 결과를 가져오게 했던 것이다. 이렇게 보면 창의적인
기술개발로 만들어지는 히트 상품은 어떤 바람에도 꿋꿋이 견디며
살아남을 수 있음은 물론이거니와 그 바람이 도리어 소비자들에 대
한 홍보에 날개를 달아 주는 역할을 한다는 것을 볼 수 있다. 그러므
로 히트와 시샘을 공존하도록 하는 것이야말로 제품의 판매율을 신
장할 수 있는 지름길이라고 하겠다.

삼성, 「대우기술」 치켜 올리기 「눈길」 이라는 제목으로 되어 있는
전자신문 1996년02월06일(화)의 내용을 들어보면 다음과 같다.

가전업계는 그 어느 분야보다도 경쟁이 치열하다. 제품개발이나
신제품발표를 놓고 첩보전을 방불케 하는 정보선을 펴고 상대방의
제품이나 기술을 칭찬하기보다는 폄훼하는 일이 더 많은 가전업계
다. 그러나 최근 삼성전자(대표 김광호)가 경쟁사인 대우전자의 공
기방울 세탁기기술을 높이 평가해 화제다. 삼성전자는 자사 사보1
월호를 통해 대우전자의 공기방울 세탁기가 신선한 아이디어로 히

트상품이 됐다고 칭찬했다. 경쟁사, 그것도 자사제품과 시장경쟁을
벌이는 제품에 채용한 기술을 칭찬한 것은 가전업계는 물론 전자
업계에서 매우 이례적인 일이다.

삼성전자 사보는 대우전자의 당시 세탁기개발 책임자였던 임무
생소장이 어항의 기포발생 장치를 물끄러미 바라보다가 공기방울
이 나올 때는 어항속의 물이 맑아지고, 공기방울이 나오지 않을 때
에는 혼탁해지는 현상을 발견, 공기방울 세탁기를 만들게 됐다는
개발에 얽힌 이야기를 소개했다. 이런 아이디어를 응용해 개발해낸
공기방울세탁기는 지난 90년에 불과 11%였던 대우전자의 세탁기
시장점유율을 94년에 28%로 급속히 끌어올려 가전3사 대열에 진
입할 수 있었다고 설명하고 삼성전자는 경쟁사의 이러한 아이디어
를 앞으로 기술개발 교훈으로 삼아야 할 것이라고 지적했다. 이에
대해 가전업계의 한 관계자는 「매우 바람직한 일로 앞으로 가전업
체들이 상대방의 좋은 점은 칭찬하고 인정하는 선의의 경쟁관계를
구축하는 계기로 삼아야 할 것」이라고 말했다.<이윤재기자>

출처 : http://www.etnews.co.kr/news/detail.html?id=199602060058

1-8. 새로워야만 눈길을 끌 수 있다

국제경쟁력을 배양하기 위해서는 구걸하는 격인 외국과의 기술제
휴에서 조속히 탈피해야 하는 것은 물론이거니와 국내의 소아병적인
경쟁에서도 벗어나 최소한 5년 이후에 제품 및 상품화될 수 있는 새
로운 프로젝트를 가지고 연구에 착수해야 한다. 앞으로 관심을 가져
야 할 전망이 있는 분야를 몇 가지 열거해 보면 다음과 같다. 오디
오ㆍ비디오 시스템에 관련된 제품 및 상품군으로는 자성 고밀도 기
록 응용과 시스템 컨트롤 기술에 요구되고 고밀도 안테나 기술뿐만
아니라 광메모리 기술이 더욱 필요하다고 본다. 마이크로일렉트로닉
스 기술의 촉진과 활용이 더욱 활성화될 전망이다. 디지털 기술에 의
한 음질, 화질개선, 원가절감의 연구개발을 하는 것이 필요하다. 클리

너, 냉난방 시스템에 관련된 제품 및 상품군으로는 AI화 종합공조로 컨트롤시스템이 유망할 것으로 생각되며 저에너지화에 의한 쾌적성이 더욱 요구된다 하겠다. 주방기기 시스템에 관련된 상품군으로는, 각종 센스와 마이콤 제어기술로 인테리전트화하는 기술이 발전할 전망이다. 환경보전에 의한 저에너지화, 주방 쓰레기 처리, 고효율 조리화의 기술에 의한 아티비셜 인테리전트화로 완벽한 주방기기 자동시스템이 발전할 전망이다.

세탁 시스템에 관련된 상품과 제품군으로는, 메커트로닉스 기술과 각종 제어방식에 의한 저에너지화, 저공해화가 발전될 전망이다. 앞으로는 이와 같은 시스템의 주택 부품화가 새로운 프로젝트로 등장할 전망이다. 미래지향적이고 적극적인 의지를 가지고 새로운 기술에 도전하려는 자세를 가질 때 새롭게 개척할 수 있는 분야는 실로 무궁무진하고 또 얼마든지 개척할 수도 있는 것이다. 구태의연한 자세로는 결코 남의 눈길을 끌 수 없다. 공기방울 세탁기에 대하여 각 언론들이 깊은 관심을 보이고 사심 없는 찬사를 보내는 것도 결국엔 남다른 열정으로 새로운 기술의 개발에 성공했기 때문인 것이다. 공기방울 세탁기는 그동안 분에 넘칠 정도로 각종 언론매체들로부터 조명을 받았고, 또한 그 덕분에 나 자신도 많은 관심의 대상이 되었는데, 그중에 몇몇 내용을 소개해 보기로 한다.

세탁을 기계화하고자 하는 시도는 18세기부터 시작되었으나 주로 세탁과정에서 이루어지는 사람 손의 동작을 모방하고자 하는 극히 원시적인 형태의 것이었다. 오늘날 세계적으로 사용되고 있는 세탁기의 효시라고 할 만한 형태의 것으로는 1851년 제임스킹이 미국 특허로 등록한 것과 원형의 세탁조를 처음 사용하여 1869년에 역시 미국 특허로 등록된 것 등을 들 수 있다. 19세기 후반에 전기모터가 실용화되고 그 이용기술이 발달하자 20세기 초반에 이르러 비로소 전기세탁기라 할 수 있는 기계가 개발되었으며 제2차 세계대전 이후에 들어서야 가정용으로 본격 보급되기 시작하였다.

우리나라에서 세탁기가 처음 생산된 것은 1966년의 일이다. 이후 우리나라의 급격한 경제성장에 따라 세탁기 시장도 급격히 팽창, 최근에는 연간 140만 대 약 8천억 원 정도의 거대 시장으로 성장하였다. 이러한 양적 성장뿐 아니라 현재 우리나라에서 생산되는 세탁기는 그 품질과 기능에 있어서 세계 최고의 수준이라 할 수 있다. 우리나라에서 생산되는 세탁기는 거의가 회전날개 Pulsator가 부착된 교반식 전자동 세탁기인데 이는 미국에서 일찍이 보편화된 교반봉 부착방식의 교반식 세탁기에 그 뿌리를 두고 있다.

최근 전자동 세탁기의 제품 동향을 살펴보면 고기능화, 저소음화, 대형화 등으로 특징지을 수 있다. 특히 저소음화 부분은 소비자의 기호가 고급화될수록 더욱 다양하게 요구되는 부분이다. 제품의 고기능화를 이루기 위해서는 세탁 전 과정을 사람의 도움 없이 자동으로 수행하기 위해 전자공학과 각종 센서기술의 발달이 요구된다. 우선 세탁할 옷의 양을 스스로 감지, 세탁에 필요한 만큼의 물을 결정하기 위한 중량 감지센서 및 수위 조절회로와 오염 정도를 파악하고 적절한 세탁시간과 헹굼 횟수를 스스로 설정하기 위한 광센서가 채용되어야 한다. 또한 세탁수의 온도에 따라 필요한 세제량을 결정하기 위한 수온센서도 채용되어야 한다. 그러나 가장 중요한 것은 이러한 센서의 측정치를 구동부에 전기적 신호로 보냈을 때 액추에이터의 정확한 동작이다. 세탁기의 고기능화를 추구하기 위해 필수 불가결한 다른 요소는 전기모터의 자유로운 운전 조절이다. 세탁을 실질적으로 이루는 구동부위는 전기모터의 회전에 의한 회전날개의 운동이므로 최적의 모터 제어야말로 다양한 세탁물에 광범위하게 적용되는 전자동 세탁기 개발에 가장 필수적인 것이다. 그러한 일례가 양복 세탁기능을 갖춘 세탁기이다.

저소음화도 세탁기 제조업체에서 가장 민감하게 여기고 있는 과제 중 하나이다. 생활수준이 향상될수록 쾌적한 생활환경을 추구하는 경향이 생기는데 가전제품의 저소음화는 소비자들의 욕구 중 하나이다. 특히 젊은 층에서 맞벌이부부가 증가하여 야간 세탁의 필요성이 증대된 데다 아파트와 같은 공동주택의 보급 확대가 세탁기의 저소음화를 강요하는 이유다. 세탁기는 전기모터를 회전시켜 세탁과 탈수에 필요한 동력을 얻는 기계인데 이 과정에서 불가피하게 발생되는 소음을 줄이는 것은 그리 간단한 문제가 아니다. 특히 탈수행굼 과정 중에 고속 회전하는 세탁조와 기타 부품의 진동에 의해 발생되는 소음은 그 주파수 영역이 비교적 높기 때문에 사람의 귀에는 매우 거슬리는 음원이 될 수 있어 제조업체에서 가장 중점을 두고 있는 부분이다. 이러한 소음억제 대책으로는 차음기술, 소음원 소음 크기 자체의 감소, 소음 감쇄기술, 저소음 재료 등이 사용되고 있다.

차음기술로는 모터의 외부를 플라스틱으로 완전히 밀봉, 세탁기 소음의 근원이 되는 모터의 회전 소음을 방지하는 방법을 들 수 있다. 요즘 시판되는 세탁기에 쓰이는 수지모터가 대표적인 예이다. 이 수지모터란 모터의 회전축을 제외한 모든 부분을 수지로 감싸서 소음원인 모터의 이상음과 자체의 진동을 밀폐시킨 것이다.

이 방법은 매우 효과적이어서 10㎏ 정도의 소음 저감효과를 이룩하였다. 소음원 자체의 소음 저감기술은 최근 출시된 세탁기의 맘모스 모터에서 그 예를 찾아볼 수 있다. 최근의 소비자 기호는 대용량 가전제품 쪽으로 옮겨 가고 있다. 이는 세탁기에서도 마찬가지여서 대용량 세탁 부하에 적합한 모터 개발이 필수적으로 요구되었다. 이는 모터의 코어경을 크게 한다든지 혹은 코일수를 많게 하는 구조변경을 요구하고 이는 또 다른 소음 증대요인이 된다. 이러한 소음을 줄이기 위한 다른 방법은 부품의 정밀도를 향상시켜 모터 자체의 소음을 억제하는 기술이다. 이러한 소음 감쇄기술은 소음원 자체의 개선, 개량을 통해 구현된다. 그러나 요즘에는 더욱더 적극적으로 소음에 대처하는 기술이 개발되어 능동소음제어(Active Noise Control)기법을 도입하기에 이르렀다. 능동소음제어 기법은 소음의 파동에 간섭을 일으키는 인위적인 웨이브를 발사시켜 소음원을 감쇄시키는 기법이다. 이 기술을 이용하여 소음 준위 25㎏의 가전제품이 전자제품 전시회에 등장하기도 하였다. 제품에 구성된 부품에 대한 적절한 저소음 대책이 세워지면 전체의 세트에 대한 차음과 소음 대책을 마련한다. 이때 필요한 기술이 소재에 대한 기술이다. 세탁기에 사용되는 방음 · 방진 소재는 소음원과 본체의 연결부위, 구동부와 본체의 연결부위에 사용되어 소음과 진동을 저감 또는 차단한다. 그 예로 세탁기의 심장이 관설된 베이스 플레이트와 저수조 사이에는 방진 패드가 설치되며 요동 부위와 본체 사이에는 충격 흡수재질인 스펀지 계통의 섬유가 설치된다. 이 스펀지 패드는 내부에 다공층을 형성하고 있어 요동 부위의 충격 에너지를 다공 사이의 열에너지로 바꿔 주며 이때 이곳을 통과하는 공기에 의해 순환적인 냉각이 이루어진다. 또한 본체의 재질도 진동에 다소 둔감한 재진강판을 사용한다. 이 재진강판은 수지성분의 재질 양면에 강판을 붙여 진동 전달을 억제하는 재질이다. 따라서 저소음 세탁기의 소음 저감기술은 부품 가공의 정확성, 차음기술, 재료의 발전을 통해 이루어지고 있다.

세탁기를 개발하는 사람들의 가장 큰 딜레마는 세탁성능을 향상시키면서 옷 감손상도를 줄이는 문제이다. 세탁 성능의 향상은 크게 2가지 방법에 의해 수행된다. 첫째는 합성세제에 의한 화학적 작용이고, 둘째는 회전날개에 의한 물리적 작용이다. 합성세제의 영향은 차치하더라도 회전날개의 물리력에 의한 옷감 손상도는 세탁성능의 향상과 함께 비례적으로 증가한다. 따라서 옷감 손상을 감소시키면서 세탁성능을 향상시키는 노력이 경주되었고 그런 노력의 일환으로 세탁조에 공기방울을 불어넣는 세탁개념이 도입·실용화되어 공기방울 세탁기가 출시되고 있다. 그러나 이 부분은 지속적으로 꾸준한 연구가 더욱 진행되어야 할 부분이다. 특히 회전하는 유체 내부의 유동에 대한 연구는 교반식 세탁기나 와류식 세탁기에서는 꾸준히 해결해야 할 과제임에 틀림없다. 왜냐하면 국내뿐만 아니라 세계적으로도 큰 레이놀즈수(Reynolds number)의 회전유동에 대해서는 완전한 수치해석이 이루어지지 않았으며 실험의 경우에도 그 데이터가 부족한 상태이다. 아울러 유체 기계이론에 의거한 회전날개의 개발도 시급하다. 현재의 교반식 세탁기의 회전날개는 세탁과 동시에 옷감의 손상도 허락하는 형태이나 개선되어야 한다. 특히 회전하는 날개의 회전수와 회전 시간에 비례하여 세정도와 옷감 손상이 함께 증대되는 회전날개는 결코 바람직하지 못하다. 이를 해결하기 위해 회전날개의 형상을 특성화한 정밀 유체 유동실험을 수행하여 최적의 형상에 따르는 운전조건을 찾아내야 한다.

그러나 모든 기술은 독립적으로 구성되는 것이 아니다. 한 예로 제품의 대형화와 탈수성능의 향상은 전기모터의 대출력과 회전속도의 향상을 요구한다. 하지만 이런 추세는 저소음화와는 배치되는 것이므로 고속 회전하는 세탁조의 진동 저감기술이 특별히 요구된다. 이는 결과적으로 고기능 제품의 개발에는 제품 기능을 구현하기 위한 본기술 이외에도 그 기술의 사용에 따른 문제점들을 해결해야 하는 기술이 필요하다는 사실을 우리에게 시사하고 있다. 국내 세탁기 시장은 거의 포화상태에 이른 것으로 분석되고 있다. 과거와 같은 급격한 시장 확대를 기대하기는 어려워졌으므로 내수시장을 중심으로 한 성장에는 한계가 있음이 자명하다. 결국 세계시장을 상대로 한 전략수립이 불가피하다는 결론이다. 수출을 하기 위한 가장 효과적인 전략은 질 좋은 제품을 싸게 공급하면서 수입국의 세탁문화에 충실한 제품을 만드는 것이다. 세탁기의 고기능화는 아울러 수요의 증대도 보장한다. 세탁기 기능이 고급화·지능화될수록 제품의 대체수요가 자연스레 발생, 고기능 세탁기 판매가 지속적으로 유지된다. 실제로 93년 일본 내 전자동세탁기의 판매량은 총 314만 7천 대로 세탁기의 고기능화에 따른 제품판매의 안정성을 알 수 있다.

올해 들어 우리나라 세탁기 제조업체들의 수출실적이 급격히 증가하기 시작하였으나 다른 주요 가전제품의 수출실적에 비해선 매우 저조한 수준이다. 이는 내수시장의 성장이 최근까지 계속되어 해외시장 개척에 적극적이지 않았던 이유도 있겠으나 나라와 지역에 따라 생활환경이 판이해 그 지역에 적합한 세탁기 구조가 워낙 다양하다는 사실도 중요한 이유가 될 수 있다. 세탁기는 다른 가전제품에 비해 생활습관이나 사용 환경에 따라 크게 제약을 받는 제품이다.

전반적인 생활수준의 차이에 따라 보급률에도 물론 차이가 나게 마련이지만 기후 일조량, 수질 및 강수량, 가옥 구조 등에 따라서 그 방식에 차이가 나게 된다. 유럽의 경우 일조량이 적고 수질이 경수에 가까운 등의 이유로 가열장치가 구비된 드럼식 세탁기가 보편화되어 있으며, 물 사용량에 많은 제한을 받는 중동지역에서는 물 소비량이 많은 전자동 방식의 세탁기가 인기를 얻지 못하는 등이 그 예가 될 수 있다. 미국에서는 아직도 기계식의 크고 무거운 철제 세탁기가 주로 사용되고 있으며 중남미와 같이 소득수준이 비교적 낮고 건조한 기후를 가진 지역에서는 탈수기능이 별로 쓸모가 없다. 그러나 이미 세계시장을 상대로 한 전략이 불가피하다면 이러한 문제들은 어쨌든 극복되어야 한다. 우리나라의 다른 주요수출상품과 마찬가지로 선진국과의 기술격차를 좁히지 못한 상황에서 후발 개 발도상국의 추격을 받는 어려운 상황이 머지않아 닥치게 될 것이기 때문이다. 이러한 상황에서 우리가 취해야 할 가장 시급한 전략은 「세계화」이다. 개방화 및 무한경쟁으로 대표되는 오늘의 국제사회에서 단순히 「만들어서 외국에 판다」는 발상은 대단히 무의미하다. 특히 세탁기와 같이 지역에 따른 특색이 뚜렷한 제품의 경우에는 각 지역의 기후와 생활습관에 맞는 제품이 아니면 안 되며 그러한 제품을 개발하기 위해서는 세계화된 발상으로

서의 전환이 무엇보다도 시급하다. 우리나라 가전업체들의 해외공장 건설이 활기를 띠고 있는 것은 이러한 조류를 반영한 것으로 볼 수 있다.

요즈음 한창 강조되고 있는 「경쟁력」 제고 캠페인 등을 접하면서 느끼는 것은 과연 우리가 살고 있는 이 세상이 점점 치열한 경쟁사회로 바뀌고 있다는 사실이다. 그 경쟁이란 다름 아닌 경제력의 겨룸이며 이것은 구소련의 몰락으로 가시화된 이데올로기 냉전의 종식이 직접적인 촉매가 되었다는 분석이 지배적임도 주지의 사실이다.

예전에 이데올로기가 차지했던 세계질서의 대원칙이 무너진 이후 세계 각국은 경제력이야말로 미래의 세계질서를 형성할 유일하고도 절대적인 가치가 될 것임에 이견이 없는 듯하다. 산업화의 역사가 일천하고 부존자원이 없는 우리나라 입장에서는 국제사회의 치열한 경쟁조류가 여간 부담스러운 것이 아니나 이는 우리가 선택하고 말고 할 성질의 것이 아니며 맞닥뜨려 반드시 극복해 내야 할 과제이다.

기술은 경제력을 좌우하는 가장 결정적인 요소이다. 기술 진보가 그 나라 모든 분야의 경쟁력을 제고시키고 강한 경쟁력은 경쟁에서의 승리를 의미하며 국가 간 모든 경쟁이 경제 전쟁으로 풀이되는 오늘의 상황에서 본다면 결국 기술의 진보가 경제력의 진보를 가져온다고 보아도 무방하기 때문이다. 기술개발이란 이러한 상황에서 당연히 최우선으로 추구해야 할 과제이지만 이것은 우리나라뿐 아니라 세계 어느 나라도 똑같이 힘쓰고 있는 상황이므로 막연한 기술개발만으로는 부족하다. 특히 우리나라보다 다소 뒤떨어져 있는 후발국의 추격은 차치하고라도 선진국에 비해 절대적으로 열세에 있는 기술 개발 투자로 선진국들의 앞선 기술을 따라잡고 나아가 그들을 능가하려 한다면 무엇인가 우리만이 내세울 수 있는 독특함이 있어야 한다. 이러한 관점에서 「가장 민족적인 것이 가장 세계적」이라는 말을 다시 상기해야 할 것 같다. 결론적으로 가장 좋은 세탁기, 즉 세계에서 가장 많이 팔리는 세탁기를 개발하기 위해서는 자기 판단을 정확히 할 수 있는 전자회로 및 센서기술, 저소음기술 대용량 소형제품 구현기술, 유체역학이론 및 실험기술, 생산원가 절감기술과 더불어 지역별 세탁문화에 걸맞은 세탁기 개발기술이 절대적으로 필요하다.

출처: http://www.etnews.co.kr/news/detail.html?id=199412070048

▲ 1992년 5월 「라벨르」

「과학의 날 석탑산업훈장 받은 대우전자 가전연구소장 임무생」

「일상의 경험에서 얻은 아이디어로 50여 가지 발명 특허 지닌 발명왕」

미국의 에디슨은 1천여 가지의 발명품을 고안해 냈다고 한다. 그래서 사람들은 흔히 그를 일컬어 발명왕이라고 부른다. 많은 사람들은 그의 업적에 경탄하고 아낌없는 찬사를 보낸다. 그러나 어떤 사람들은 그의 업적이 어떻게 가능했는가에 대해 더 큰 관심을 갖고 있다. 또 다른 소수의 사람들은 「1%의 영감과 99%의 노력」이라는 에디슨 신화의 공개된 비밀을 자신의 삶에서 실천적인 지침으로 삼는다. 지난 4월 21일 「과학의 날」에 석탑산업훈장을 받은 임무생(47세) 씨는 그러한 소수의 사람들 중 한 사람이다. 그리고 그는 노력의 결실을 맛본 몇 안 되는 사람들에 속해 있기도 하다. 그는 어린 시절 어머니가 냇가에서 빨랫방망이로 빨래하던 기억을 오래도록 간직하고 있다가 새로운 방식의 자동 세탁 방법의 아이디어를 생각해 냈고 결국에는 기존의 것과는 전혀 다른 종류의 세탁기를 만드는 데 성공했다. 그 성능이 탁월해 국가로부터 훈장까지 받게 된 그는 이것 말고도 50여 건의 발명특허를 가지고 있는 발명가이기도 하다.

「돈을 많이 들여 개발된 것은 기술이 아니다.」라며 작은 일에서 아이디어를 얻는 것의 중요성을 강조하는 그는 「시냇물에서 빨랫방망이로 빨래하는 것과 같은 효과를 얻는 방법을 어항의 수포발생기로부터 얻었다.」고 말한다. 이 아이디어를 이용해 그는 크고 작은 공기방울 수십만 개를 시간을 조절해 발생시키는 방법으로 새로운 세탁원리를 개발하였다. 「공기방울은 세탁물에 부딪혀서 충격을 주기 때문에 방망이로 두드리는 효과를 냅니다. 산소도 함께 공급되기 때문에 흐르는 물에서처럼 깨끗한 물로 빨게 되는 효과도 함께 얻을 수 있죠.」라며 그는 자신이 개발한 방법의 장점을 설명한다. 그가 이 방법의 개발을 끝내기까지 8년 정도가 걸렸다. 개발을 시작할 당시에는 텔레비전 개발부에 있었기 때문에 실험은 집에서 해야만 하였다. 자신이 하는 일이 무엇인지를 주변 사람들에게 이야기하지 않아서 이웃으로부터 빨래를 한다는 오해도 받았다고 한다.

「집사람에게도 무엇을 하는지, 이야기하지 않았습니다. 공연히 이야기했다가는 주변 사람들이 제가 하는 일에 신경을 써서 저에게나 그 사람들에게나 모두 불편이 초래될 것이라고 생각했기 때문입니다.」라고 그는 이유를 말했다. 그래서 이웃 사람들은 토요일이나 일요일에 세탁기와 하루를 함께하는 그를 보면 「오늘도 빨래하십니까?」 하고 물었다고 한다.

그러다가 그는 텔레비전 개발부에서 자리를 옮겨 세탁기를 개발하는 부서로 가게 되었다. 그리고 1990년에는 개발이 끝나서 1991년 중반에 그가 개발한 원리를 채용한 세탁기가 상품으로 나와 시장에 선을 보이게 됐다. 이제는 그가 가전연구소 소장으로 있는 대우전자에서 생산되는 모든 세탁기에 그 원리가 이용되고 있다. 「경제적인 여유보다 명예를 중시한다.」는 그는 「한 분야에서 자부심을 가질 수 있는 사람이 되겠다는 의지가 없다면 차라리 장사를 하는 것이 낫습니다. 물질적인 것은 생활이 가능할 정도면 된다고 생각합니다.」라고 말했다. 50여 명의 부하직원들을 거느리고 있기도 한 그는 새로운 기술의 개발을 위해서는 직장의 선후배 사이에 긴밀한 협조가 중요하다고 강조한다. 「젊은 사람들의 새로운 지식과 선배들의 경험이 합해지지 않으면 좋은 결과가 나오기 어렵습니다. 흔히 선배들은 자신의 경험을 내세워 권위주의적으로 되기 쉬운데 그래서는 지식과 경험이 결합하기가 어렵습니다.」라는 그는 직장에서 자신의 부하직원들을 대할 때면 그들의 인격을 무시하는 행동을 하지 않도록 조심한다고 말한다. 「부하직원의 결과 보고가 있기 전에 미리 저의 의견을 개진해 그들이 업무처리에 참고하도록 합니다. 결재 시에 보고서를 고쳐서 다시 같은 업무를 되풀이하도록 하는 것은 전체의 손실이라고 생각하기 때문입니다. 부하직원의 자발성을 유도하는 것에 주력하죠.」라는 그의 말은 그가 「집단적인 창조」를 위해 세우고 있는 원칙이라고 할 수 있다. 「충충시하의 조직에서는 용머리가 뱀꼬리로 된다.」는 그의 염려가 만들어 낸 일에 대한 그의 철학이다. 그는 경험보다는 지식을 중요시하는 편이어서 경험이 3이라면 지식은 1이나 2 정도라고 생각한다고 말한다. 그리고 이런 그의 생각은 연구팀을 짤 때, 인원 구성의 기준이 된다.

국가적으로 겪고 있는 경제난을 해결하기 위해서 기술개발에 대한 필요성이 절실한 요즘 상황에 대해서 그는 어떤 생각을 하고 있을까. 「신제품은 정성에 의해서 개발됩니다. 높아진 소비자의 의식을 충족시키기 위해서는 모방을 피해야 합니다.」라며 그는 독창적인 제품개발을 위한 꾸준한 노력이 필요하다고 힘주어 말한다. 세계시장에서 맹위를 떨치고 있는 일본의 기술을 앞지르는 것에 대해서도 임 소장은 자신감을 피력한다. 「우리는 일본에 지식과 기술을 전해 준 백제의 후손입니다. 그런 우리가 그들을 따라가지 못할 이유가 없습니다.」 일본의 세계적인 가전제품 회사인 샤프가 지난해 8월 중순 임 소장이 개발한 것과 비슷한 원리를 지닌 세탁기를 내놓았지만 그 방식이나 소음방지 등에 있어서 뒤떨어지는 것이었다. 그가 개발한 세탁기는 원리도 다르고 작년 5월 국내뿐 아니라 50여 개 국가에 특허를 출원해 놓은 상태였는데 하마터면 선수를 뺏길 뻔한 일이었다. 강남 고속버스 터미널 근처의 18평 아파트에 살고 있는 그는 부평에 있는 연구소까지 매일 새벽 티코를 타고 출근한다. 새벽 6시 20분쯤 집을 나서서 밤 12시에야 집에 도착하는 그의 생활을 옆에서 지켜보는 부인은 그에게 연구소 부근에서 하숙을 하라고 권할 정도였다고 한다.

열다섯 시간 이상을 회사일로 보내는 매우 바쁜 생활이지만 집에서의 그는 부인으로부터 「세상에서 가장 한가로운 사람」이라는 말을 들을 정도로 편하게 지낸다고 한다. 이런 비난 아닌 비난에 대해, 「한 사람이 집과 회사에서 모두 잘하기는 거의 불가능한 일입니다. 집에서 좋은 가장이 되면 회사의 일에 소홀하기가 쉽듯이 회사에 충실하다 보면 가정에는 신경을 덜 쓰게 되기 마련입니다. 저는 후자의 경우를 선택한 사람이죠.」라며 변명 아닌 변명을 하는 그에게서 국가 경쟁의 기반을 다지는 사람들 특유의 자기희생적인 사고를 발견하게 된다. 그는 대학에서 기계공학을 전공했지만 인문계 친구들과도 많이 사귄다. 그 친구들은 자신과 다른 장점을 가지고 있다며 자신의 연구에도 도움이 된다고 한다. 플라스틱 제품설계, 사출가공과 금형 등의 저서를 저술하기도 한 그는 제품개발과 품질 향상에 관한 공로로 수차례 회사로부터 표창을 받기도 했다. 그는 지금도 3~4가지의 신제품개발을 위한 연구를 추진 중이라고 한다. 열아홉 살의 나이에 어머니와 사별한 임 씨는 밤늦게까지 단추 만드는 아르바이트를 하는 등 어려운 학창시절을 보내기도 했지만 긍정적이고 낙천적인 눈으로 세상을 본다고 한다. 일찍 결혼한 그는 군을 제대하고 대학에 다니는 아들 하나와 딸 하나를 두고 있다. 밤늦게까지 연구소의 불빛을 밝히며 동료들과 함께 연구에 몰두하고 있는 임 씨는 명예를 소중히 여기면서 타인의 삶을 보다 편리하고 윤택하게 하는 데서 보람을 찾는 장인정신의 참모습을 보여 주는 인물이다.

▲ 1992년 10월 「세계여성」

일터에서 보내온 글. 「어머니의 시냇물 빨래에서 착안된 공기방울 세탁기」 공기방울 세탁기, 임팩트 텔레비전, 흡음방 청소기. 역사 속에서 이어져 내려오는 한국인의 우수성이 이제는 그 저력을 과시하기 시작하였다. 이 제품들은 가정에서 주부들에게 기쁨을 주며 일손을 덜어 주는 당연한 자리를 차지하고 있다. 임팩트 텔레비전의 착안, 공기방울 세탁기의 개발과 흡음방 진공청소기를 발명했을 때, 주변의 사람들은 가끔씩 어떻게 하여 그런 아이디어를 얻게 되었는가 하고는 질문을 한다. 고정관념을 탈피할 수 있을 때에 사물을 대하는 시야가 넓어질 수 있다.

이를 통해서 전혀 관계가 없는 기기나 자연현상의 과학적 원리를 제품에 새롭게 적용할 수 있는 아이디어로 전환시켜 나갈 수 있기 때문이다. 이 아이디어를 얻기 위해서는 무엇보다 어린아이처럼 사물을 순수하게 대하는 눈을 가지도록 노력해야 한다. 어머니, 아버지의 전통적인 행동 등이 지극히 과학적이라는 믿음으로 단순한 행동도 놓치지 않고 상당히 오랜 세월 동안에 걸쳐 곰곰이, 골똘히 생각한 것이 착안의 비결이다. 세탁기를 연구하는 동안 내내 풀리지 않는 궁금증이 있었다. 그것은 어릴 때, 어머니가 밤이면 해진 옷을 기워 입히면서 낮이면 빨래할 때, 방망이로 쳐서 때를 빼는 것이 모순된 것 같기도 하지만 거기에는 과학적인 근거가 있지 않을까 생각을 하였다.

그때의 빨래터는 물이 고여 있는 호수나 물웅덩이가 아니라 항상 흐르는 시냇물가였다는 기억이다. 또한 흡음방 청소기는 어린 시절에 아버지가 조그맣게 경영하던 정미소의 발동기에서 아이디어를 얻은 것이다. 정미소 내에서 발동기를 돌릴 때에는 천장 밖까지 연결된 배기통을 설치하는 데 반해, 모내기철 등 비수기에 논물을 대기 위해 발동기를 야외에서 가동할 때는 배기통이 짧은 대신 중간에 뭉툭한 것을 달아 놓는 것이 어린 눈에 항시 기이하게 여겨졌다.

물론 한국의 정서적인 생활의 기억들 속에서 기초과학을 첨단기술로까지 연결시킨 공기방울의 원리와 흡음방 원리를 원용한 무소음 진공청소기까지 도달하는 데는 꽤 시간이 걸려야만 하였다. 어느 날 공기 발생 장치가 있는 어항을 바라보다가 공기방울이 닿는 곳에는 이끼가 끼지 않는다는 점과 공기방울 발생 장치가 있는 어항 속의 물이 그렇지 않은 물보다 훨씬 깨끗하다는 것을 발견했을 때, 공기방울이 세탁에 어떤 좋은 영향을 미칠 수도 있겠다는 아이디어가 떠올랐다. 진공청소기로 청소를 하는 도중에 막내가 그 시끄러운 청소기의 소리에 잠을 깬 후, 울었던 적이 있다. 청소를 깨끗이 제대로 하지도 못하면서 청소기의 소리는 그렇게 시끄러웠었다. 그러다 어느 날 이중으로 된 창문을 닫을 때, 하나의 창문을 닫았을 때보다 2개의 창문을 다 닫았을 때는 밖에서 들리는 소리로부터 방 안의 조용함은 상당한 차이가 있음을 깨달았다. 시끄러운 진공청소기에 이런 흡음방을 설치한다면 좋은 영향을 미칠 수도 있다는 아이디어는 여기서 얻은 것이다. 그 아이디어들을 제품에 적용하기 위한 과학기술로 확립시키기 위해서는 틈만 나면 공부를 했고 수많은 노력이 필요하였다.

외국 과학서적을 살펴보면서 2조식의 구형 세탁기에 실험과 연구,

실제 세탁을 실행하던 많은 날들, 동네 사람들은 나를 가리켜 「빨래하는 아빠」로 불렀다. 또한 기존 청소기의 꽁무니 내부에 10개의 호스를 내장하여 실험하던 일들이 말도 안 되는 이야기라는 말을 들으면서도 홀로서기를 계속하였다. 천재는 태어나면서부터 정해져 있다고 보지는 않는다. 문제를 골똘히, 그리고 여러 각도에서 아이디어를 생각한다면 그 아이디어를 해결하려는 노력 속에서 천재는 탄생되는 것이다. 같이 일하고 있는 사람들은 「아이디어 뱅크」, 「흰머리 소년」, 「일벌레」라고 나를 부르면서 아이디어를 달라고 한다. 부모님의 정서적인 생활상을 염두에 두고, 끈기와 집념으로 아직도 나는 많은 과학을 찾고 있는 중이다.

고정관념을 탈피할 수 있는 신선한 시각, 임무생 소장의 연구지론이다. 「어린아이처럼 사물을 순수하게 대하는 눈을 갖도록 노력해야 한다.」 국내외에 개발돼 있는 우수한 제품을 토대로 뭔가 만들어 보겠다는 일반적인 접근법으로는 그보다 더 나은 제품 만들기가 사실상 불가능하다고 생각한다. 그가 개발한 「공기방울 세탁기」가 어항 속의 기포발생기에서 아이디어를 얻은 것이고 「흡음방 진공청소기」는 어린 시절 부친께서 경영하던 정미소의 발동기에서 아이디어를 얻은 것이라는 점을 보면 그는 그가 주장하는 이론의 제1의 실천가이기도 하다. 「우리나라의 가전산업 기술은 세계 최고수준에 올라 있죠. 이제 다른 나라의 스타일을 따르기보다는 지금 우리가 확보하고 있는 기술로 우리만의 독특한 제품을 개발해 내야 합니다.」 함께 일하고 있는 부하 직원들에게 이 같은 의식을 불어넣어 주기 위해 항상 노력하고 있는 그는 사석에서는 직원들과 스스럼없이 어울리는 소탈한 성품의 소유자이기도 하다. 「공기방울 세탁기」로 우리 회사 직원 모두에게 자신감을 심어 준 큰 역할을 한 그는 또 다른 「생활 속의 발견」을 위해 소년처럼 해맑은 시선으로 세상을 둘러본다. 개인이나 기업 내에서 새로운 프로젝트는 아무도 주지 않는다. 자기 스스로 찾아야 되고 자기 자신과의 싸움에서 이겨 내야 한다. 상사도 주지 않고 부하도 이야기하지 않는다. 오직 자기만 알려고 노력해야 하고 공부하고 느끼고 생각하는 데서 자기를 알게 된다. 그래서 자기만 알게 됐을 때 부지런해야 하며 이 부지런함이 5년 동안 지속되면 무언가 바닷가의 지평선에서 아침 해가 밝아 오는 것을 느끼게 된다. 이젠 됐다고 완전하다고 자만하지 마라. 그다음으로 원가는 떨어지고 기술과 품질은 한없이 올라가야 한다. 이 고생을 5년 동안 지속하면 세상이 모두 자기 것으로 바뀐다. 우리 주위에는 일등급으로 배운 것을 오등급으로 써먹는 사람들이 헤아릴 수 없을 정도로 많다. 많이 배워도 쓸 줄을 모르면 무슨 소용이 있는가. 일등급의 교육을 받으려면 막대한 시간과 돈이 들기 때문에 그만큼 국제경쟁력은 떨어지게 된다. 우리는 오등급으로 배웠지만 그것을 일등급으로 써먹을 줄 알아야 되고 또 알도록 대변신을 하지 않으면 안 된다. 항상 대개혁을 하겠다는 의식으로 새로운 프로젝트를 연구해야 한다.

2. 프로파간다(Propaganda) 작전

2-1. 과학적으로 접근해야 한다

기업이 건전하게 성장하기 위해서는 먼저 제품의 개발에서부터 생산과 판매까지 모든 부문에 걸쳐 체계적으로 이루어지고 그 다음에 광고와 홍보 활동이 이를 뒷받침하도록 해야 한다. 우리의 경우 이러한 과정을 제대로 지키지 않는 기업들이 적지 않다고 한다. 염불보다는 잿밥에 관심을 가지는 격으로, 품질향상에 대한 노력은 뒷전이고 광고에만 총력을 기울이는 경우를 흔히 볼 수 있는 것이다. 우리나라의 1992년도 광고비가 2조 3천억 원에 이르러 세계 10위권 이내에 랭크되고 있다는 것이 그것을 증명하고 있다. 그래서 세계일보에서도 우리의 실정에 비추어 보면 기둥은 약한데 지붕만 큰 형상이라고 꼬집으면서 아래와 같은 기사를 보도한 바 있다.

> 또한 우리 기업들이 가진 병폐로 너무나 쉽게 외국 광고를 표절하거나 모방하고 있다는 점을 들 수 있다. 미국은 자국의 이익을 위하여 슈퍼 301조를 본격적이고도 강력하게 추진하고 있으며, 우루과이라운드에서도 지적 소유권 보호의 조항에 광고를 포함하고 있어 불법적인 표절이나 모방 행위를 규제하고 있다. 그럼에도 불구하고 외국 광고의 모방과 표절이 전 부문에 걸쳐 일어나고 있는 실정이다. 심지어는 표정, 웃음소리, 배경음악, 광고문구 등에 이르기까지 표절과 모방을 일삼는다고 한다. 더 큰 문제는 그들이 모방이나 표절을 하고서도 전혀 죄의식을 느끼지 않고 있다는 점이다. 미국의 어느 기자는 한국 광고의 25%가 아이디어를 도용했다고 보도했다. 한국의 광고 대행사가 최근 3년 동안에 코카콜라의 광고를 최고 3번이나 훔쳤다고 밝혔다. 이런 사정을 감안하면 대우전자 임무생 소장의 공기방울 세탁기 개발에 관한 공기방울 이야기 5편의 시리즈 광고가 언론으로부터 참신하다는 평가를 받게 된 것은 더욱 큰 의미를 지닌다고 하겠다.

모방과 표절을 하고서도 전혀 문제의식을 갖지 않는 데는 여러 가지 이유가 있겠지만, 크게는 기업이 제품을 개발하는 자체에 이미 모방이 많이 작용하기 때문에 그 습성이 광고에까지 영향을 준다고 할 수 있다. 그리고 남의 것이 좋아 보이면 무작정 따른다는 의식구조에서도 많이 기인되고 있다. 앞으로는 외제를 통째로 삼키고 모방을 밥 먹듯이 하는 것들은 사라져야 한다. 이를 위해서 방송위원회가 강력히 나서서 제품 제조업계, 광고업계에서 의식개혁을 하도록 지도해야 한다고 본다. 물밀듯이 들어오는 경제의 외침을 어떻게 대처하고 한국의 주도로 세계를 석권할 수 있는 것을 스스로 찾아야 하는데도 불구하고, 이구동성으로 걱정만 태산같이 하고 실천하는 사람은 그리 많지 않은 것 같다. 외국의 생활 풍습이 다르고 문화가 다른 표정, 웃음소리, 배경음악, 광고 문구를 모방한다고 해서 한국의 제품이 그 광고력으로 인하여 한국인에게 효과가 있다고 생각하는 것 자체가 무지한 발상인 것이다. 이런 생각으로 공기방울 세탁기의 체계적인 광고의 론칭 계획에 의하여 다음과 같이 광고했다.

▲ 공기방울 세탁기 파워, 그 비밀은 무엇인가?

삶은 빨래가 깨끗한 이유는 물이 끓으면서 발생되는 수많은 공기방울이 올 사이에서 터지면서 숨어 있는 때까지 모두 없애 주기 때문입니다. 바로 이 원리를 발전시킨 것이 대우 공기방울 세탁기 「파워」입니다. 공기방울 효과는 단순히 삶는다고 빨래가 깨끗해지는 것은 아닙니다. 그것은 물이 끓을 때 발생되는 공기방울이 세탁물에 침투해 올 사이에서 터지면서 숨은 때까지 끌고 나가야만 깨끗하게 삶아지는 것입니다. 그러나 일일이 빨래를 삶으려면 번거로울 뿐만 아니라 옷 색깔이 변하거나 옷감이 상할 염려도 있습니다. 에어파워 수류 수십만 개의 공기방울들이 발생되는 파워! 파워세탁기의 공기방울들은 수직상승하다가 회전판의 좌우회전 수류와 섞이면 복합 수류를 형성합니다. 이때 공기방울은 속도와 압력이 높아지면서 강력한 힘의 충격에너지를 발생시켜 빨래를 두들겨 주기 때문에 놀라운 세탁력을 발휘합니다. 그러나 공기방울이므로 옷감을 보호해 주면서 때만 쏙쏙 빼 주어 최적의 세탁 효과를 가져오는 것입니다.

세 탁 력
55% 향상

애벌빨래가 필요 없을 만큼 깨끗해집니다.

빨래를 삶는 원리를 발전시켜 만든 공기방울이 올 사이로 침투해 강한 충격에너지로 두들겨 주면서 터지기 때문에 애벌빨래 없이도 깨끗하게 빨아줍니다.

옷감 손상도
40% 개선

부드러운 옷도 안심하고 세탁할 수 있습니다.

공기방울이 세탁물과 세탁물, 세탁물과 세탁통 사이에서 부드러운 보호망을 형성해 완충작용을 함으로써 옷감이 상하거나 보푸라기가 일어나는 것을 막아 줍니다.

세제 사용량
25% 감소

예전보다 1/4을 적게 넣어도 말끔해집니다.

공기방울이 세제를 빨리 용해시켜 주고, 공기방울 속의 산소가 세제의 활성화를 촉진시켜 주기 때문에 세제를 종전 표준사용량보다 1/4을 적게 넣어도 말끔하게 세탁됩니다.

국내 유일
에어로퍼지

최적의 세탁조건을 스스로 판단해 줍니다.

인공지능 에어로퍼지가 세탁물의 양과 종류에 따라 수위, 세탁시간, 헹굼 횟수, 탈수 시간, 공기방울 제어 등을 최적의 상태로 조절해 주어 버튼 하나만 누르면 모든 것이 해결됩니다.

국내외에 화제를 몰고 온 공기방울 세탁기는 과연 어떤 성능의 세탁기인가. 공기방울 세탁기의 뛰어난 성능에 대해 정확히 알기 위해서는 세탁의 기본원리를 먼저 이해해야 한다. 의류오염의 원인은 인체에서 나오는 기름때 75%, 단백질 오염 10%, 무기질 오염 10% 정도이다. 세탁을 하게 되면 큰 덩어리의 때는 점점 작게 분리되어 세제 용액에 흡수된다. 그러나 물과 세제만으로는 언제나 기름때가 완전히 빠지지 않으므로 세탁이 반복될수록 의류가 누렇거나 검게 변하고 쉽게 낡아지는 원인이 된다. 이때 손으로 비비거나 주무르면 세제가 다시 작용하여 거품이 일면서 때가 쉽게 빠진다. 이 작용은 세제의 친유기가 때의 표면에 모여 세제 분자가 때를 감싸서 섬유로부터 떨어지게 하고, 때를 완전히 감싸서 섬유에 다시 달라붙지 않게 하며, 세제분자의 작용으로 큰 때를 작게 하는 것이다. 따라서 세탁을 할 때 비비거나 두드리는 등의 물리적 조작을 연속적으로 가해야 세탁이 잘된다. 이런 「물리적 조작」을 보다 과학적이고 효과적으로 세탁기에 적용시킨 것이 바로 공기방울 세탁기이다. 공기방울 세탁기 개발의 주역인 임무생 소장은 1984년 말 집에서 우연히 어항의 기포발생기를 보다가 빨랫방망이 대신 공기방울로 세탁물을 두드려 주면 세탁이 잘될 것이라는 아이디어를 떠올렸다.

예전부터 빨래를 잘하려면 빨랫방망이로 두들겼는데 그렇게 되면 빨래는 잘되는 대신 옷감이 상한다. 좀 더 부드러운 방법으로 세탁물에 물리적 자극을 줄 수 없을까 궁리하다가 어항에서 기포가 발생하는 주변에는 이끼가 끼지 않는 것에 착안한 것이다. 임 소장은 그때부터 공기방울에 대한 검토작업을 계속했다. 처음에는 호스로 공기를 주입해 기포 크기와 기포량, 기포 발생주기 등을 수시로 바꿔 가며 어떤 조건에서 최적의 세탁 효과를 낼 수 있는지를 연구했다. 이달 초부터 TV로 방송되고 있는 기업광고 「신대우 가족」 제2화 「공기방울 이야기」가 바로 이 공기방울 세탁기의 개발 과정을 다큐멘터리 형식으로 엮은 내용이다. 여기서도 보듯이 임 소장은 공기방울 세탁기를 개발하느라 임 소장 댁의 빨래뿐 아니라 온 동네 빨래를 전부 대신해 줬으며, 기포의 양과 주기를 조절하지 못해 물벼락을 맞기 일쑤였다고 한다. 호스에 노즐을 부착, 공기방울을 작게 해도 여러 개의 공기방울이 모여 커지는 것을 막기 어려웠기 때문이다. 기포 크기를 잘못 조절해 물기둥이 솟아오르면 옷감이 부상하기도 했다.

5~6년간 이렇게 시행착오를 거듭하던 임 소장은 세탁기 회전날개 밑에 공기주입구를 설치하는 방식을 착안했다. 기포량도 분당 50여만 개를 세탁물의 종류에 따라 1분이나 2분 단위로 내뿜는 것이 세탁 효과를 높일 수 있다는 결론을 내리고 1990년 8월부터 본격적으로 제품화에 착수, 1991년 6월에 공기방울 세탁기가 첫선을 보이게 된 것이다. 공기방울 세탁기는 빠른 속도로 떠오르는 수십만 개의 공기방울들이 세탁물에 부딪혀 터지면서 세탁물을 두드려 주는 효과를 발휘, 그 충격에너지로 올과 올 사이의 때를 깨끗하게 빼 준다. 물살효과만 이용했던 종래 방식과는 비교가 불가능할 정도로 세탁 성능이 탁월하다. 방망이로 두드려 빠는 것과 같은 효과를 발휘하여 세탁력이 무려 55%나 향상됐다. 또 공기방울은 세탁물과 세탁조 내부 벽면의 사

이에 보호벽을 형성해 주어 세탁물이 세탁조에 직접 부딪치며 마찰이 생기는 것을 방지해 준다. 따라서 마찰로 인해 옷감이 쉽게 상하거나 보푸라기가 일어날 염려가 없어지게 된다. 시험결과 옷감 손상이 40%나 줄었다.

세제 사용량이 25%나 감소한 것도 공기방울이 주는 부가적 이득이다. 공기방울 속에 들어 있는 산소는 세제효소 작용을 활성화시켜 주는 중요한 역할을 한다. 세탁기 회전판이 일으키는 회전수류와 공기방울 속의 산소가 세제용해를 촉진시켜 빠른 속도로 세제가 용해된다. 이처럼 공기방울이 세제의 용해시간을 줄여 주어 세제사용 효과가 높아지므로 종래에 비해 세제 사용량이 25%나 줄어들었다. 헹굴 때도 공기방울은 올과 올 사이로 쏙쏙 스며들어 남아 있는 세제 찌꺼기를 깨끗이 빼 준다. 이 외에도 공기방울 세탁기는 에어로퍼지 기능, 에어파워 수류 등 첨단기능을 채용했으며 저소음 설계로 전 세탁과정이 조용히 진행될 수 있도록 만들어졌다. 이렇듯 혁신적인 세탁기가 출시되자 경쟁사에서 촉각을 곤두세우고 주목하는 것은 오히려 당연한 일이다. 지금까지도 경쟁사들의 세탁기 「판매 교란 작전」은 계속되는 느낌인데 그 첫 번째 논쟁은 작년 8월부터 시작됐다. S사에서, 일본 샤프사가 먼저 기포세탁기 개발을 발표하고 시판을 시작했다며 공기방울 세탁기가 「세계 최초」라는 데 대해 이의를 제기했던 것이다. 일반적으로 세계 최초임을 증명하기 위해서는 제품 출시일, 특허출원일, 기술적 독창성 등, 여러 가지를 따져 봐야 하는데 모든 사항에서 앞서 이 논쟁은 금세 시들해지고 말았다. K사의 공기방울 세탁기 성능 비방 안내장 배포는 뒤를 이어 나온 두 번째 논쟁거리이다. K사는 대리점에 배포한 안내장에서 공기방울 세탁기가 일반 세탁기보다 세탁 성능이 떨어지고 거품이 넘쳐 안전성에 문제가 있다고 주장했는데 제시한 자료가 공기방울 세탁기의 자료가 아니라 일본 샤프사의 것이라, 이 두 번째 논쟁도 경쟁사의 어쩔 수 없는 몸부림으로 해석할 수밖에 없었다.

이 문제와 관련, 샤프사 제품을 시험한 후, 그 결과를 적용한 것은 부당하다고 이의를 제기하자 일부 부서에서 이 같은 자료를 돌렸다며 서둘러 회수하는 촌극을 빚기도 했다. 4월에 있었던 한 대학원생의 논문 발표가 일으킨 공기방울의 세탁효능에 대한 세 번째 논쟁은 공기방울 세탁기의 판매 독주를 막아 보려는 경쟁사의 판매 방해전술인 셈이다. 경쟁사들은 공기방울 세탁기의 성능이 자사제품들보다 월등히 뛰어나고 이와 비슷한 제품을 개발하려면 시간이 많이 걸릴 뿐 아니라 특허를 사용해야 하기 때문에 이와 같은 임시방편책을 내놓은 것으로 보인다.

공기방울 세탁기의 세탁 효능에 대한 논쟁은 경쟁사가 공기방울 세탁기의 세탁 효능에 대해 실험해 줄 것을 서울대의 모 교수에게 의뢰하고 대학원의 한 학생이 이 시험을 맡아 진행한 후 이를 학술 발표회에서 발표함으로써 세간의 관심을 끌게 됐다. 그러나 정부 공인의 KS실험 방법을 사용하지 않고 자의적으로 실험한 것이 문제였다. 경쟁사에서는 이 논문을 근거로 공기방울 세탁기에 대한 부정적 선전을 계속해 왔는데 공기방울 세탁기의 성능에 대해서는 공인기관의 성능 검증을 받아 놓은 상태이므로 모든 자료를 통해 강력 대응하고 있다. 공기방울 세탁기는 이미 세탁력, 세제절약, 옷감보호 등 그 우수한 성능에 대해 공인기관인 해사연구소, 한국화학시험연구소의 검증을 받은 바 있고 대한기계공학회지(제32권 1호)에 「공기방울이 세

탁에 미치는 효과에 대하여」라는 논문 발표를 통해 학술적으로도 인
정받고 있다. 또 공기방울 세탁기 개발의 주역인 임무생 소장은 이번
제25회 과학의 날에 과학기술진흥유공 산업훈장을 수상해 공기방울
세탁기가 정부로부터도 인정받고 있음을 알 수 있다. 공기방울 세탁
기에 대한 소비자들의 호평도 가히 폭발적이다. 지난해 6월 출시 이
후 작년 말까지 판매한 공기방울 세탁기는 대략 15만 대이다. 이로써
공기방울 세탁기는 지난해 가전제품 최대 히트 상품으로 떠올랐다.
올해 들어서도 3월까지 8만 4천 대의 판매 실적을 올려 전년도 같은
기간에 비해 80% 이상 판매신장을 기록, 지난해 10%에 머물던 시장
점유율을 30% 이상으로 크게 늘렸다. 92년 들어 새로 단장된 공장의
세탁기 조립라인은 총길이 98.2m로 이 안에서 조립뿐 아니라 검사까
지 모두 이뤄진다. 무결점 통과율은 현재 96% 이상, 30초당 1대씩 대
량 생산되고 있다. 그래서 자신 있게 말하고 있다. 「공기방울 세탁기
는 사용해 보신 분께 물어보고 구입하십시오.」

<표 4-7> 공기방울 원리 및 세탁 효과

공기방울의 작용	원 리	효 과
압력 변동 증대	공기방울이 세탁물에 부딪혀 터질 때 발생하는 압력파	세탁물을 수직으로 진동시켜 세척력 55% 향상
세제용해도 향상	공기방울에 의한 세제의 신속한 용해로 점도가 낮아짐	세제 잔류량 50% 감소 세제 사용량 20% 감소
용존산소량 증가	공기방울에 의한 지속적인 산소 공급	신선한 세탁류 유지로 재오염을 방지
세탁물의 상승과 하강	공기방울의 부력에 의해 회전판으로부터 세탁물을 상승시키고 수류에 의해 하강시키는 반복동작	옷감 손상도 40% 감소

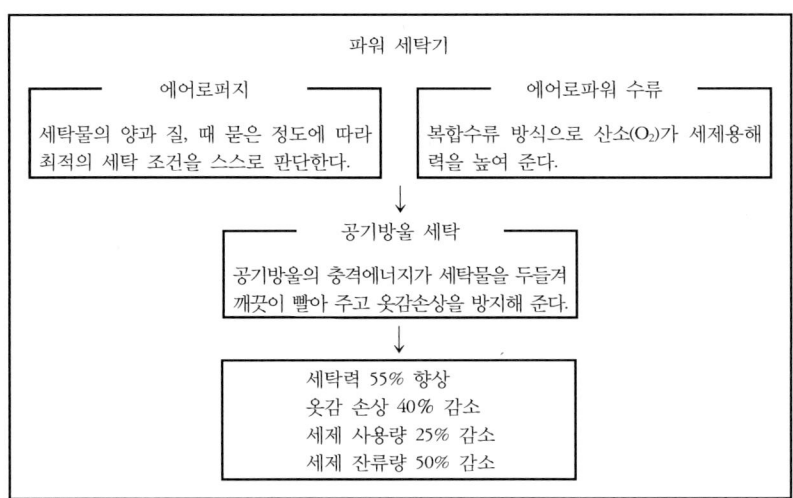

〈그림 4-14〉 파워세탁기

2-2. 진솔하게 접근해야 한다

공기방울 세탁기 광고는 말초감각만 자극하는 광고가 아니다. 그러기 위해 기존의 광고 유형과는 다르게 제작되었다. 이 광고의 특징은 공기방울 세탁기의 아이디어가 우리 생활 속에서 나왔다는 것을 강조하고 논리적이며 설득력 있게 소비자에게 접근할 수 있도록 하였다는 점과 함께 공기방울 세탁기의 개발과정을 진솔하게 보여 줌으로써 세탁기의 성능을 확실하게 공개했다는 점이다. 다음에 그 내용과 각 언론사의 반응들을 소개한다.

http://naver.adic.co.kr/ads/list/listAd.do?d-441911-p=10

공기방울이야기 - 1:

http://naver.tvcf.co.kr/?ssid=977B03B5-1B91-41B1-B73F-8E731F72CB48

공기방울이야기 - 2:

http://www.adic.co.kr/gate/video/show.hjsp?id=I85116

공기방울이야기 - 3:

http://naver.adic.co.kr/ads/list/showTvAd.do?ukey=73598&oid=&pageNumber=3

공기방울이야기 - 4:

http://naver.adic.co.kr/ads/list/showTvAd.do?ukey=66154&oid=&pageNumber=2

▲ 아내 사랑, 알고 보면 참 쉬워요

빨래를 다 끝내고 세탁기 위에 팔을 괴고 있는 남편이 아내 몰래 시청자들에게 속삭이는 말, 「아내 사랑, 알고 보면 참 쉬워요.」 남편은 너무나 쑥스럽다는 표정이다. 시청자들이 남자가 빨래를 다 하느냐고 놀려 댈 것만 같은지, 사실 빨래를 했던 목적은 아내를 사랑하기 때문이라는 것을 밝히면서도 행여 그런 말을 아내가 들을세라 힐끗 아내 쪽으로 눈길 한 번을 주고는 아주 조그만 소리로 말하는 것이다. 「대우 공기방울 세탁기」 파워의 2차 광고는, 1차 광고를 통해 세계 최초의 혁신적인 세탁기가 나왔다는 것을 강력히 고지한 데 이어, 이 세탁기가 생활 속에 어떤 편리함을 가져다주는지를 아주 부드럽게 알려 주고 있다. 빨래를 세탁기에 집어넣는 유인촌, 자막은 대우 공기방울 세탁기가 펼치는 아내 사랑 캠페인의 캐치프레이즈인 「휴일엔 아내를 도웁시다」이다. 빨래를 세탁기에 넣으면서 유인촌은 공기방울 세탁기의 특장점을 아주 편안하게 얘기한다.

「요즘 빨래하기 참 편해졌어요. 애벌빨래를 하나, 삶기를 하나, 공기방울이 깨끗이 빨아 주거든요.」 다음은 공기방울 세탁기가 어떻게 해서 애벌빨래도, 삶기도 필요 없이 빨래를 잘하는지를 컴퓨터 그래픽스가 여실히 보여 준다. 아래에서 위로 올라가는 수십만 개의 공기 방울이 옷감의 올 사이를 통과하기도 하고 옷감 사이에서 터지면서, 옷감은 다치지 않고 찌든 때까지 깨끗이 빼 주는 모습을 실감 나게 보여 주는 것이다. 빨래를 다 하고 난 유인촌에게 들리는 아내의 사랑스런 목소리, 「여보, 청소랑 설거지도……」 「아이구……」 그리고는 빨래를 깨끗이, 주부는 편하게 해 주는 공기방울 세탁기가 날씬한 모습을 드러내고 「파워」 글자 위로 공기방울이 뽀그르르 소리를 내며 올라간다. 맨 마지막 컷은 글의 처음에서 설명한 바로 그 장면이다.

http://naver.adic.co.kr/ads/list/listAd.do?d-441911-p=10

공기방울이야기 - 5:

http://naver.adic.co.kr/ads/list/showTvAd.do?ukey=85117&oid=&pageNumber=1

공기방울이야기 - 8:

http://naver.adic.co.kr/ads/list/showTvAd.do?ukey=62703&oid=&pageNumber=8

공기방울이야기 - 10:

http://naver.adic.co.kr/ads/list/showTvAd.do?ukey=66144&oid=&pageNumber=3

2-3. 고장방지 설계가 판매를 배가시킨다

2-3-1. 부품선택 설계

설계자는 ① 부품, 시방, 신뢰성 시방의 요구, ② 부품 시방서의 승인, ③ 부품 신뢰성 테스트, ④ 부품 메이커의 공장심사기기의 설계에 구성될 필요한 부품을 선택하고 가격, 구조, 성능비교 등을 검토한다. 부품 시방서 체크단계에서 부품의 적합성이 확인되지만, 설계기술자가 모든 부품에 관한 지식을 갖는다는 것은 무리이기 때문에 일반적으로 부품확정시험센터 등에서 부품의 사용법을 설계기술자에게 Advice하는 것이 효과적이다. 또 복잡한 부품이나 전용부품, Unit에 대해서는 부품 Maker와 공동으로 설계하여 기기의 사용법, 조건을 제시한 다음에 공동으로 ① 과거 사용실적(메이커, 품종 등)의 체크, ② 전자회로에 대해서의 고장률 예측과 목표고장률과의 조합, ③ 필요한 Derating의 실시 등의 설계심사나 신뢰성평가를 실시한다. 온도 Stress, 전기적 Stress에 대한 Margin을 취한다. 즉 기기설계 기술자의 요구를 우선 시방 Level에 표현하고 그 요구와 완성된 시방서가 일치하는지 확인하는 것을 승인이라 하고, 시방서와 Sample의 부품이 진정 요구되는 특성이나 신뢰도를 가지고 있는지 확인하는 순서를 인정이라고 한다. 또한 인정을 얻은 부품이 그 공장에서 대량 생산해도 문제가 일어나지 않을 품질보증체제가 있는가의 여부를 실제 공장에 가서 확인하는 순서가 공장심사이다. 따라서 승인, 인정, 심사 등 세 가지가 갖추어져야 절차상의 주문이 가능하게 된다.

2-3-2. 접합·결합 설계

부품 신뢰성이나 부품의 사용법이 적절해도 기기나 제품은 고장이 난다. 그것은 전기 및 전자부품이든, 기계부품이든 단독으로 존재하는 것이 아니라 반드시 전기에너지나 정보, 역학적 에너지나 운동에너지의 전위수단으로 전기적, 기계적으로 접속·결합되어 있기 때문이다. 이 접속, 결합이 무언가의 원인으로 부적합을 일으키면 기기도 고장이 나기 마련이다.

1) 접속, 결합부품의 부적합 원인

기기 내의 접속, 결합의 개소는 부품점수의 2배 가깝게 있다. 예를 들면, 기판에 삽입되거나 Soldering처리된 부품은 적어도 2극단자를 가지고 있고, 그 Soldering 접속의 개소는 부품의 2배 이상이 된다. 이 것은 커넥터 등 1개의 부품이라 할지라도 수십 개소의 Soldering처리가 되어 있기 때문이다. 더욱이 접속 Point나 결합 Point는 이종재료의 경계면에도 온도계수의 차이, 질량의 차이, 경도의 차이, 화학적인 산화경향의 차이 등 반드시 접합면은 물리적, 화학적인 특성의 차이에서 Stress의 차이나 내성의 차이로 인해 비틀림이나 열화, 또는 부식이 잘 생기게 되어 그것이 열화형 고장의 원인이 된다. IC의 Device 고장에서 Bonding 접속의 부적합이나 Plastic 밀봉과 Terminal과의 결합부 부적합이 IC고장의 원인이 되고 있다.

2) 설계상의 고려사항

특히 기기의 소형화와 비용감소 추구를 위해 도입된 새로운 접속방법이나 결합방법이 예상외의 고장원인이 되는 경우가 있다. 이러한 접속, 결합의 고장을 줄이는 가장 좋은 방법은 접속이나 결합을 하지 않는 것이지만, 비용이나 구조적인 측면에서 현실적으로 없애는 것은 불가능하기 때문에 ① 보다 신뢰성이 높고 보다 실적 있는 접속, 결합방식을 채용한다. ② 실적 없는 새로운 접속, 결합방식은 그 부분을 인정대상으로 하여 미리 충분한 시간에 걸친 신뢰성 평가를 실시하는 승인절차를 명확하게 해 둔다. ③ 기계적 스트레스나 온도스트레스가 큰 개소(예를 들면 온도상승이 큰 곳)에는 접속부나 결합부를 갖지 않는 것을 원칙으로 한다. ④ 특히 큰 전류가 흘러 안전성에 영향을 끼치는 개소나, 수리가 용이하지 않은 경우는 100% 열화하는 것이 므로 충분한 FMEA(FTA) 해석을 행하여 설계한다. ⑤ 신뢰성 시험을 통해 사전에 확인하는 경우, 구성 재료를 사전에 노화시키거나 부식 시키고 나서 조립된 Unit나 샘플을 이용하여 시험한다. ⑥ 전기접속 과 물리적인 고정결합을 하나의 접속, 결합으로 겸한 설계는 하지 않 는다. 예를 들어 무거운 부품을 Soldering으로 접속하고 고정도 겸하면 진동이나 충격에 납이 열화한다. 신뢰성 입장에서 고려해 두는 것이 중요하다.

3) 불완전한 접속, 결합

접속, 결합의 방법은 Soldering 처리나 Wire 접속 또는 Screw 결합, Welding 등 어떠한 경우에든 거의가 수작업이고 반자동인 것이 많아 생산상의 편차는 크기 때문에 평상시에 고장의 원인을 만들고 있다 고 염려할 필요가 있다. 또 접합이나 결합 기능은 항상 Energy나 정보 를 전달하고 힘이나 운동Energy를 전달하는 것만으로는 그 자신으로 서의 기능을 갖지 않기 때문에 능동부품도 수동부품도 아닌 접속이 나 결합의 물리적, 화학적인 편차가 있어도 초기 특성상에는 나타나 지 않는다. 완전히 접속이나 결합의 역할을 다하지 않는 불량의 경우 는 초기특성에서 판단할 수 있으나 중도에 마무리되지 않은 접속이 나 생산편차가 큰 경우의 결합은 생산 시에는 구별할 수 없기 때문에 그대로 출하되어 실사용 후에 물리적 Stress 또는 화학적 Stress로 인해 가속도적으로 열화, 변질하여 신뢰성 문제를 일으킨다. 따라서 생산 의 주의사항으로 조건관리에 의해 생산편차를 막는 것과 그 완성강 도를 어떠한 형태로 측정하는가가 중요하다.

2-3-3. 기능안정화 설계(Function Stabilization Design)

기기는 무엇인가의 원인으로 고장이 나고 기능이상을 초래한다. 그 원인은 일반적으로 부품의 고장이나 접속, 결합의 이상에 의해 발생한다. 그러나 역으로 기기를 구성하는 부품이 고장이나 열화를 일으키면 반드시 기기가 고장 나거나 기능불량을 일으킨다고는 할 수 없다. 분명, 그렇게까지 되지 않도록 하는 것이 신뢰성 설계의 역할이다. 부품이나 접속에 이상이 있어도 기기로서 필요한 기능을 안정적으로 확보할 수 있는 설계를 안정화 설계 또는 Robust 설계라고 한다.

1) Safety Design

부품에 이상이 일어날 때에 기능이상이 발생해도 인적, 물적 손해로 연결되는 안전사고에는 이어지지 않도록 하는 설계를 안전성 설계라 한다. 내부부품이 Short되고 이상발열, 발화해도 외곽이 불연성이라면 기기는 화재가 일어나지 않는다. 이 안전성 설계는 이중안전 설계나 Fail Safe 설계 사고방식으로 설계함과 동시에 안전성에 관한 규격이나 기준에 입각한 설계를 철저히 하는 것이 필요하다.

2) Redundancy Design

일부 부품, 부분에 이상이 있어도 병렬구조나 대기구조로 설계하여 기기 전체로서는 기능불량을 일으키지 않도록 하는 설계를 용장설계라고 하며 신뢰성 향상이나 안전성 강화를 위해 실시된다. 전지접속에서 전지교환 시에 메모리 소실사고가 일어나지 않도록 백업전지를 내장하고 있는 것 등이다.

3) Robust Design

기본적인 사고방식은 제품의 목적인 기능에 착안하여 우선 그 기능을 입력신호와 출력특성으로 표시한다. 즉 입출력 관계가 부품편차나 경시열화, 환경변화 및 오차인자 등이 있어도 편차가 나지 않는 듯한 설계 파라미터, 제거인자 등의 설계조건을 실험적으로 구해서 설계하는 방식이다. 고무롤러의 장기사용에 의한 열화나 온도, 온도의 영향, 종이의 두께나 단단함의 편차 등을 포함해 확실히 매회 1장씩의 종이를 배출시키는 구조(롤러의 압력, 재질, 사이즈 등)를 정하는 것에 이용된다.

2-3-4. User Design

사용 중인 것이나 시간이 지남에 따라 부품이나 부분은 마모 또는 열화한다. 그러나 그 영향을 간단·용이하게 제거 또는 수리할 수 있는 구조로 설계해 두는 것이 비용적, 기술적으로 유리한 경우도 있다. ① 접점을 항상 Cleaning하는 스위치 등을 자가 수리구조, ② 주유구 부착, 미조정 노프부착 등 사용자 보전구조, ③ 영사기의 램프 등의 소모품교환 용이 구조의 원인의 한 가지는 기기의 취급방법이 복잡하게 되어 있기 때문이기도 하다.

2-3-5. Maintenance Design

기기의 Service, 유지, 보존성의 시점에서 보전설계가 행해지지만, 특히 신제품에 대해서 서비스의 방침, 서비스 방법, 서비스 기간, 무상기간, 부품공급기간 등 기본적인 것을 설계 초기에 정하는 것이 필요하다. 수리나 보전방법에 대해서 설계과정에서부터 서비스부문이나 판매부문의 계획참여를 얻어 충분히 의견을 수렴하여 설계에 반영하는 시스템을 확립해 둘 필요가 있다.

2-3-6. Concurrent Engineering

일반적으로 제품의 신뢰성, 안전성은 제품설계의 좋고 나쁨에 의존하며, 특히 신제품 개발과정에서 정해진다. 한편, 신제품 개발, 설계부문은 품질, 성능, 신뢰성뿐만 아니라 Cost와 납기부문도 포함되어 종합적인 관리(Management)가 요구된다. 설계에 신뢰성 기술을 살리기 위해서 신제품 개발 전체의 프로세스에 대하여 재고할 필요가 있고 그 방법으로 Concurrent Engineering(CE)의 도입이 효과적이다. 이 CE를 활용함으로써 신뢰성 설계, 설계심사 등의 활동을 보다 효과적으로 실시할 수 있게 된다. 종래의 신제품 개발은 기획에서 출하에 이르는 모든 제품화 프로세스에 각 부분이 시리즈(직렬)로 관여하고, 각 프로세스 종료단계마다 업무이관을 하는 스타일로 행해져 왔다. 이것에 비해 동시개발설계 Concurrent Engineering(CE)은 기획, 구상단계부터 기술, 생산, 품질부문, 서비스부문 및 협력회사 등이 제품개발에 동시 참여하여 기획하고, 동시에 신뢰성 활동도 전개하는 것이다.

권위주의와 거리감
권위주의적인 조직일수록
구성원과 관리자와의 관계, 임원과의 관계,
그리고 최고경영자와의 관계에서
직급이 한 단계씩 멀어질 때마다
심리적 거리감은 제곱으로 커져
직급 간에는 두꺼운 벽이 존재하게 된다.
구성원들은 탁월한 재능과 능력이 있음에도 불구하고
심리적 거리감 때문에 자신의 의견을 제대로
말할 수 없어 자연스럽게 위축된다.

-Kel's Law-

V.

기술이 경제력을 좌우하는 가장
결정적 요소이다

1. 지방자치 및 지방의회 의정 발전을 위한 혁신

1-1. 서론

1-1-1. 국가의 경제발전과 기존업체에 혁신의 동기부여

벤처기업은 창업자가 위험성은 높으나 성공할 경우에 높은 기대수익이 예상되는 신기술을 사업화하는 신생 기술집약적 중소기업이다. 국가의 경제발전과 기존업체에 혁신의 동기부여를 제공해야한다. 기존 관행을 타파하기 위해 의식개혁이 필수적이다. 이를 바로잡기 위해서는 의식의 혁명이 따르지 않으면 안 된다. 이러한 잘못된 인식의 벽, 문화의 벽, 감정의 벽을 과감하게 허물어야 한다. 고정관념을 탈피할 수 있을 때에 비로소 사물을 대하는 시야가 넓어질 수 있다. 평상시보다 3배의 힘을 더 발휘하여 혁신을 기해야 한다.

설정된 신뢰성 목표를 신뢰도배분하고 명확하게 시스템과 부품단위로 구분한다. 각 시스템 및 부품설계에서는 주어진 신뢰성 목표를 달성하기 위한 대책을 검토함과 동시에 신뢰성 시험을 실시해서 신뢰도 예측을 한다. 또한 신뢰성 심사를 통해서 신뢰성의 추이를 파악하고 계획과의 차이를 밝힌다. 또한 생산에 관해서 개발종료 후에 이것의 정보를 입수하는 것이 아니라 개발 초기부터 생산기술부문과 연계해서 공차 면에서 생산하기 쉬운 설계가 가능하도록 협력적인 활동이 필요하다.

그리고 불량신고의 해석결과로부터, 개발 당초에 설정한 신뢰성 목표의 타당성을 검증하고, 러닝 체인지 또는 차기제품의 신뢰성 목표에 반영해가야 한다. 중요한 것은 이러한 불량신고 처리 활동을 통해서 그 고장 또는 불만에 대한 고객의 의견, 요구 값을 잘 듣는 것과 고객이 사용하던 방법을 파악하는 것이다. 이것의 신뢰성 보증활동에서 고객요구를 충족시킨 신뢰성 목표의 설정가능 여부와 설계단계에서 반영할 수 있는 것이다. 그 결과로부터 신뢰성목표의 달성도 확인의 필요성과 요건이 정해지는 것이 미흡하다. 극복해 내야할 과제는 시급히 품질관리(QC)에서 신뢰성관리(RM)로 발상이 전환되어야 한다.

〈표 5-1〉 품질관리(QC)에서 신뢰성관리(RM)로 발상전환

quality control(QC) 품질관리(협의)	5W 1H	reliability management(RM) 신뢰성관리
불량을 방지하고 편차를 방지하여 좋은 제품을 만들기 위해	why(왜) -목적	신뢰성목표의 달성
제조현장	where(어디서) -현장	수명 사이클
제조품질 (시간품질 또는 정적품질)	what(무엇을) -항목	시장품질 (시간품질 또는 동적품질)
제조 시	when(언제) -시기	수명 사이클
품질관리부문	who(누가) -담당	신뢰성관리부문 및 기업 내의 전체 관계부문
계통적 방법으로 PDCA방식	how(어떻게) -방법	신뢰성기술로 PDCA방식

1-1-2. 일을 멋지고 현명하게 하는 방법

일을 멋지고 현명하게 하는 방법은 조직 내에서 창의력과 과학적 사고를 발휘해야 하는데 이를 위해서 고참사원과 신참사원이 적절히 배분되도록 구성해야 창의력을 발휘할 수가 있다. 지식과 경험의 접목이란 신참의 수(3)와 고참의 수(2)의 비율로 구성된 조직이 사고력을 높일 수 있다. 이 사고력의 발휘가 창의적인 결론을 생성하게 된다.

〈표 5-2〉 품질관리(QC)에서 신뢰성(R)으로 발상전환

구 분	품질관리	신뢰성
품 질	규정된 품질 수준에 일치시킴	설계단계에서 신뢰성 확보
개 념	규정품질의 유지 및 공정관리 상태에서 일정관리 한계 내에 유지되도록 함.	시장(소비자의 사용 중)에서 일정시간 이상 원하는 성능을 발휘토록 설계함
수 명	출하시점(t=0)에서 제품 성능의 양부판정	소비자의 사용 중에 얼마나 오랫동안 원하는 성능을 발휘하는가에 관심
결함 및 시정조치	부품 및 제조과정의 결함 색출 및 통계적 관리	부품자체 고유품질, 수준 및 결함의 성질에 주목
사용되는 분포	정규분포(μ, σ)	지수분포(MTBF, 평균무고장시간)
관련부서	제조, 검사부문	설계, 영업부문

1-2. 환경 특성

1-2-1. 극복해 내야 할 과제

예전에 이데올로기가 차지했던 세계질서의 대원칙이 무너진 이후에 세계 각국은 경제력이야말로 미래의 세계질서를 형성할 유일하고

도 절대적인 가치가 될 것임에 이견이 없는 듯하다. 산업화의 역사가 일천하고 부존자원이 없는 한국의 입장에서는 국제사회의 치열한 경쟁조류가 여간 부담스러운 것이 아니나, 이는 우리가 선택하고 말고 할 성질의 것이 아니며 맞닥뜨려 반드시 극복해 내야 할 과제이다. 벤처기업은 개인 또는 소수의 창업자가 성공할 경우에 높은 기대수익이 예상되는 신기술 아이디어를 독자적 기반에서 사업화하는 신생 기술집약적 중소기업이다. 행정혁신, 시장개척, 고용증대 등으로 국가의 경제발전과 기존업체에는 혁신의 동기부여, 신진기업에는 이상적 실현의 바탕이 작용된다. 리차드 드칸틸런(Richard de Cantillon)의 기업가 정신(Entrepreneurship)이 발휘되어야 한다.

1-2-2. 가격요인보다 기술요인이 더 중요

기술이 국제무역의 발생, 국제경쟁력의 결정에 중요한 영향을 미친다. 국제경쟁력의 요인 중에서 가격요인보다 기술요인이 더 중요하다는 연구결과가 나타나고 다양한 방식의 연구로써 기술이 경제력을 좌우하는 가장 결정적인 요소이다. 기술 진보가 그 나라 모든 분야의 경쟁력을 제고시키고 국가 간 모든 경쟁이 경제 전쟁으로 풀이되는 상황에서 본다면 결국 기술의 진보가 경제력의 진보를 가져온다고 보아도 무방하기 때문이다. 이러한 창업을 Timmons는 소리 없는 혁명(Silent revolution)이라고 부른다. 최고경영자는 강한 성취동기와 위험을 감수할 수 있는 능력, 조직구성은 경력이 다양하고 높은 교육수준으로 구성하고 외부의 시설과 자금을 이용할 수 있는 최고관리자라야 한다.

1-2-3. 기업가 정신

또한 최고경영자는 성장에 따라 인력충원, 조직변경, 조직시스템을 구축하는 등 경영에 대한 의사결정에 영향을 미친다. 산업성장은 새로운 산업이 발달되기도 하고 기술혁신을 통해 새로운 시장개척에 의해 활기를 되찾는 경우도 있고 기존산업이 새로운 기술개발에 의해 새로운 산업으로 대체되는 경우도 있다. 첨단기술벤처기업은 기술혁신이 뛰어난 경영자로서 주도적인 혁신활동으로 인하여 성공기업으로 발전시킨다.

1-2-4. 무엇인가 우리만이 내세울 수 있는 독특함

창업자의 기업가 정신(Entrepreneurship)을 가진 창업자의 특성과 보유한 자산, 자원보다 활용에 무게를 두고 시장 기회포착에 의한 사업화 능력을 배양하여야 한다. 이러한 연구흐름에 의한 기술개발이 그 상황에서 당연히 최우선으로 추구해야 할 과제이지만 이것은 한국뿐만 아니라 세계 어느 나라도 똑같이 힘쓰고 있는 상황이므로 막연한 기술개발만으로는 부족하다. 이러한 관점에서 「가장 한국적인 것이 가장 세계적」이라는 말을 다시 상기해야 할 것 같다. 특히 한국보다 다소 뒤떨어져 있는 후발국의 추격은 차치하고라도 선진국에 비해 절대적으로 열세에 있는 기술 개발 투자로 선진국들의 앞선 기술을 따라잡고 나아가 그들을 능가하려 한다면 무엇인가 우리만이 내세울 수 있는 독특함(한국적, 혁신적인 차별화)이 있어야 한다.

1-3. 조직(문화요소, 구조요소, 인력요소)특성

1-3-1. 문화요소

1) 기술경영(Management of Technology)

일반적으로 기술경영의 분류에서는 기술관리(Technology management) 분야, 기술전략(Technology strategy) 분야, 기술정책(Technology policy) 분야 등 3가지로 분류하는 경우가 있고 또한 성장단계를 세분하여 기업형태, 조직구조, 주요기능특성, 상황특성과 조직구조, 규모와 조직역량 등으로 구분하는 경우도 있다. 기술경영(MOT) 행정업무 전환은 공학, 과학 및 경영의 원리를 결합함으로써 조직의 목표를 달성하기 위한 기술적 능력을 행정기획, 행정개발 및 행정을 운용하는 활동이 활발해야 한다. 정부행정조직은 추진단계별로 부처의 최고책임자 역할도 달리해야 하고 조직 내에서 창의력과 과학적 사고를 발휘하여 남성사원과 여성사원 또는 고참사원과 신참사원이 적절히 배분되도록 구성해야 한다. 지식과 경험의 접목이란 단지 최적화에 최대 목표를 둔 총합이라야 한다. 양적인 측면보다 질적인 측면을 더욱 중시해야 하고 기술적 및 경제적으로 고품질을 지녀야 하며 일반적인 행정업무를 기술경영적인 행정업무로 전환하여야 한다.

<표 5-3> 품질(Q)에서 신뢰성(R)으로 발상전환

항목	품질	신뢰성
평가결과	합격, 불합격	수명, 고장률
발생의 근원	산포	고장
거동중심	공정중심	설계중심
품질요소	완성시점의 품질	미래품질보증
환경조건	공정환경	공정, 운반, 저장, 사용환경
시험방법	규격 적합여부 시험	고장이 발생할 때까지 시험
software/ Hardware	software	soft+hard가 유기적인 결합이 요구
중점예측	현재	미래
사고방식	해석적	통합적, 시스템
개선방법	산포를 좁힌다.	한계를 파악하여 조치
가치기준	현재품질에 대한 평가	미래품질에 대한 평가
조직	품질관리, 독립적	엔지니어, 고장분석, 신뢰성시험
시간적 개념	정적	동적
평가대상	품질, 성능	수명, 고장률추가

2) 기존 관행을 타파

기존 관행을 타파하기 위해서는 의식개혁이 필수적이다. 의식개혁은 쉽지 않다. 그것은 세 가지 요인 때문이다. 첫째는 인식의 벽이다. 고질적인 문제를 쉽게 버리지 못하는 것으로 이는 분석에 눈이 어둡고 과학적 감각이 부족하기 때문이다. 일을 대충대충 처리하는 성격도 문제가 된다. 이런 의식으로는 제품 마무리가 좋을 리 없다. 둘째는 문화의 벽이다. 우리는 급한 성격 때문에 조급하게 흑백 판단을 한다. 이것은 우리의 식생활이나 놀이, 암기 위주의 객관식 교육에 원인이 있다고 본다. 또 세 살 버릇 여든까지 간다는 우리 속담에서도 나타나듯 인습을 과감하게 깨지 못하는 것도 한 요인이다. 셋째는 감정의 벽이다. 사람들은 사대주의 사상, 양반 습성이 뿌리 깊게 박혀 있어 체통, 위신을 지나치게 따진다. 상대편을 업신여기고 멸시하며 자신만이 최고라는 의식을 가진 사람들이 적지 않다. 틀리면 큰일이 니까 속임수를 부리더라도 현장을 모면하려는 의식, 유식한 체하기 위해 남을 낮추어 말해야 된다는 의식 등 그릇된 인식을 갖고 있는 것들이 많다. 이를 바로잡기 위해서는 의식의 혁명이 따르지 않으면 안 된다. 우리가 의지력을 기르기 위해서는 이러한 잘못된 인식의 벽, 문화의 벽, 감정의 벽을 과감하게 허물어야 한다. 고정관념을 탈피할 수 있을 때에 비로소 사물을 대하는 시야가 넓어질 수 있다. 숨은 인 재를 발굴하여 재배치시켜 어린아이처럼 사물을 순수하게 대하는 눈 을 가지도록 노력해야 한다. 그래야만 새롭고 기발한 아이디어도 많 이 창출될 수 있다.

1-3-2. 구조요소

1) 팀(3+2)이 창의력을 발휘

혁신이란 평상시보다 3배의 힘을 더 발휘함을 의미한다. 업무의 혁 신을 기하기 위하여 우리는 부단히 노력했고 노력하고 있다. 언젠가 미국의 피터 드러거 교수는 한국인도 이제 일을 멋지고 현명하게 하 는 방법을 배울 필요가 있다고 말한 바 있다. 일을 멋지고 현명하게 하는 방법은 조직 내에서 창의력과 과학적 사고를 발휘해야 하는데 이를 위해서 최소 단위의 인원을 고참사원과 신참사원이 적절히 배 분되도록 구성해야 한다. 일례를 든다면 5명의 인원이 구성된 최소 단위의 팀이라면 2명은 고참사원으로 하고 3명은 신참사원으로 구성 하여야 팀(3+2)이 창의력을 발휘할 수가 있다.

2) 지식과 경험의 접목

지식과 경험의 접목이란 찬성하는 사람의 수와 관련된 것도 아니고 고참의 의견을 더 많이 반영하는 것을 말하는 것도 아니다. 단지 최적화에 최대 목표를 둔 총합이라야 한다. 그러므로 고참사원의 경험과 신참사원의 지식을 잘 조화시킬 필요가 있는 것이다. 신참사원이 경험을 습득하기 위해서는 오랜 기간 동안 시행착오를 겪고 수많은 투자를 해야 된다는 편견은 빨리 바뀌어야 한다. 만약 신참사원이 수년 동안 하는 일마다 시행착오를 범한다면 나중에는 매사에 소신이 없어지고 수년 전에 배운 지식마저도 자신이 없어진다. 이를 위해서 고참사원은 신참사원이 범하기 쉬운 시행착오를 줄일 수 있도록 사전에 많은 조언을 해야 한다. 기술경영(MOT) 조직문화의 정착화는 기술경영(Management of Technology)은 디지털·코드의 형태로 공유되는 지식에 입각한 글로벌 문명이 출현하게 될 것이고, 그중에서 각국의 국제적 경쟁력은 디지털화한 데이터의 처리능력에 의존해서 결정되는 것이다. Data Freeway 혹은 정보 Super Highway라는 데이터의 고속 전송로를 구축하고, 컴퓨터끼리 서로 연결시키거나, 누구나 슈퍼컴퓨터에 액세스할 수 있도록 하는 것이 필요하다. 또한 공학, 과학 및 경영의 원리를 결합함으로써 조직의 목표를 달성하기 위한 기술적 능력을 기획, 개발 및 운용하는 NRC(National Research Council) 활동이 Issue화될 것이다.

3) 수평적 조직

업무의 혁신을 기하기 위해서는 지식과 경험의 접목을 이룩할 수 있는 수평적 조직으로 하고 혁신의 분위기를 조성하는 주축은 대개가 대리급이 맡고 과장 및 대리급은 프로젝트 매니저가 되어야 한다. 그렇게 되므로 항상 자기가 하고 있는 일, 하려고 하는 일을 어떤 이론의 바탕에서 어떻게 풀 것이냐를 고민하게 된다. 과거의 스타 플레이라는 것은 그 사람이 아니면 안 된다는 것이고 일에 대하여 과장급이 피라미드식 업무를 수행해 왔다. 지식과 경험을 접목시킨 수평적 조직은 일에 대한 수행이 스타 플레이에서 팀플레이 중심으로 바뀌는 것을 의미한다. 옛날의 때를 벗지 못하고 항상 과거의 경험만을 고집하는 보수성과 모든 것을 자기 위주로 해석하여 거기에 맞지 않으면 안 된다는 배타적인 업무에서 새로운 아이디어를 적극적으로 수용하는 진취적인 업무로 전환된다. 투자를 적게 하면 책임을 적게 진다는 사고방식으로 몸을 사리는 업무에서 창의적으로 자체 업무개발의 리스크를 지는 업무로 나가게 된다. 대리급이 한 다발의 결재판을 들고 다니며 구두로 다시 보고해야 결재를 얻는 고정된 생산시스템(Fixed Product System)이 아니고 구두보고 없이 스스로 익히고 확실히 결재하는 방법 등이 필요하고 요구되는 유연성 생산시스템(Flexible Product System)의 도입이 적극 수용되어야 한다.

4) 사전 예방 중심으로 처리

모든 일을 처리할 때 주로 사후 대책 중심에서 사전 예방 중심으로 처리된다. 그래서 외국 방식을 모방한다든지 베끼는 버릇을 가진 사원을 나무라기보다는 그것을 과장급의 잘못이라 인식하는 것으로 바뀌게 된다. 노하우란 나만이 알고 있는 비법이라는 독선적인 자세를 버리게 되고 어떤 전문적인 작업을 수행할 때 자신의 전공 분야와 관련 있는 주변의 학문 분야에 대해서도 올바르게 이해하고 그것을 자신의 것으로 만드는 것을 의미한다. 기본적인 것, 기초과학에 가장 쉽게 접근하는 방법, 업무의 혁신을 기하기 위해서는 수평적 조직으로 신참 사원이 가지고 있는 새로운 지식과 고참사원이 가지고 있는 경험을 접목시키는 데 있다고 생각한다. 이렇게 지식과 경험을 접목한다면 올바른 사고력으로 혁신적 업무를 도출할 수 있다. 이와 같은 올바른 사고력이 창의력을 드높일 수 있는 것이다.

1-3-3. 인력요소

1) 사업전략과의 적합성

Project의 계수화 및 계량화의 Radar Chart를 적용하여 기술행정의 사업목표에 부합되고 Issue화된 수익증대, 효과성 증대, 혁신비율, Cash Flow 등을 측정하고, 그 결과를 평가하는 것이 바람직하다. 이와 같은 상황을 감안해 볼 때에 모든 업무를 계수화하고 계량화된 프로젝트를 수행토록 하고, 프로젝트별 수익계획에 의한 결과를 난이도 채점표에 의하여 프로젝트를 수행과 동시에 자동 Check되어 업무의 진행 및 결과에 따라 곧바로 자기점수를 항상 확인할 수 있고, 분석 Tool에 의해 자기점수를 볼 수 있도록 시스템화되어야 한다. 정부행정업무의 효율을 높이기 위해서는 혁신Item의 종류수를 늘리고 Item 매출액 및 기여효과액을 올려야 한다. 그러므로 정부의 행정조직, 정부출연연구소, 정부출연기업이든 간에 모든 업무를 Project화 하여 계수화 또는 계량화로 Counter하는 System으로 전환되어야 한다.

2) 현대적인 접근방법

다차원적인 효과성 지표를 기준으로 접근하는 방법을 추구해야 한다. 기술경영행정이 경제력의 결정적인 요소는 영상전화, 전자메일, ISDN, EDI, CIM, 텔레비전회의 등 컴퓨터를 이용한 새로운 정보처리ㆍ통신기술에 일종의 중독 증상을 보이는 사람도 적지 않게 나타나고 휴대폰에서 손을 뗄 수 없어졌다든지, 매일 대량인 전자 메일광 등 문제해결이 필요하고, 개선되어야 하지만, 기술진보가 그 나라 모든 분야의 경쟁력을 제고시키고, 강한 경쟁력은 경쟁에서의 승리를 의미하며, 국가 간 모든 경쟁이 경제 전쟁으로 풀이되는 상황에서 본다면 결국 기술경영행정의 진보가 경제력의 진보를 가져온다고 생각한다. 행정부처는 최고책임자가 성공할 경우에 높은 수익이 예상되는 기술집약적 기술경영 행정부서의 개념으로 탈바꿈해야 한다.

3) 효과성 위주

R&D 조직은 효율성 위주보다는 효과성 위주로 해야 벤처기업의 특성을 극대화할 수 있다. 다차원적인 효과성 지표는 신Item에 대한 매출액비율 등, 성과지표가 사업목표와 미션이 반영되어 전략적 목표를 효과적으로 달성할 수 있고, 또한 성과지표는 사업전략과의 적합성이 지속적으로 검증되고 수정되어 전략과 연동되어야 한다. 현대적인 접근방법은 다차원적인 효과성 지표를 기준으로 접근하는 방법이다. 따라서 기술경영행정은 다차원적인 효과성 지표를 기준으로 접근하는 방법을 적용해야 한다.

1-4. 지식 관련 특성

1-4-1. 기술 요소

1) 기술적 지식을 생산방식으로 전환

기술은 현재까지 존재하지 않았던 새로운 지식이나 정보이며 기술적 지식을 생산방식으로 전환하는 것이다. 행정개발 활동은 생산적인 기술력을 증대시키고 생산성을 측정하여 경쟁우위의 원천으로 삼아야 한다. 그 활동을 생산적으로 측정하여야 하는데 정부행정 수준이든, 기업 수준이든 간에 대동소이해야 한다. 이와 같이 원래가 삐뚤어지면 결과도 삐뚤어져 버리지 않을 수 없고, 텔레비전 화상은 기상의 영향을 받기 쉽고, 조작이나 저장에는 불편하다. 그러나 향후에는 정지궤도의 통신위성이나 저궤도를 이용한 전화시스템, Microwave Mobile System, PHP(Personal Handy Phone) 등이 등장할 것이다. 또한 경쟁 액세스 제공 업자(CAP)에 의한 유저와 장거리통신 회사 간의 우회도로(By-pass) 회선의 제공, CATV 사업자에 의한 가정대상 쌍방향통신의 제공 등이 있다.

(2) 발명특허등록 후속 논문

특허는 양적인 측면보다 질적인 측면을 더욱 중시해야 하고 기술적, 경제적으로 고품질을 지녀야 하며 기술의 역사성이 내재되어야 한다. 특허는 실용신안보다는 발명특허에 비중을 많이 두어야 한다. 왜냐하면 발명특허가 R&D 활동에서 주축을 이루는 기술이기 때문이다. 따라서 특허 중에서 실용신안이냐, 발명특허이냐를 엄격히 구분하고 평가난이도를 달리하여야 한다. 특허는 기준에 의하여 등록되지만 등록되었다고 경제적 가치를 발휘하는 것이 아니기 때문에 기술적 가치와 경제적 가치가 함께 상존되어야 한다.

1-4-2. 경영지식요소

1) 배태조직(Incubator organization)의 타성

배태조직(Incubator Organization)의 타성 탈피화에서 최고 책임자는 과거에 일하였던 장소인 배태조직의 타성에 젖어 모든 권한이 집중되어 행정혁신을 활성화하기 위해서 중추적 역할과 지원의 정도에 지대한 영향을 미친다. 책임자가 행정기술정보, 외국의 경쟁부처의 발전에 대한 정보, 혁신정보조직에 유입시키고 전파하는 역할을 해야 한다. 또한 기술경영 행정별 혁신의 유형은 과학 기반형, 전문 공급자형, 규모 집약형, 공급자 지배형 등의 4가지 형태로 분류한다. 부처의 성장과정에서 조직구조나 부처형태 등이 상이한 핵심경영 문제에 직면하고, 성장단계에서의 부처기술 등의 상황적 요소와 구체적 직면 상태로 부처가 가진 전략적 상황관점에 따라 개인특성이나 서로 상이한 역량을 갖는 최고 책임자가 필요하다. 이러한 경영지식을 갖추기가 어려움이 있는 경우는 책임자보다는 서로 보완적인 역량을 갖춘 사람들이 구성하여 효과적 활동을 위해 개체능력을 증대시키는 믿음으로 업무지식, 행정기술, 직원이 체화된 행동을 가능하게 하는 정보의 집합이라야 한다.

2) 레이더 차트(Radar chart)를 적용하여 사업목표에 부합

경영지식을 측정하는 데는 내용을 측정하는 경우와 수준을 측정하는 경우가 있다. 또 다른 방법은 수준을 측정하는 경우 수익증대, 효율성 증대, 혁신비율 등을 지표로 측정하는 경우와 전문가에 의한 주관적으로 측정하는 경우가 있다. 따라서 여러 가지의 내용과 수준이 있지만 가장 기술적이고 경제적인 경영지식에 맞는 새로운 측정방법은 레이더 차트(Radar chart)를 적용하여 사업목표에 부합되고 이슈(Issue)화된 수익증대, 효율성 증대, 혁신비율, Cash flow 등을 측정하고 그 결과를 평가하는 것이 바람직하다. 능력과 실적의 자동평가화로서 행정부처의 평가지표는 경제협력개발기구(OECD)가 개발한 기업평가 시스템인 매뉴얼(Oslo Manual)을 토대로 행정에 맞도록 개발하고, 평가는 인적 자원, 기술성, 사업성, 유망성 등의 4개 부문에 걸쳐 이루어지며, 평가지표는 업종에 따라 기술경영 행정으로 구분되고, 해외진출지원사업은 해외진출기회가 없었던 우수 벤처기업의 해외시장 개척 지원을 위해 현지전문가 및 네트워크로 구성된 해외지원센터에서 벤처기업의 해외진출활동에 대하여 종합 지원하는 정책으로 전환되어야 한다. 첨단신기술이나 참신한 아이디어를 사업화하여 정부의 전 부처가 신규시장을 개척해야 한다.

1-5. 자원 특성

1-5-1. 자금요소

1) 벤처기업 해외진출지원사업

벤처기업확인은 벤처기업육성에 관한 특별조치법에 근거한 벤처기업확인요령(중기청 고시)에 의하여 전국 11개 지방중소기업청(대전, 충남지역은 본청)을 통해 벤처기업 확인서를 발급하고 있다. 평가지표는 경제협력개발기구(OECD)가 개발(1992년 초판발행)한 기업평가시스템인 오슬로매뉴얼(Oslo manual)을 토대로 한국의 벤처현실에 맞도록 개발되었다. 평가는 인적 자원, 기술성, 사업성, 유망성 등 4개 부문에 걸쳐 이루어지며, 평가지표는 업종에 따라 제조업과 비제조업으로 구분되어 있다. 벤처기업 해외진출지원사업은 해외정보 및 전문인력 부족 등으로 해외진출기회가 없었던 우수 벤처기업의 해외시장 개척 지원을 위해 현지전문가 및 네트워크로 구성된 해외지원센터에서 벤처기업의 해외진출활동에 대하여 종합 지원하는 사업으로 업체당 2천만 원 한도 내에서 해외진출 소요경비를 지원하고 있다.

2) 출연연구소 펀드조성

벤처엔젤마트(venture angel mart)는 중소기업진흥공단이 벤처기업의 자금조달을 활성화하기 위해 정기적으로 개최하는 사업으로서 투자유치를 희망하는 우수벤처기업들과 개인투자가(엔젤)들을 신문지상과 투자설명회를 통하여 서로 연결시킴으로써 벤처기업에는 성장에 필요한 자금을 조달하고 개인투자가에게는 투자수익의 기회를 제공하는 사업이다. 벤처조합은 벤처기업에 투자하는 것을 주된 업무로 하여 결성된 조합으로서 중소기업 창업지원법에 의한 중소기업창업투자조합, 여신전문금융업법에 의한 신기술사업투자조합, 벤처기업 육성에 관한 특별조치법에 의한 개인투자조합 등을 모두 포함하는 개념이다. 벤처캐피탈(venture capital)은 위험성은 크나 높은 기대수익이 예상되는 사업에 투자되는 자금을 말한다. 미국벤처기업들은 창업기에 벤처캐피털의 투자(Block & MacMillan, 1985)를 받는다. 장래성은 있으나 자본과 경영기반이 취약하여 일반 금융기관에서 융자받기 어려운 기업에 대하여 창업 초기단계에 자본참여를 통해 위험을 기업가와 공동 부담하고 자금, 경영관리, 기술지도 등 종합적인 지원을 제공함으로써 높은 이득을 추구하는 자본 또는 금융활동을 의미한다. 일반적으로 당해 기업이 성장하여 주식을 공개(IPO)함으로써 자본이득(capital gain)을 얻어 수익을 올린다.

1-5-2. 시설요소

1) 신기술사업

벤처기업(Venture business)은 첨단신기술이나 참신한 아이디어를 사업화하여 신규시장을 개척함으로써 경영의 위험성은 크지만 성공할 경우 높은 수익이 기대되는 중소기업으로 통상적으로 벤처기업, 벤처비즈니스, 모험기업, 신기술사업, 기술집약적, 지식집약적 중소기업, 연구개발형 기업, 하이테크 기업 등의 다양한 용어로 사용되고 있다. 한국에서는 「벤처기업 육성에 관한 특별조치법」 제2조에서 벤처기업이라 함은 「중소기업기본법」 제2조의 규정에 의한 중소기업으로서 벤처캐피탈투자기업, 연구개발투자기업, 신기술개발기업, 우수기술평가기업으로 규정하고 있다.

2) 도심의 벤처입지 공간 확대

벤처기업 집적시설은 교통, 정보통신, 연구, 금융 등의 기능이 집중되어 기업경영 여건이 우수한 도심에 벤처기업이 집단적으로 입주할 수 있는 공간을 사전에 확보하기 위하여 민간 빌딩을 벤처기업 집적시설로 지정, 각종 지원을 실시함으로써 도심의 벤처입지 공간 확대를 도모하는 사업이다. 벤처기업 집적시설로 지정되면 등록세 3배중과 면제, 취득세 3배중과 면제, 재산세 5배중과 면제 등 정책적으로 각종 지원혜택이 주어진다.

1-5-3. 네트워크요소

1) 전략적 행동

경쟁우위를 획득하기 위한 전략적 행동으로 정의하였다. 벤처기업 육성촉진지구는 벤처기업 육성에 관한 특별조치법에 의하여, 벤처기업이 자연발생적으로 집적되어 있거나 대학, 연구소 등이 소재하고 벤처기업 증가세가 두드러지게 나타나는 등 성장잠재력이 큰 지역을 촉진지구로 지정하여 기반시설 구축, 경영지원, 제도개선(조세감면, 규제완화 등), 자금, 입지, 인력 등 중소기업청 지원사업 시, 우대 등 체계적 지원을 실시하는 제도이다.

2) 외부자원의 효과적 활용

벤처넷을 통한 벤처기업 DB관리, 벤처기업에 대한 신뢰기반 구축을 위한 벤처윤리위원회 설치, 운영 등이 있다. 벤처기업 활성화 위원회는 벤처기업 육성에 관한 중요한 사항을 심의, 의결하기 위하여 설치된 위원회이다. 벤처기업 확인요령, 벤처기업 육성촉진지구, 벤처기업 대상 업종 조정 등 벤처기업 육성에 관한 주요 정책에 대해 심의한다. 따라서 벤처기업협회, 벤처넷, 벤처기업활성화위원회 등을 활용한 외부자원의 효과적 활용이 성과에 영향을 크게 미친다.

3) 정보네트워크

벤처넷(Venture net)은 벤처기업을 대상으로 국내ㆍ외 벤처 비즈니스 정보를 종합적으로 제공하여 벤처기업의 성장을 효율적으로 지원하기 위해 운영하는 사이트를 말한다. 벤처기업이 창업에서 코스닥 등록까지 정보네트워크를 통해 성장할 수 있도록 벤처기업 정보, 엔젤투자시장, 엔젤 및 벤처캐피탈 정보, 각종 정부지원시책 정보, 실리콘밸리 정보 등이 제공되므로 활용을 극대화시켜야 한다. Database 구축에 의해 Paperless화로써 조직의 프로세스를 통제하는 어려움과 프로세스에 대한 자료수집의 부담, 그리고 대부분의 프로세스 자료의 부정확성으로 인하여 프로젝트에 나쁜 영향을 미치는 경우가 많다. 이와 같은 상황을 감안해 볼 때에 지역별 손익계획에 의하여 기술경영 행정효과율, 지역별로 손익계산을 한 결과를 난이도채점표에 의하여 자동check될 수 있도록 시스템화되어야 한다. CALS(Computer-aided Acquisition and Logistic Support, 생산·조달·운용지원 통합정보 시스템)라고 하는 디지털·파일 교환 표준에 근거한 Database 구축에 의해 Paperless화하는 것이다.

1-6. 보상체계 특성

1-6-1. 프로젝트 요소

1) 경영학적 평가관리

이와 같은 상황을 감안해 볼 때에 지역별 손익계획에 의하여 자산손실률(장부가 자산 – 실사 후 자산/장부가 자산), 자재손실률(장부가 자재구매액 – 제품화된 자재액/장부가 자재구매액), 공장Line별 효율(생산매출액 – 투입재료비/감가상각비 + 인건비) 등을 지역별로 손익계산을 한 결과를 난이도채점표에 의하여 자동check될 수 있도록 시스템화되어야 하고 연구개발의 효율(신제품 비율/신제품 매출기여율)

≥1을 높이기 위해서는 신제품의 종류 수를 늘리고 전제품의 매출액을 올려야 한다. 그러므로 정부출연연구소이든, 기업연구소이든 간에 벤처기업의 개념으로 경영학적 평가관리가 되어야 한다.

① 신제품: 신기술을 포함하는 제품

② 신제품 비율: $\dfrac{\text{신제품의 종류수}}{\text{전제품의 종류수}} \times 100$

③ 신제품 매상 기여율: $\dfrac{\text{신제품의 매상고}}{\text{전제품의 매상고}} \times 100$

④ 연구개발의효율

$$= \dfrac{\text{신제품 비율}}{\text{신제품 매상 기여율}} \geq 1 = \dfrac{\dfrac{\text{신제품의 종류수}}{\text{전제품의 종류수}} \times 100}{\dfrac{\text{신제품의 매상고}}{\text{전제품의 매상고}} \times 100}$$

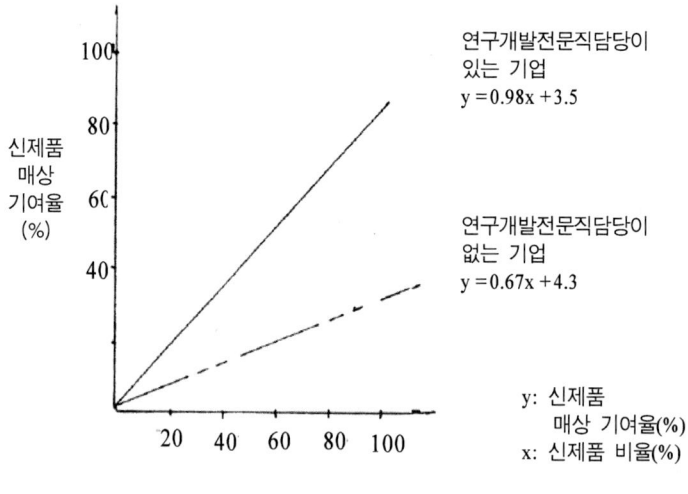

〈그림 5-1〉 신제품비율에 대한 신제품매상기여율

- 자산손실률 $= \dfrac{\text{장부가 자산} - \text{실사후 자산}}{\text{장부가 자산}}$

- 자재손실률 $= \dfrac{\text{장부가 자재구매액} - \text{제품화한 자재 액}}{\text{장부가 자재구매액}}$

- 공장 line 효율 $= \dfrac{\text{생산매출액} - \text{투입한재료비}}{\text{감가상각비} + \text{인건비}}$

2) 부품소재 위주로 전환

또한 정부출연연구소가 기능 위주에서 부품소재 위주로 전환하기 위해서 연구소 통합이 불가피한 현실로 대두되고 있다. 스톡옵션(stock option) 제도는 주식매수 선택권이라고 하며 이는 회사가 임직원, 기술 및 경영능력을 갖춘 자, 대학 및 연구기관 등에 일정 기간 내에 자기회사의 주식을 일정한 간격으로 일정수량만큼 매입할 수 있는 권리를 부여하는 제도로서 주가가 상승하면 옵션(매수권)을 행사하여 주가상승 폭만큼 이익을 얻을 수 있다. 이러한 제도의 목적은 단기적 경영성과와 중·장기적인 성장 간의 균형을 도모하고 경영자의 이해와 주주의 이해를 연계하여 기존의 종업원을 유지하고 격려하며 능력 있는 종업원을 유인하기 위한 것이다.

1-6-2. 전략요소

1) 창조적으로 계승

우리가 현재 선진국에 수십억 달러의 로열티를 지불하고 기술을 도입할 수밖에 없는 것은 우리들의 슬기가 모자라기보다 우리 주변에 숨어 있는 슬기를 오늘의 의미로 재발견하고 그것을 창조적으로 계승하지 못했기 때문이다. 창의적 사고의 도출로 우리 문화자산을 현대 의미로 재발견해 기초과학, 기본기능을 창조적으로 계승시켜야 한다. 따라서 한국의 전통적인 생활상을 과학적 감성으로 계승시킬 경우 우리의 국제경쟁력은 우위를 확보할 수 있을 것이다. 한 나라의 전통문화, 슬기로운 지혜를 현재의 의미로 재조명·재발견하고 그것을 창의적으로 계승해야 된다. 두 가지 이상의 원리를 접목으로 관계가 없는 기기나 자연현상의 원리를 제품에 새롭게 적용할 수 있는 아이디어로 전환시킬 수 있다. 한마디로 두 가지 이상의 원리를 접목시켜야 한다. 상당히 큰 개선이 아니면, 소비자는 신기술에는 관심을 갖지 않는다. 관련 분야에서의 발전을 고려하지 않고, 기술동향과 시장예측을 혼동한 것이며, 혁신 기술의 보급에는 오랜 시간이 걸리는 것이다. 아날로그 장치나 기계적 장치의 경우는 부분적 고장이 많아도 모두가 다운해 버리는 것은 거의 없고 디지털 전자장치의 컴퓨터·시스템은 전면적이고 파국적인 사고를 일으키는 경향이 있다. 즉 다운되면 완전히 다운해 버리는 케이스는 전화의 요금계산이나 교환 소프트, 은행통장, 현금출납기, 전자적 자금이전 시스템 등이 있다. 그리고 경영혁신과 함께 다운사이징을 하여 직원들이 창의적인 형태로 전력할 수 있도록 해야 한다.

2) 과학적 사고에서 차별화된 기술개발

과학적 사고에서 차별화된 기술개발이 나오듯 과학적 사고로 차별화된 사회생활을 통해 발상전환을 해야 한다. 과학적 사고란 지식이 담긴 생각을 의미한다. 역사 속의 좋은 문화를 창의적으로 계승해야 정신문명을 낳는다. 이런 정신문명만이 물질문명을 다스릴 수 있다. 물질을 다스리는 마음은 도덕성에서 나온다. 도덕성이 없으면 과학적 사고, 즉 지식이 담긴 생각이 나오지 않는다. 지식이 담긴 생각을 하기 위해서는 다음과 같은 일을 중시해야 한다. 우선 매트릭스기법의 소프트웨어 분석을 중시해야 한다. 현대는 분석의 혁명시대다. 분석에는 상황분석, 원인분석, 잠재분석, 결정분석 등 4가지가 있다. 상황분석이란 중요과제가 무엇이냐, 우선순위가 무엇이냐, 무슨 근거냐에 따라 조사, 또는 실시하는 것이다. 이 밖에 원인을 규명하는 원인분석이 있는가 하면 잠재되어 있는 리스크와 리스크에 따라 대책을 세우는 잠재분석, 최적안을 결정하는 결정분석이 있다.

3) 매트릭스기법의 소프트웨어 분석

따라서 난이도에 의한 요인별 심층적 매트릭스기법의 소프트웨어 분석이 이루어져야 한다. 다음으로 정신력과 창의적 사고를 접목시켜야 한다. 우리는 흔히 상상과 창의를 혼동하는 예가 많다. 새로운 방안을 내세우거나 생각해 내는 의견을 창의라고 하며 단지 추측하는 것을 상상이라고 한다. 상상에는 공상, 재생적 상상, 창의적 상상이 있다. 공상은 생각하는 과정이며 재생적 상상은 단순한 상기에 가깝고 창의적 상상은 예술작품, 발명, 발견, 기술상의 산물, 구체적 방법 수단을 헤아리는 것을 말한다. 인간이 지닌 정신력, 즉 관찰하고 주위를 집중하는 힘인 흡수력과 기억하고 생각해 내는 힘인 기억력은 학습에서 나온다. 분석하고 판단하는 힘인 추리력과 아이디어를 떠오르게 하는 힘인 창의력은 사고에서 나온다. 따라서 학습과 사고를 통해 인간이 지닌 정신력이 생성된다. 창의적인 사고는 이미 알고 있는 경험, 지식을 해체하는 분해와 새로운 아이디어를 다시 짜는 결합으로 이루어진다. 과학적 사고방식을 갖기 위해 우리는 인간이 지닌 정신력과 창의적 사고를 접목시켜야 한다. 그런 만큼 매트릭스기법으로 분석하고 정신력과 창의적 사고를 접목시키는 데 치중해야 한다. 이를 통해 전혀 관계가 없는 기기나 자연현상의 원리를 제품에 새롭게 적용할 수 있는 아이디어로 전환시킬 수 있다. 한마디로 두 가지 이상의 원리를 접목시켜야 한다. 기업의 경영전략은 연구개발력 강화, 고부가가치화, 생산ㆍ판매 규모의 확대, 사업다각화 등으로 이루어진다. LAN 형태의 링구조로 전환으로 전화산업이 살아남는 길은 전화선의 광섬유화에 의한 화상통신에의 진출 이외에 없다. 기존 시스템의 합리성을 잃어버렸다. 합리적인 시스템의 구조는 집중형에서 분산형으로 스타형의 구조로부터 LAN 형태의 링구조로 전환한 것이다. 방송 사양과 ISDN 사양은 다르기 때문에 케이블은 2개가 된다고 주장한 것이다. 소프트의 위법 카피, 해킹, 바이러스의 살포, 컴퓨터를 이용한 사기, 프라이버시 침해 등의 사례는 헤아릴 수 없다. 최근 해커나 데이터 도둑은 은행 및 금융이나 군사 시스템에도 침입할 수 있다. 탑승권 예약의 속임수나 휴대폰 팁의 재프로그래밍과 같은 범죄에도 있으며 의료, 금융, 범죄기록이 어느 사이에 제3자에게 입수되어 있었다는 케이스도 있다. 이것들의 시스템은 화재, 홍수, 지진, 정전 등에도 약할 뿐만 아니라 해커의 침입이나 내부의 태업(Sabotage) 공격에도 약하다.

4) CIM 개념의 하이사이클

우리나라는 생산규모의 확대, 사업다각화를 경영전략으로 내세우는 기업들이 많다. 제품개발 전략 측면에서는 대부분 시장성을 우선적으로 고려한다. 고부가가치를 중요시하고 시장의 잠재 성장성을 판

단기준으로 삼는 것이다. 하이사이클(High cycle)을 하기 위한 제품개
발 전략은 개발할 제품이 전략적이면서 기존 제품과 관련성이 있고
시장의 잠재적 성장성이 높으며 고부가가치화 전략으로 짜여야 한다.
우리나라 기업들이 주로 투자하는 분야는 국내외 설비투자와 연구개
발투자다. CIM 개념의 하이사이클로 가기 위해 중점 투자할 분야가
연구개발 분야이다. 다음으로 자국 내 생산설비의 CIM화, 해외설비의
현지여건을 고려한 CIM화 순이다. 생산전략 측면에서 우리나라 기업
들은 생산공정의 자동화, 생산능력 확대, 생산공정 시간단축을 중요
시하고 있다. CIM 개념의 생산전략은 다품종 생산체제 확립, 부품의
유닛 및 모듈화, 생산능력 확대 등이다. 마케팅 전략에서는 영업력 강
화, 소비자 수요 파악기능 강화, 판매망 확대 등을 전략으로 삼는다.

5) 신뢰성 품질의 부품소재 및 제품

하이사이클로 하기 위한 마케팅 전략은 우선 고객만족을 위한 소
비자 리드기능 강화, 둘째는 LAN 구축에 의한 영업력 강화, 셋째는
고객의 데이터베이스에 의한 판매 네트워크를 확대해야 한다. 우리는
매우 슬기로웠음에도 잘못된 관념으로 우리의 것을 부끄러이 여기거
나 하찮은 것으로 간주해 계승하지 못했기에 선진국의 자리를 미국
이나 유럽인에게 내준 것이다. 이제라도 우리는 「가장 기본적(민족적)
인 것이 세계적인 것이다.」라는 말을 상기해야 한다. 우리는 이 같은
원리를 오늘의 기술경쟁에서 세계로 향하는 가장 핵심적인 슬로건으
로 삼아야 한다. 기술경영은 첫째가 신뢰성 품질의 부품소재 및 제품
을 만드는 것이다. 그리고 경영혁신과 함께 다운사이징을 하여 종업
원들이 창의적인 형태로 전력할 수 있도록 해야 한다. 이와 함께 부

품소재의 원가경쟁력을 갖추기 위한 기술의 내재화도 중요하다.

1-7. 결론

1-7-1. 기술경영 혁신

한국 벤처기업이 기술경영 혁신을 가져오기 위해서 우선적으로 스톡옵션 개념을 도입하는 제도적 장치가 우선되어야 한다. 스톡옵션은 ① 소수명이 돈내기 형식의 프로젝트를 추진한 성과에 대한 보상, ② 현재의 주가를 기준으로 일정비율 또는 일정금액 이상, 주가의 상승에 대한 보상으로써 ①, ② 중에 어느 한쪽을 포함하는 의미이다. MOT에 의한 IT System화로서 디지털·코드의 형태로 공유되는 지식에 입각한 글로벌 문명이 출현하게 될 것이고, 그중에서 각국의 국제적 경쟁력은 디지털화한 데이터의 처리능력에 의존해서 결정되는 것이다. 지금 1대가 몇 억 불도 하고 있는 슈퍼컴퓨터 같은 정도의 기능이 한 개의 칩 위에 응축되게 될 것이다. 그 어느 날에는 몇 억의 오피스 또는 몇 십억의 가정 슈퍼컴퓨터가 들어가고, 그것에 의해서 화상의 고속처리가 가능하게 될 것이다. 방송이나 CD-ROM 등에 의해 데이터베이스의 전체를 암호화하고 우선 제공(개정은 방송이나 온라인)하고, 유저는 디코더(Decoder, 부호해독기)를 구입하고, 특정한 데이터를 해독했을 때만 그 사용료를 지불한다고 하는 시스템에 박자를 맞추는 기술경영행정 조직이라야 한다.

1-7-2. 경영자의 스톡옵션의 행사

따라서 할증스톡옵션의 경우에는 부여시점의 시가를 기준으로 일정비율 이상의 주가가 상승해야 이익을 향유할 수 있다. 경영자의 스톡옵션 행사를 통해 이익을 얻기 위해서는 이의 전제조건으로 주주들에게 상당한 수준의 이익을 보장해야 하기 때문에 할증 스톡옵션이 스톡옵션의 기본적 목적에 부합된다. 또한 특정한 주가 수준을 목표로 정해 놓고 경영자로 하여금 이를 달성하기 위해 지속적인 노력을 기울일 유인을 제공한다. Stock Option 개념의 도입화로서 각 부처들이 기술경영 행정혁신을 가져오기 위해서 우선적으로 스톡옵션 개념을 도입하는 제도적 장치가 우선되어야 한다. 스톡옵션 개념이란 소수명이 돈내기 형식의 프로젝트를 추진토록 하여 그 성과에 대한 보상을 해 주는 것을 말함이다. 또 다른 방법의 할증스톡옵션은 부여시점 현재의 주가를 기준으로 일정비율 또는 일정금액 이상 주가가 상승해야 가치가 발생하는 옵션을 의미한다. 즉 행사가격이 부여시점의 주가보다 높게 결정되니 스톡옵션을 의미한다. 따라서 어떠한 형태이든, 일반행정 방식이 기술경영 행정방식으로의 전이와 Stock Option 개념의 도입화가 불가피하다.

1-7-3. 투자시기의 경영기법과 적절성(Right timing)을 활용

벤처기업이 기술경영 혁신에 실패하는 경우는 상황을 즉흥적으로 결정하고 처리하는 성향이 강하고, 경쟁업체와 소모적인 경영, 의사결정을 잘못하며 변경할 기회를 상실하고, 경솔하며 방만한 투자로 시기를 무시한 결정 등이 혁신을 저해하는 것들이다. 기술경영 혁신에 성공하기 위해서는 신정보를 활용하여 신제품에 대한 투자시기의 경영기법과 적절성(Right timing)을 활용하고 지역사회와 외부조직과의 Win-Win관계를 유지하고 개방적인 의사소통을 강조, 경영성과 공유, 업적평가를 철저히 하고 전략적 핵심역량에 집중하는 행정조직문화를 조성해야 한다.

2. 물의 순환과 수자원의 이용 및 침수피해 근절

2-1. 침수예방에 의한 물의 순환과 수자원

2-1-1. 침수예방에 의한 물의 순환과 수자원의 문제
1) 수자원의 이용에 대한 효용

한국은 물 부족 국가로 분류되어 수질기준, 상수도 문제 및 하수도 관리의 미비, 공법의 제도정비 부족 등으로 물의 순환에 의한 수자원의 이용에 문제가 있다.

2) 물의 순환에 의한 수질환경과 침수피해 및 홍수피해

우수 유출과 물의 사용과정에서 수질오염이 발생한다. 이용하는 호소수와 하천수는 물의 순환으로 형성되는 과정에서 오염물질이 섞여 들어감으로써 수질문제가 발생된다.

오염 물질은 호소나 하천에 유입되더라도 자정작용에 의하여 대부분 정화가 되어 깨끗한 물이 되도록 물의 순환에 의한 수질환경이 조성되지 않는다.

생활수준 향상과 산업화에 의해 생활용수, 공업용수, 농업용수, 유지용수 등 용수수요가 매년 증가하나 공급은 하천수, 지하수, 댐원수 등의 개발이 부진하여 용수 예비율이 낮아지고 있는 실정이다.

2-1-2. 침수예방에 의한 물의 순환과 수자원의 이용

1) 수자원의 이용에 대한 효용

국제 식수공급과 위생에 대한 계획을 수립하여 안전한 식수, 위생시설을 제공하기 위해 세계 물의 날 결의안을 채택하였다. 한국은 물 부족 국가로 분류되어 수질기준, 상수도 개선 및 하수도 관리의 강화, 혁신적인 공법의 제도정비 등을 통해 물의 순환에 의한 수자원으로 이용되어야 한다.

2) 물의 순환에 의한 수질환경과 침수피해 및 홍수피해

물은 불보다 수십 배 무섭다는 인식의 전환이 필요하다. 물의 순환이 나쁘면 수질환경이 열악해짐과 동시에 홍수피해를 유발시키는 악순환의 연속이다. 흐르지 않고 고여 있는 물은 썩는다. 따라서 수리학적 분석과 유체역학적 분석이 선행되어야 한다.

오염 물질은 호소나 하천에 유입되더라도 자정작용에 의하여 대부분 정화가 되어 깨끗한 물이 되도록 물의 순환에 의한 수질환경이 조성되지 않으면 집중호우, 국지성 폭우, 홍수가 발생했을 때에 맑은 물은 흘려보내고 토사로 실려 내려온 흙탕물과 생활폐기물은 물론 온갖 찌꺼기가 호소, 저수지, 댐에 집합되기 전에 2중, 3중으로 Filtering 되어야 한다.

하천수, 지하수, 댐원수 등의 개발이 부진하여 용수 예비율이 낮아지고 있는 실정이다. 따라서 지역의 요소, 요소에 호수 및 저수지를 만들어 중소기업들이 물 부족으로 조업을 못 할 수밖에 없는 날이 없어야 한다.

2-1-3. 침수예방에 의한 물의 순환과 수자원의 효용

1) 수자원의 이용에 대한 효용

한국은 물 부족 국가 분류에서 벗어나 수질개선, 상수도 개선 및 하수도 관리의 강화, 혁신적인 공법의 제도정비 등을 통해 물의 순환에 의한 수자원의 이용에 대한 효용이 배가된다. 따라서 물의 집합과 분산에 의한 물의 순환으로 수자원의 이용이 배가된다.

2) 물의 순환에 의한 수질환경과 침수피해 및 홍수피해

우수 유출과 물의 사용과정에서 수질오염이 발생되지 않고 호소수와 하천수는 물의 순환으로 형성되는 과정에서 오염물질이 섞이지 않고 물의 순환이 좋아 수질환경이 혁신되고 홍수피해가 발생하지 않는다.

토사로 실려 내려온 흙탕물과 생활폐기물은 물론 온갖 찌꺼기가 호소, 저수지, 댐에 집합되기 전에 2중, 3중으로 Filtering되기 때문에 수질환경이 조성되어 집중호우, 국지성 폭우, 홍수가 발생했을 때도 피해를 극소화시킨다.

생활용수, 공업용수, 농업용수, 유지용수 등 용수수요에 밸런스를 맞출 수 있고 용수 예비율이 높아져 지역의 요소, 요소에 호수 및 저수지를 만들어 물이 부족하여 중소기업들은 물 부족으로 조업을 못하는 일이 없어진다.

2-2. 집중호우 시의 상습 침수

2-2-1. 집중호우 시의 상습 침수피해

1) 경사지역

경사지역의 종류 및 규모는 다양하여 지자체에서 우선적으로 계곡과 분지지형과 경사지역의 종류 및 규모에 대한 마을(통, 반)단위의 지형을 Database화하지 않고 유량의 궤적을 Simulation하지 않는다.

경사지의 유량흐름을 근본적으로 방해, 흐름방향의 수직인 하수도 및 지면 및 노면의 배치가 적극적으로 고려되지 않고 있다.

경사지역은 노면 및 지면의 빗물이 바로 하수구로 일부만 유입되고, 일부는 또 다른 노면 및 지면으로 흘러 어떤 하수구는 집중적으로 몰려드는 빗물을 소화하지 못해 하수도가 넘쳐 나 분수의 형태로 바뀌는 기이한 현상을 초래한다.

2) 평지지역

경사지역에서 평지지역으로 유입되는 유량 흐름의 궤적을 분석하지 않고 유량을 분산하고 유속은 만족하는 수준(폭우 시에도 신발이 젖지 않도록), 마을 단위와 마을 단위, 동 단위와 동 단위, 구 단위와 구 단위를 요구하는 수준에 이르도록 계산하고 확인하지 않는다.

배수성이 낮은 평탄한 지형에서 토양의 생성 및 분화가 빠르며, 평지지역도 유로는 경사가 존재하기 때문에 거리 100m 단위로 유량과 유속은 물론 층류의 흐름인지, 난류의 흐름인지를 확인하지 않고 있다.

3) 유량분산 대책

노면 및 지면의 기울기에 따라 호우가 지면을 흘러내리는 속도와 물이 빠지는 속도가 결정되기 때문에 호우가 지면을 흘러내리는 속도와 물이 빠지는 속도와의 Balance에 문제가 있다.

2-2-2. 집중호우 시의 상습 침수대책

1) 경사지역

지자체에서 우선적으로 계곡과 분지지형과 경사지역의 종류 및 규모에 대한 통단위의 지형을 Database화시킨 다음에 유량의 궤적을 Simulation해야 한다. 경사지역은 개발을 지양할 것이 아니고 지면 및 노면의 간격을 유지하면서 유량이 흐르도록 위치하도록 한다.

경사지의 유량흐름을 근본적으로 방해, 흐름방향의 수직인 하수도 및 지면 및 노면의 배치가 적극적으로 고려되어야 한다. 마을의 외곽으로부터 약하게 흐르는 유량의 유로를 Simulation하여 유입되게 하고 유입된 유량의 원활한 분산을 위해 유량의 궤적, 유로의 형태와 규모에 대한 과학적인 계산이 선행되어야 한다.

집중적으로 몰려드는 빗물을 소화하지 못해 하수도가 넘쳐 나 분수의 형태로 바뀌는 기이한 현상을 초래한다. 따라서 경사지역의 경사각에 따라 Manhole과 하수도의 단면적을 평지지역보다 2배 이상 키워야 한다.

2) 평지지역

경사지역에서 평지지역으로 유입되는 유량 흐름의 궤적을 분석하여 유량을 분산하고 유속은 만족하는 수준(폭우 시에도 신발이 젖지 않도록), 마을 단위와 마을 단위, 동 단위와 동 단위, 구 단위와 구 단위를 요구하는 수준에 이르도록 계산하고 확인해야 한다. 평지지역에서 유량이 Diffusion되도록 지면 및 노면의 기울기를 지자체는 관리하여야 하고 지면 및 노면이 빗물이나 눈물이 고이지 않도록 철저한 노면 및 지면의 기울기(경사각) 관리를 제일 Issue화해야 한다.

배수성이 낮은 평탄한 지형에서 토양의 생성 및 분화가 빠르며, 평지지역도 유로는 경사가 존재하기 때문에 100m 단위로 유량과 유속은 물론 층류의 흐름인지, 난류의 흐름인지, Diffusion rate를 확인해야 한다. 또한 평지지역의 하수도의 Network에 따라 Manhole과 하수도의 단면적을 지역(구, 동, 통, 반 단위)마다 다르게 해야 한다.

3) 유량분산 대책

노면 및 지면의 기울기에 따라 호우가 지면을 흘러내리는 속도와 물이 빠지는 속도가 결정되기 때문에 호우가 지면을 흘러내리는 속도를 느리게 하면 물이 빠지는 속도와 Balance를 이룰 수 있고, 또한 물이 빠지는 속도가 빠르도록 한다.

따라서 항상 노면 및 지면의 기울기에 따라 호우가 지면을 흘러내리는 속도<물이 빠지는 속도가 되도록 해야 한다. 급경사지역에서는 토양 표층의 침식에 의해 토층의 깊이가 감소되기도 한다.

유량의 집적인 댐의 상류에 조림되어 있는 수목의 종류와 수목량을 과학적 관리와 기술경영으로 수분소실량에 대한 대책을 세워야 한다.

2-2-3. 집중호우 시의 상습 침수 근절

1) 경사지역

계곡과 분지지형과 경사지역의 종류 및 규모에 대한 마을단위의 지형을 Database화시켜 유량의 궤적을 Simulation하여 경사지역도 피해를 막을 수 있다.

경사지의 유량흐름을 근본적으로 방해하여 흐름방향이 수직인 하수도 및 지면 및 노면의 배치를 적극적으로 고려하여 유량의 궤적, 유로의 형태와 규모에 대한 과학적인 계산으로 유입된 유량을 원활히 분산시킨다.

2) 평지지역

평지지역에서 유량이 Diffusion되도록 지면 및 노면의 기울기를 지자체가 관리함으로써 지면 및 노면이 빗물이나 눈물이 고이지 않는다.

유량과 유속은 물론 층류의 흐름, 난류의 흐름, Diffusion rate로 인하여 평지지역 하수도의 Network에 따라 Manhole과 하수도의 단면적이 지역(구, 동, 통, 반 단위)마다 다르기 때문에 빗물이나 눈물이 고이지 않게 된다.

2-3. 국지성 호우 시의 상습 침수

2-3-1. 국지성 호우 시의 상습 침수피해

1) 지역현황

중랑천 유역, 안양천 유역 등이 고지대 노면수 저지대 유입, 하수관거 용량부족 등의 지형적인 여건으로 인한 침수피해이다. 모암의

풍화속도와 생물학적 반응속도가 빠르기 때문에 토양형성이 쉽다. 상습침수지역에 토사의 침적이 발생한다.

국지성 호우 시 오수관으로 집중 유입되어 오수관 처리 용량이 초과됨으로써 건축물 지하로 역류되는 피해가 발생되고 있다.

고지대 노면수 저지대 유입, 노면수 저지대 집중, 하수관거 용량부족 등의 지형적인 여건, 배수처리능력 부족이다.

2-3-2. 국지성 호우 시의 상습 침수대책

1) 침수대책

토양은 10℃ 상승하면 생화학적 반응이 2배 빨라진다. 풍화속도와 생물학적 반응속도가 빠르기 때문에 토양형성이 쉽다. 상습침수지역에 토사가 침적되지 않도록 한다. 고지대 노면수 저지대 유입속도보다 배수속도를 높인다.

노면수 저지대 집중은 100m 간격의 노면 및 지면의 기울기(경사각)에 의한 유량과 유속, 유량의 궤적을 Database에 의한 수치적 분석을 해야 한다.

하수도 단면적과 기울기(경사각)가 국지성 호우 시와 무관하게 설치되어 있고 계산되지 않았다. 따라서 국지성 호우량을 제원으로 하여 하수도 단면적과 기울기(경사각)가 안전율이 3~5되게 계산되어야 한다.

마을의 지면보다 하천의 수면이 높다는 것이 가장 큰 원인이다. 따라서 하천의 수면을 마을의 지면보다 수심을 3배 깊게 한다. 즉 유량용적을 늘려 유속과 유량도 흡수시키고 하천의 수면도 마을의 지면보다 낮게 된다. 따라서 수심이 깊은 운하처럼 되는 것이다.

2-3-3. 국지성 호우 시의 상습 침수 근절

1) 지역현황

중랑천 유역, 안양천 유역 등이 고지대 노면수 저지대 유입, 하수관거 용량부족 등의 지형적인 여건으로 인한 침수피해가 해소되고 상습침수지역에 토사가 침적이 없어진다.

국지성 호우 시에 오수관으로 집중 유입되어 오수관 처리 용량이 충분하여 건축물 지하로 역류되는 피해가 발생되지 않는다.

하수도 단면적과 기울기(경사각)가 국지성 호우 시와 무관하게 설치되어 있고 계산되지 않았다. 따라서 국지성 호우량을 제원으로 하여 하수도 단면적과 기울기(경사각)가 안전율이 3~5되게 계산되어야 한다.

마을의 지면보다 하천의 수면이 높은 지역은 하천의 수면을 마을의 지면보다 수심을 3배 이상 깊게 한다. 즉 유량용적을 늘려 유속과 유량도 흡수시키고 하천의 수면도 마을의 지면보다 낮게 되어 침수피해는 완전히 해소된다.

2-4. 홍수범람 시의 상습 침수

2-4-1. 홍수범람 시의 상습 침수피해

1) 직접적인 영향

외수범람 피해는 하천, 지천의 범람, 제방의 붕괴, 역류 등이다.

내수침수 피해는 배수로, 하수도, 펌프장의 배제능력 부족 등이다.

2) 침수원인

결과중시로는 외수보다는 내수에 의한 침수피해가 크지만 원인분석은 과정중시이기 때문에 내수보다는 외수에 의한 침수원인이 크다.

하수관거 용량, 파이프라인의 구배불량 등의 개선보다 하천, 지천의 범람, 제방의 붕괴, 역류 등의 외수범람 피해가 침수원인의 결정적인 요인이다.

2-4-2. 홍수범람 시의 상습 침수대책

1) 침수대책

원인 분석은 과정중시이기 때문에 내수보다는 외수에 의한 침수원인이 크기 때문에 하천, 지천, 제방, 역류에 대해 지자체의 Analysis할 수 있는 Database를 구축함이 시급하다.

유량용적을 늘려 유속과 유량도 흡수시키고 하천의 수면도 침수지역의 지면보다 낮게 한다. 따라서 하천의 수면을 침수지역의 지면보다 3배 깊게 한다. 유량을 3배 확보하여 건기에 소호로도 이용된다.

2-4-3. 홍수범람 시의 상습 침수 근절

1) 침수피해 근절

하천수나 호소수의 수질개선과 침수피해는 함수관계이다. 토사로 실려 내려온 흙탕물과 생활폐기물은 물론 온갖 찌꺼기가 호소, 저수지, 댐에 집합되기 전에 2중, 3중으로 Filtering되어야 한다.

경사지역의 경사각에 따라 Manhole과 하수도의 단면적을 평지지역보다 2배 이상 키워야 한다. 경사지역 및 평지지역의 하수도의 Network, 지면 및 노면의 유체 Network에 의한 침수예방 Specification이 마련된다.

평지지역에서 유량이 Diffusion되도록 지면 및 노면의 기울기를 지자체가 관리하여야 하고 평지지역의 하수도의 Network에 따라 Manhole과 하수도의 단면적이 지역(구, 동, 통, 반 단위)마다 다르기 때문에 지면 및 노면이 빗물이나 눈물이 고이지 않도록 철저한 노면 및 지면의 기울기(경사각) 관리가 용이해진다.

마을의 지면보다 하천의 수면이 높은 지역은 하천의 수면을 마을의 지면보다 수심을 3배 이상 깊게 한다. 즉 유량용적을 늘려 유속과 유량도 흡수시키고 하천의 수면도 마을의 지면보다 낮아 홍수범람시의 상습 침수피해가 근절된다.

3. 도심재창조에 과학적 사고

3-1. 도심재창조에 과학적 사고를 가져라

3-1-1. 역사·문화 분야

사업명: 역사·문화 분야와 학술 분야와의 연계성

주요내용: 세계의 사람들이 한번은 방문해 보고 싶은 희망을 갖도록 매력 넘치는 마을조성을 행한다.

기대효과: (1) 볼거리풍토를 완전히 탈피한다.

(2) 역사·문화 분야의 지식을 가미함과 동시에 먹을거리, 쇼핑거리를 일체화한다.

(3) 역사물, 전통물을 상품화하게 된다.

(4) 역사·문화 분야와 학술 분야와의 연계성으로 외국 관광객이 늘어난다.

3-1-2. 교통 분야

사업명: 국제관광의 진흥을 꾀하고, 개인형의 자동차관광 및 세계에
　　　　직결하는 교통, 통신망 구축 사업

주요내용: 지역에의 경제파급 효과나 지역의 국제화에도 기여하는
　　　　　개인형의 자동차관광

기대효과: (1) 세계 도시 기능을 짊어져 가기 위함

　　　　　(2) 세계에 직결하는 교통, 통신망 구축

　　　　　(3) 내방 또는 거주하는 외국인이 안심하고 쾌적하게 활
　　　　　　　동 가능

　　　　　(4) 내방 또는 관광하는 외국인과의 거리문화 교류가 활
　　　　　　　성화되어 국제도시로서의 기능이 강화된다.

3-1-3. 환경 분야

사업명: 초록과 꽃과 물가에 친숙할 수 있는 도시환경의 정비를 포
　　　　함한 국제적인 도시기반의 정비

주요내용: 세계 각국의 사람들이 쾌적한 환경에서 서울에 친밀감을
　　　　　고취

기대효과: (1) 정보 수발신 기능의 강화

　　　　　(2) 생활 관련 정보를 포함한 폭넓은 정보의 제공

　　　　　(3) 국제적인 교류 시설 및 도시기반의 정비로 세계 각국의
　　　　　　　사람들이 쾌적한 환경하에 모이고, 배우고, 함께 이야
　　　　　　　기하고, 놀고, 친밀감을 가지게 된다.

3-1-4. 관광 분야

사업명: 개인여행(FIT, Free Individual Travel)의 스타일 변화에 대한
구축사업

주요내용: 여행자 개개인이 각각의 오리지널인 여행을 즐기는 스
타일 변화에 대한 대책

기대효과: (1) 외국인 관광객의 쇼핑이 주목적으로 변화

(2) 풍부한 전통 디지인의 쇼핑활성화

(3) 육성된 풍부한 식품재료 및 음·식품의 쇼핑활성화

3-1-5. 웰빙 분야

(1) 외국인 방문자의 유치를 촉진하기 위해서 해외에 홍보활동이
필요

(2) 풍부한 전통에 육성된 풍부한 음·식품 재료, 전통음료 등의 체
험 사업이 필요

(3) 전통의상 및 섬유 등의 체험 사업이 필요

(4) 전통 웰빙 식품 등의 수출활성화가 필요

3-1-6. 체험 분야

사업명: 시민의 국제화의 체험 사업

주요내용: 시민의 국제화의 체험을 할 수 있는 case by case 민박운영

기대효과: (1) 서울시민의 국제 감각을 배양할 수 있는 귀중한 기회

(2) 국제관광의 진흥으로 경제효과가 있다.

(3) 외국인과 지속적인 서신 및 왕래가 활성화된다.

4. 주정차장 및 정출지 노면의 도로포장 신공법

모든 차량이 신호를 받게 되면 정차하고, 출발할 때의 노면(정출지)의 충격과 버스가 정류장에 정차하고 출발할 때에 무거운 차량의 충격하중에 의해 반복된 아스팔트 노면(주정차장)의 형상은 얼마 지나지 않아 요철형태로 변해 버린다. 변해 버린 노면은 비만 오면 고여 인도까지 물을 튀기고 운전의 위험이 있으며 맑은 날은 노면의 요철이 심하여 차량연비가 떨어지고 타이어의 수명이 짧아지고 차량의 부품수명이 짧아지고 노면은 더욱 심한 요철충격으로 노면은 더욱더 요철화된다. 이와 같이 문제가 있는데도 불구하고 관청에서 시행하고 있는 기존의 공법은 주정차장과 정출지 노면을 주정차하지 않고 신호대기도 하지 않는 노면과 똑같은 공법으로 언제나 계속적으로 시종일관 시행하고 있는 현실이며 실정이다. 이러한 도로포장공사는 이론과 경험에 맞지 않는다고 생각한다. 따라서 주정차장과 정출지 노면의 도로포장은 콘크리트포장(1) 위에 아스팔트포장(2)을 하는 도로포장이다. 이러한 (1)+(2)된 노면포장의 혁신공법에 의한 적용이 시급하다고 제언한다. (1)은 무게가 많이 나가는 차에 견디는 내구성도 아스팔트 도로보다 좋다. 이용환경이 열악한 연약화 지반은 콘크리트를 먼저 시공하고 (2)는 단계적인 시공이 가능하다. 아스팔트만은 기온이 높을 때는 변형될 수 있기 때문에 무더운 지역, 무거운 차량의 하중에 약한 단점이 있다. (1)+(2)된 노면포장으로 (2)를 보강하는 것이 콘크리트시공을 먼저 하고 난 뒤에 아스팔트포장으로 마무리하는 노면의 공법(콘크리트시공+아스팔트포장)으로 노면의 수명이 길고 노면의 보수비용의 절감과 시간이 단축된다. 소음과 진동이 적어 승

차감이 우수하다. 일반적으로 콘크리트는 PCC(Portland cement concrete) 포장이며 도로포장의 파손형태는 주변 환경과 반복적인 교통하중에 의하여 균열(피로균열, 온도균열, 반사균열) 등이 많이 발생한다고 한다. 이들은 포장이 수명을 발휘 전에 발생하여 막대한 국가예산이 소비되고 있다는 연구가 보고된 바 있다. 도로포장의 생애주기비용(Life cycle cost) 차원에서도 고정관념적인 행정을 탈피하기 위해서는 과감한 엔지니어를 기용하여 도로포장을 엔지니어링으로 행정을 처리해야 한다. 이제는 시간이 없다. 시대의 흐름에 부합되고 차별화된 기술로 통일을 대비한 기술을 펼쳐야 한다. 통일을 대비한 기술을 펼치는 것만이 세계최고 강대국으로 가는 길이라고 생각한다.

5. 김치연구청 및 국영 글로벌기업의 설립

예전에 이데올로기가 차지했던 세계질서의 대원칙이 무너진 이후에 세계 각국은 경제력이야말로 미래의 세계질서를 형성할 유일하고도 절대적인 가치가 될 것임에 이견이 없는 듯하다. 산업화의 역사가 일천하고 부존자원이 없는 한국의 입장에서는 국제사회의 치열한 경쟁조류가 여간 부담스러운 것이 아니나, 이는 우리가 선택하고 말고 할 성질의 것이 아니며 맞닥뜨려 반드시 극복해 내야 할 과제이다. 김치를 건식 웰빙식품으로 글로벌화하고 김치 의약품을 세계화로 성공시켜 높은 기대수익이 예상되는 신기술 아이디어를 독자적 기반에서 사업화하는 신생 기술집약적 글로벌기업을 설립하자! 건식 웰빙식품으로나 만병통치약으로도 서서히 부상하고 있는 김치로 의약혁신,

시장개척, 고용증대 등으로 국가의 경제발전과 혁신의 동기부여를 가져오게 하는 좋은 계기를 마련하게 될 것이 분명하다. 기술이 국제무역의 발생을 유발시키고 국제경쟁력의 결정에 중요한 영향을 미치며 국제경쟁력의 요인 중에서 가격요인보다 기술요인이 더 중요하다. 한국이 가장 자신 있게 할 수 있는 김치기술이 10년 후의 한국경제력을 좌우하는 가장 결정적인 요소라고 생각한다. 기술 진보가 그 나라 모든 분야의 경쟁력을 제고시키고 강한 경쟁력은 경쟁에서의 승리를 의미하며 국가 간 모든 경쟁이 경제 전쟁으로 풀이되는 오늘의 상황에서 본다면 결국 기술의 진보가 경제력의 진보를 가져온다고 보아도 무방하기 때문이다. 산업성장은 새로운 산업이 발달되기도 하고 기술혁신을 통해 새로운 시장개척에 의해 활기를 되찾는 경우도 있고 기존산업이 새로운 기술개발에 의해 새로운 산업으로 대체되는 경우도 있다. 창의적 사고의 도출로 우리 문화자산을 현대 의미로 재발견해 김치의 기초과학, 김치의 기본기능을 창조적으로 계승시켜야 한다. 따라서 한국의 전통적인 생활상을 과학적 감성으로 계승시킬 경우에 우리의 국제경쟁력은 세계최고의 우위를 확보할 수 있을 것이다. 과학적 사고란 지식이 담긴 생각을 의미한다. 역사 속의 좋은 문화를 창의적으로 계승해야 정신문명을 낳는다. 이런 정신문명만이 물질문명을 다스릴 수 있다. 물질을 다스리는 마음은 도덕성에서 나온다. 도덕성이 없으면 과학적 사고, 즉 지식이 담긴 생각이 나오지 않는다. 지식이 담긴 생각을 하기 위해서는 정신력과 창의적 사고를 접목시키는 일을 중시해야 한다. 우리가 선진국에 한 해에 수십억 달러의 로열티를 지불하고 기술을 도입할 수밖에 없는 것은 우리들의 슬기가 모자라서라기보다 우리 주변에 숨어 있는 슬기를 오늘의 의미로 재발견하고 그것을 창조적으로 계승하지 못했기 때문이다. 거북선을 창조적으로 계승했으면 잠수함도 한국이 최초일 것이고 빈대떡을 창조적으로 계승했으면 피자도 또한 한국이 최초이었을 것이다. 그리고 신라의 천문학을 이어받았더라면 갈릴레이나 코페르니쿠스(Nicolaus Copernicus)는 한국에게서 나왔을 것이다. 제주도의 정낭이 세계 최초의 디지털 통신방식으로 인정받았다. 이것 또한 우리가 잘 계승했으면 통신혁명이라는 디지털 방식은 우리 자산으로 21세기 정보사회의 주역이 되었을 것이다. 우리의 자산도 우리가 창조적으로 계승 발전시키지 못하면 외국에 빼앗긴다는 것을 잊지 말아야 된다. 발효식품의 대명사는 치즈, 요구르트 같은 것으로 알고 있으나 세계적으로 유명한 김치가 조류독감 효과, 암 효과, 웰빙 효과 등 우리가 알지 못한 효능들이, 세계의 석학들에 의해 시대의 흐름에 의해 서서히 밝혀지고 있다. 한국의 김치는 가장 신선하게, 그리고 영양소를 파괴하지 않은 채 가장 오래 채소를 저장하고 맛있게 먹을 수 있는 채소의 발효식품이므로 김치 연구청 및 국영 글로벌기업을 설립하여 건식 김치 웰빙식품은 물론 김치 의약품에 있어서도 세계 제일이라고 자처하는 날이 얼마 남지 않았다고 자부하고 싶다. 외국인들이 자기네는 마을마다 치즈 맛이 다르다고 뽐내지만 우리네는 집집마다 맛깔이 다른 김치를 담그고 있으며 총각김치, 열무김치에 나박김치, 부추김치, 심지어 고들빼기, 호박, 굴에 이르기까지 갖가지 채소와 과일, 해물을 김치로 만들어 먹고 있다. 김치 의약품개발을 위한 김치 의약품의 임상시험 대상자는 수천만 명이 참여할 수 있을 것으로 생각한다. 이 같은 발효식품의 원조 역시 우리 생활 속에 있다. 너무나 가까이 있기에 우리는 이것의 가치를 잊고 있는 것이 아닌가? 이제

김치로 인하여 건식 웰빙식품, 의약품으로 세계를 석권할 수 있는 초석의 시발점인 김치 연구청 및 국영 글로벌기업을 설립하자!

6. 여성사원의 과감한 기용으로 혁신전환

버스와 지하철은 부단히 노력하였고 노력하고 있다. 이제 일을 멋지고 현명하게 하는 방법을 배울 필요가 있다. 일을 멋지고 현명하게 하는 방법은 조직 내에서 창의력과 혁신적 사고를 발휘해야 하는데 이를 위해서 최소 단위의 인원을 여성사원과 남성사원이 배분(3:2)되도록 구성해야 한다. 일례를 든다면 5명의 인원이 구성된 최소 단위의 팀이라면 2명은 남성사원으로 하고 3명은 여성사원으로 구성하여야 팀이 창의력을 발휘할 수가 있다. 지하철도 버스같이 개선을 기하지 않으면 안 되는 시기에 와 있다고 본다. 혁신을 기하지 못하면 민영화로 가는 길이 상당히 빨라질 수 있다. 이건 어쩔 수 없는 시대의 흐름이라고 생각된다. 지하철은 서비스 개선과 누적적자를 동시에 해결하여야 하기 때문이다. 특히 서비스부문에서는 남성과 여성이 인적 구성의 조화를 이룬 조직이라야 성공할 수 있다. 왜냐하면 여성의 섬세함과 청결함이 남성이 여성을 앞설 수 없고 어머니 같은 진솔한 친절성이 시민인 고객들에게 전해지기 때문이다. 혁신이란 평상시보다 3배의 힘을 더 발휘함을 의미한다. 그러므로 여성사원과 남성사원이 3:2의 배분이 혁신을 가져오는 조직이라고 하지 않을 수 없다. 서비스 지식을 잘 조화시킬 필요가 있는 것이다. 지하철 운전은 여성사원이 경험을 습득하기 위해서 오랜 기간 동안 시행착오를 겪고 많은 투자를 해야 된다는 편견은 빨리 바뀌어야 한다. 이러한 고질적인 문제를 쉽게 버리지 못하는 것으로 이는 분석에 눈이 어둡고 과학적 감각이 부족하기 때문이다. 이를 위해서 범하기 쉬운 시행착오를 줄일 수 있도록 역무실의 사원이 여성사원으로 교체되어야 하고 지하철의 운전도 여성사원으로 교체되어야 한다. 교류전동기를 가변속 구동하기 위해서는 가변전압 가변주파수의 전력변환 장치를 사용하여 전동기의 속도 및 발생 토오크를 제어한다. 이러한 목적의 전력변환장치 중에 가장 널리 사용되고 있는 것이 인버트이다. 미세한 조정이 되는 인버트 제어장치가 장착된 지하철을 성능은 좋은 데 반해 운전은 인버트화에 절대적으로 못 미치는 것이 현실이다. 운전이란 거칠고 나쁜 습관성 운전이 몸에 배면 고치기가 어렵고 시간이 너무 오래 걸린다. 비싸고 기능이 좋은 인버트 전동차를 가지고 미세하게 조정을 못 하는 거친 운전은 어느 나라에도 찾아볼 수 없다. 일본에 있느냐, 미국에는 있느냐, 프랑스 아니면 독일에 있느냐! 따라서 과거의 스타 플레이라는 것은 그 사람(남성사원)이 아니면 안 된다는 것이고 피라미드식 업무를 수행해 왔다. 향후 지하철이든, 버스이든 3:2의 비율로 여성사원을 기용하여 인버트화하는 서비스 업무가 여성사원으로 인하여 혁신적으로 개선되리라 믿어마지 않는다. 여성사원을 과감히 기용하고 조직구성을 수평적 조직으로 하여 일에 대한 수행이 스타 플레이에서 팀플레이 중심으로 바뀌게 된다고 사료된다. 옛날의 때를 벗지 못하고 항상 이론에도 맞지 않는 과거의 낡은 경험만을 고집하는 보수성과 모든 것을 자기 위주로 해석하여 거기에 맞지 않으면 안 된다는 배타적인 업무에서 새로운 아이디어를 적극적으로 수용하는 진취적인 업무로 추진되어야 한다. 따라서 1차적으로 일반적인 모든 행

정부문에 3:2 비율로 여성사원의 과감한 기용으로 행정혁신이 대전환
되어야 한다고 사료된다.

참고문헌

- Moosaeng, Lim(1993), "The Korean wisdom wins the world", pp.1-257.
- Moosaeng, Lim(2007), "Venture business & Management of technology", pp.1-724.
- Moosaeng, Lim(2008), "Reliability engineering of an information system", pp.1-571.
- Cooper, Arnold C.(1985), "The Role of Incubator Organization in the Founding of Growth-Oriented Firms", Journal of Business Venture, 1, pp.75-86.
- Timmons, Jeffry A.(1980), "A business plan is more than a financing device", Harvard Business Review(March-April), pp.28-34.
- Lumpkin & Dess(1996), "Entrepreneurs, Processing of Founding and New-Firm Performance, in the State of the Art of Entrepreneurship", Sexton, D. L. and J. G. and Kasardaed, Boston: PWS-KENT Publishing Co., 1992, pp.301-340.
- Quinn & Cameron(1983), "Organizational Life Cycles and Criteria of Effectiveness: Some Preliminary Evidence", Management Science, pp.33-52.
- Churchill & Lewis(1983), "The five stages of small business growth", Harvard Business Review, March-June, pp.30-50.
- Robert(1990), "Entrepreneurs and Technology:Lessons From M.I.T and Beyond", forthcoming book.
- Daft(1995), "Organization theory and design. 5th ed St.", Paul, MN: West.
- Von Hippel(1988) & Marquis(1988), "Eric The source of Innovation, Oxford", New York.
- Kazanjian(1988), "Relation of Dominant aparoblems to Stage of GRowth in Technology-Based New Venture", Academy of Management Journal, Vol. 31, No. 2.
- Wiig(1995), "Knowledge Management Method", Schema Press.
- Jarillo(1989), "Entrepreneurship and Growth: the strategic use of external resources", Journal of Business Venturing, Vol. 4, pp.133-147.
- Buzzell, Gale & Sultan(1975), "Market Share-a Key to Profitability", Harvard Business Review.
- Grabowski & Mueller(1978), "Industrial Research and Development, ntangibles Capital Stock and Firm Profit Rates", Bell Journal of Economics Vol. 9.
- Thompson(1967), "Organizations in action", San Francisco: McGraw Hill.
- Moosaeng, Lim(2011), "Reliability engineering of automotive parts", pp.1-572.

도전과 응전을 통한 발전

인간은 누구든 현실에 안주하려는 속성을 지니고 있다.
어느 정도의 단계에 이르면 거기에 만족하고 그만 멈추려고 한다.
그런데 인간이 처한 운명은 자꾸만 변하기 때문에 그럴 수가 없다.
운명은 인간에게 다음 단계로 올라가라고 도전장을 던진다.
그 단계에 이르면 다른 도전이 와서 또 다음 단계로 올라가게 한다.
그렇게 죽는 순간까지 인간은 도전을 받고 살아간다.

-Arnold Toynbee-

개인의 차이를 중시할 때에 팀워크가 살아난다.

개인의 특성이 무시되는 획일화된 조직보다 개인의 차이를 중시할 때
팀워크를 기대할 수 있다. 팀의 성공을 위해서는 조직 구성원들이 지닌
성향과 능력의 차이를 인정하는 것만으로는 부족하다.
그러한 차이를 강조하고 상호 교류로 시너지를 내도록 함으로써 팀 성
과를 높이는 힘을 얻을 수 있다.

-Gregory Huszczo 박사-

임무생

과학기술 진흥과 산업발전 유공자 석탑산업훈장 수상
수출진흥 발전과 수출시장 개척 유공자 대통령표창장 수상
공기방울제어장치기술 과학기술처장관상 수상
Low noise and less vibration vacuum cleaner. U.S.A. patent 5,293,664
가열초음파가습기 기술 과학기술처장관상 수상
한양대학교 공과대학 기계공학과 공학사
서울대학교 공과대학 최고산업 전략과정 수료
상공자원부 산학연 기술교류회 위원
산업자원부 기술개발 기획평가단 위원
대우전자주식회사 가전연구소장, 생활가전사업부장
테크라프주식회사 대표이사
HYUrarc Failure analysis and reliability course completion
한양대학교 신뢰성분석연구센터 연구 부교수
Youngjin electric co., ltd. Quality control director
Daehannakagawa ind co., ltd. Engineering consultants
N.N. Science Co., Ltd. consultant
Korea institute of science and technology information, Senior research fellow

『플라스틱 제품설계』(Design of plastic parts)
『Press 부품설계』(Design of press parts)
『한국적 슬기가 세계를 이긴다』(The Korean wisdom wins the world)
『사출가공과 금형』(Injection moulding processing and injection mold)
『Plastic 최적설계』(Optimum design of plastics)
『벤처기업과 기술경영』(Venture business & Management of technology)
『요소설계 신뢰성공학』(Reliability Engineering for Plastic Element Design)
『정보System의 신뢰성공학』(Reliability engineering of an information system)
『Engineering Plastic 신뢰성공학』(Reliability Engineering for Engineering plastic)
『품질보증을 위한 신뢰성 입문』(品質保証のための信頼性入門) 翻譯者
『자동차부품의 신뢰성엔지니어링』(Reliability engineering of automotive parts)

한국적 심혜가
글로벌을 지배한다

초 판 인 쇄 | 2011년 3월 28일
초 판 발 행 | 2011년 3월 28일

지 은 이 | 임무생
펴 낸 이 | 채종준
펴 낸 곳 | 한국학술정보㈜
주 소 | 경기도 파주시 교하읍 문발리 파주출판문화정보산업단지 513-5
전 화 | 031) 908-3181(대표)
팩 스 | 031) 908-3189
홈 페 이 지 | http://ebook.kstudy.com
E - m a i l | 출판사업부 publish@kstudy.com
등 록 | 제일산-115호(2000. 6. 19)

ISBN   978-89-268-2062-9 93550 (Paper Book)
          978-89-268-2063-6 98550 (e-Book)

이담 Books 는 한국학술정보(주)의 지식실용서 브랜드입니다.